国家社会科学基金项目"技术时代的道德责任问题研究"（17BZX107）成果

苏州大学江苏省哲学重点学科经费资助

技术时代的道德责任

田广兰 著

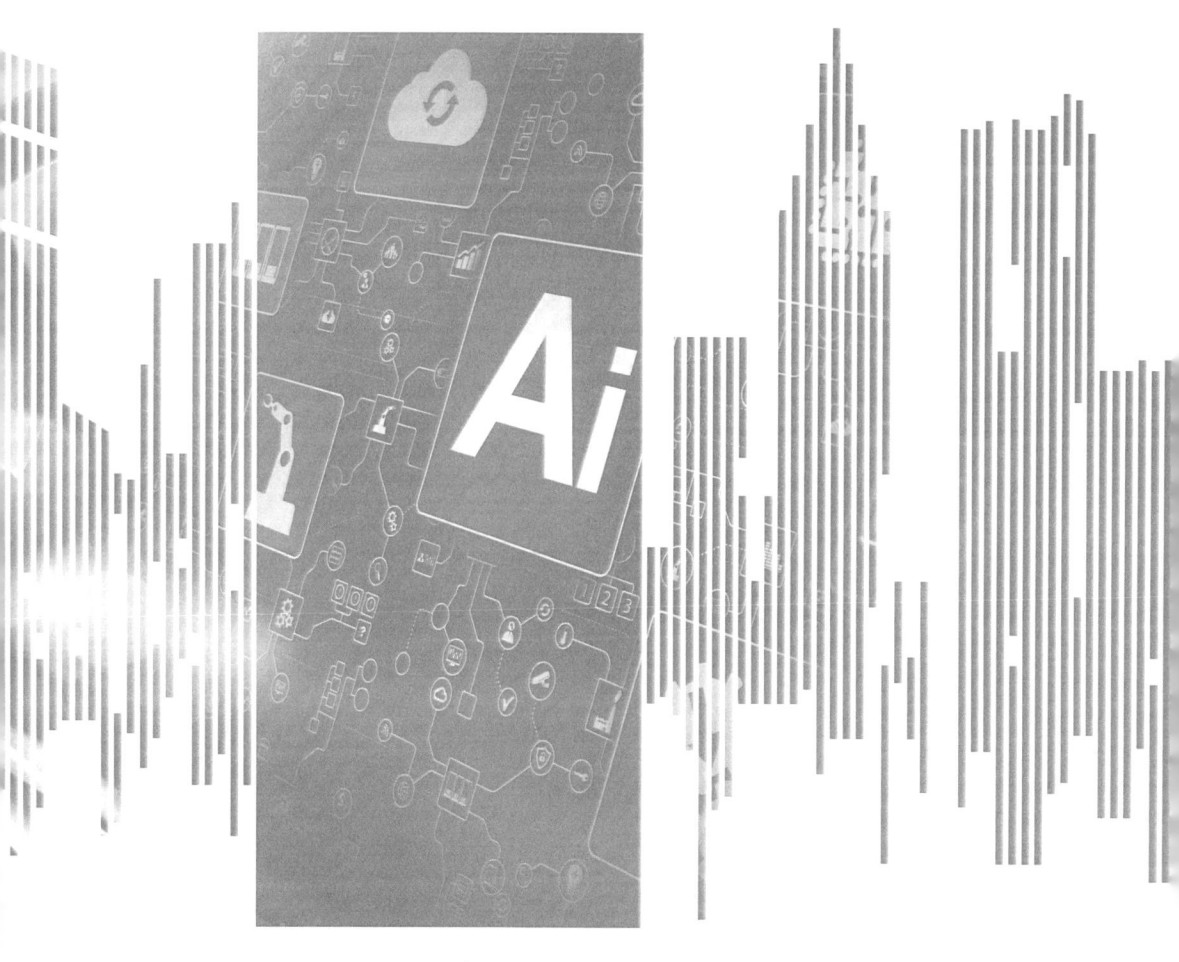

中国社会科学出版社

图书在版编目（CIP）数据

技术时代的道德责任 / 田广兰著. -- 北京：中国社会科学出版社，2025.7. -- ISBN 978-7-5227-5281-5

Ⅰ. B82-057

中国国家版本馆 CIP 数据核字第 2025YW7499 号

出 版 人	季为民
责任编辑	程春雨
责任校对	闫　萃
责任印制	张雪娇

出　　版	中国社会科学出版社
社　　址	北京鼓楼西大街甲 158 号
邮　　编	100720
网　　址	http://www.csspw.cn
发 行 部	010-84083685
门 市 部	010-84029450
经　　销	新华书店及其他书店
印　　刷	北京明恒达印务有限公司
装　　订	廊坊市广阳区广增装订厂
版　　次	2025 年 7 月第 1 版
印　　次	2025 年 7 月第 1 次印刷
开　　本	710×1000　1/16
印　　张	15
插　　页	2
字　　数	248 千字
定　　价	88.00 元

凡购买中国社会科学出版社图书，如有质量问题请与本社营销中心联系调换

电话：010-84083683

版权所有　侵权必究

序

以计算机技术、人工智能技术、大数据技术、纳米技术和生命技术为代表的新技术革命驱动人类进入了"技术涌现"的时代，人—技关系较之于工业文明时代呈现出新的特点：一是技术的研发、应用和迭代加速进行，给人类带来了更多的福祉、自由和繁荣，也带来了新的风险和挑战。二是技术与人类的日常生活相互交织、融合，技术几乎参与了人类全部的生活事件。三是技术颠覆了先前人类的生活方式，短时间内塑造和建构了全新的人机交互存在方式，而且还在持续变化中，未来的人类生活充满了不确定性。

技术的影响力突破了时间和空间的边界，会波及遥远的空间和未来的世代。技术正演化为一种异己的力量，开始规约、支配、宰制和构建人的感受、认知、判断和行为，人类甚至要面临"存在论"风险。技术的自主性和智能化正逐渐成为现实，技术之善与人类之善之间的"裂缝"正越来越大，将人类生活卷入未知的风险之中。

先前的技术人工物主要是增强或替代人的肢体能力，而智能性技术人工物则旨在增强或替代人类的理智能力，机器第一次在某种程度上具有了人的意识。传统技术和现代技术并非数量上的递进累积，而是技术发展维度上的层级跃迁，二者之间有着质的不同，因为理智能力是人区别于其他存在物的核心能力。因此，人类似乎站在了"命运的十字路口"，一如曾经上帝感到来自亚当和夏娃的威胁，如今的人类遭遇了来自机器的挑战。面对不断涌现的新技术，人类需要审慎地考虑和选择，在"有效加速主义"和"超级对齐主义"、生物保守主义和超/后人类主义等各种主张之间寻求可行的实践智慧，达成价值共识，在新的技术背景下重新定义风险、隐私、正义、权利、责任等概念，在此基础上研究技术创新的风险、技术时代人类真实的生存境遇、技术发展的伦理边界、原则和目的以及如何进行负责任的创新、人类应承诺哪些道德责任以及这些责任何以可能等问题。

人类是技术问题的始作俑者，也是技术风险的承受者，还是承诺和践行技术责任的行为者。无论基于何种立场，人类始终要对技术的发展及其可能后果保持敏感性，对人、自然和社会的完整、秩序、和谐和可持续承诺责任并积极行动。技术伦理的研究业已提出的价值敏感设计、道德影响评估、负责任创新、嵌入式伦理研究等方法都是对该问题的实践性回应。技术时代的道德责任问题是一个开放性的系统工程，开放性是基于问题本身的动态生成和持续演进，因技术的快速更迭，生活世界也相应地始终处于持续变动的状态，人类对于好生活的价值共识也可能相应地发生变化，因此我们所考虑的仅是当下或很近的未来的道德责任问题。系统性是指对技术责任问题的反思需要从元伦理、规范伦理和应用伦理的理论维度以及责任行动的实践维度共同推进，将理论上的思考见之于实践以切实回应技术风险。

本书在绪论中分析了技术之善与人类福祉之间的"裂缝"，技术叠加资本的力量，催生了新的技术风险和伦理问题，问题就是责任，区别于传统的以个体为主体的道德责任，技术责任是一种多主体的、整体性的共同责任，且表现出复杂性、系统性和模糊性的特征，是人类需要重新定义和回答的道德责任问题。

第一，对这一问题的思考以两个道德责任的形而上学问题为始点，即人格同一性问题与自由意志问题。人格同一性的问题关乎责任主体在时间中是否持续保持着自身，这决定了道德责任追溯的合法性和可能性。自由意志的问题关乎道德行为者的行动是不是出于自主自愿的选择，而不是出于强迫、无知或者因果必然性，有选择的能力和机会是承诺道德责任的前提。对这两个形而上学问题的回答是展开技术时代的道德责任问题研究的逻辑前提。

第二，对技术责任的研究还需要考虑特定的文化传统和伦理脉络，任何技术问题都是在特定的历史时间和社会空间中发生的，传统的道德责任需经历现代转换才可能进入现代道德话语系统，同时需要增加技时代所赋予的全新的责任要求。因此，现代的道德责任既承续了历史和传统，又内涵了技术时代的特色和要求。

第三，对技术责任的研究还需要解读现代技术的本质及其伦理风险，从总体上梳理现代技术对人、自然和社会的影响。基于现代技术的善恶双重性、复杂性与脆弱性、自主性和逆生态性等特征，现代技术催生了人的存在论风险、人对自然的侵蚀和远离以及社会的内部分化和对自由、正义、民主等价值的挑战。

第四，在总体把握的基础上具体分析特定的技术发展的风险与责任，如人工智能技术的风险与责任、大数据技术的风险与责任，以及技术的逆生态性带来的人对自然世界的责任等。所有的分析将表明，技术责任的生成机制是基于多元主体在系统中的复杂交互，具有复杂性、整体性、分布式等特征，这决定了传统的道德责任理论范式的失效和技术时代新的责任范式的建构。

第五，技术责任的承诺和行动的终极关怀指向"共生"与"善好"。"共生"是指所有的事物在时空中都有自己恰当的位置，自身保持着良好的存在状态，并且与周围的他者和谐共在。技术时代的"共生"主要包括人与技术的共生、人与自然的共生以及当代人与未来人的代际共生。"善好"是"共生"的价值理想，技术时代的"善好"是指每一个存在都能够处于一种恰当合宜的状态，同时彼此交互构成有序、良好的整体状态，并向未来保持着开放性和可持续性，整个系统既相对稳定又生生不息。

这是身处技术时代的作者对现代技术的具身体验和伦理思考，受到对特定技术进展理解的有限性和自我理论能力的限制，这一思考尚不够成熟，有待进一步发展与完善。从技术责任到终极关怀之间的逻辑链条也有一些单薄和脆弱，可以说"共生"与"善好"只是表达作者对技术未来发展的良好愿望。作为作者转向技术伦理思考的起点，虽思考和写作的过程都是真诚和用心的，但错误和疏漏之处在所难免，期待来自学界善意的批评和专业的建议，给予作者在技术伦理方向上继续探索和研究的勇气和信心。

田广兰

2024年3月26日

目　录

导论　技术、资本与责任的增强 ……………………………………（1）

第一章　道德责任的两个形而上学问题 ……………………………（21）
 第一节　人格同一性问题 ………………………………………（21）
 第二节　自由意志问题 …………………………………………（36）
 第三节　技术时代的共同责任挑战 ……………………………（49）

第二章　道德责任：在传统和现代之间 ……………………………（51）
 第一节　传统道德责任观的困境 ………………………………（51）
 第二节　传统道德责任观的现代转换 …………………………（58）
 第三节　现代社会道德责任的来源与基础 ……………………（65）

第三章　现代技术的本质、风险与责任 ……………………………（79）
 第一节　现代技术的伦理本质 …………………………………（80）
 第二节　现代技术的伦理风险 …………………………………（90）
 第三节　技术风险下的道德责任 ………………………………（103）

第四章　人工智能的风险、伦理原则与超越机制 …………………（107）
 第一节　人工智能：概念、范式与特征 ………………………（107）
 第二节　人工智能的伦理风险 …………………………………（112）
 第三节　应对人工智能风险的伦理原则 ………………………（119）
 第四节　人工智能伦理风险的超越机制 ………………………（124）

第五章　大数据、数据权利和信息隐私 ……………………（129）
- 第一节　数据主体与数据主体权利 …………………………（130）
- 第二节　GDPR 规定数据主体拥有哪些权利？ ……………（133）
- 第三节　数据主体权利的未决问题 …………………………（139）
- 第四节　数据、信息和信息隐私问题 ………………………（145）

第六章　数据正义问题与分布式责任 ……………………（158）
- 第一节　信息时代的数据正义问题 …………………………（158）
- 第二节　传统的责任理论之于数据正义问题的"失效" ……（163）
- 第三节　一种新的责任范式："分布式责任" ………………（166）
- 第四节　分布式责任在数据正义问题上的应用与挑战 ……（171）

第七章　自然、技术与责任 ………………………………（179）
- 第一节　什么是内在价值？ …………………………………（180）
- 第二节　自然的内在价值论证 ………………………………（182）
- 第三节　自然的内在价值论证的批判性检视 ………………（189）
- 第四节　现代技术的逆生态性 ………………………………（195）
- 第五节　人何以承诺对自然的责任？ ………………………（200）

第八章　走向"共生"与"善好" ………………………（205）
- 第一节　技术时代道德责任的德性要求 ……………………（205）
- 第二节　技术时代道德责任的理论范式 ……………………（210）
- 第三节　技术时代道德责任的终极关怀 ……………………（216）

结　语 ………………………………………………………（222）

参考文献 ……………………………………………………（225）

后　记 ………………………………………………………（233）

导 论

技术、资本与责任的增强

普罗米修斯盗火的神话叙事给人类三个启示：人是一种脆弱的、自我不充分的存在，仅仅依凭其自身很难在自然世界中幸存；技术是人类能够持续存在下去的必要但不充分的条件；"与技术共在"或"技术依赖"永远是人类的存在方式。从这个视角言之，人类的生存是一种技术性生存。技术为人类生活提供了最可靠的庇护和支持，也为人类打开生存世界的奥秘和真理提供了可能。从上古的"新石器时代"到21世纪的"智能时代"，对人而言，技术从外在性的简单工具发展为内在性的复杂智能，人与技术的具身性共在成为人类个体新的生存境遇。然而，进入技术社会，技术之善与人类福祉之间的"裂缝"持续扩大，叠加资本的力量使人类置身于一个有着各种风险和问题的生活世界。新的风险和问题决定了责任范畴必然要走到当代伦理学的"聚光灯"下。然而，技术与人之间的"裂缝"如何生成、技术给人类带来或将要带来什么风险、技术与资本如何交织与融合、人类必须认真考虑哪些责任等将是值得深思的问题。

一 技术之善与人类福祉之间的"裂缝"

任何技术的发生都携带着人类的意图，天然具有某种目的性，是为了人类抵抗自身的不充分性、不完备性和脆弱性的弱点和缺陷，为了回应生活实践中遭遇的难题和挑战，增强人类的生存能力，拓展人类的生存空间，创造人类的美好生活。亚里士多德说："每种技艺与研究，同样的，人的每种实践与选择，都以某种善为目的。"[1] 行为者的每一个目

---

[1] [古希腊] 亚里士多德：《尼各马可伦理学》，廖申白译注，商务印书馆2019年版，第1—2页。

都指向某种完善和圆满，当下是一种"未完成"或者"欠缺的"状态，目的则是一种超越当下的"好"，因此目的即善。虽然"并不是所有目的都是完善的"[1]，在亚里士多德的论域中，人类的技术活动的发生、发展和人类生活福祉之间似乎具有天然的一致性，前者以后者为目的，后者是人类的最高价值。

　　技术的发生是为着人的，但技术一旦从观念见之于现实，就成为一种实在，在人类的生活世界中有了自己的位置和关系。它既实现着也约束着人的意图，其发展轨迹是由人类的实践需求与客观的技术可能性共同生成的，越来越具有了显见的自我发展逻辑和目的。因此，人—技关系本身就注定了技术之善与人类福祉之间可能的错位与不同步，即技术一开始在某种意义上来说就是"失控"的，其发生、发展、关系及后果并不全在人类的掌控和意图之内。具体而言表现在以下三个方面：第一，人类多样的技术活动的实际后果是一个复数，不同的后果与人之间呈现出不同的相互关系，有些后果超出了人类的意图，这是由技术的内在特性决定的。第二，人类无法避免一些技术上善好但道德上邪恶且有明确伤害意向性的技术实践（如原子弹、生化武器等的研制和实验）。第三，技术一旦嵌入了人与自然之间，进入人类的生产生活实践，反过来也成为规训、塑造甚至宰制人类存在方式的显见力量。这些都是技术的善好与人类福祉之间的天然"裂缝"。随着人类技术文明的持续推进，特别是技术的自主性和技术的智能化成为现实，这道"裂缝"将越来越大。人—技关系正在变得更为复杂和不可控，而且突破了时间和空间的边界，影响波及遥远的空间和未来的世代。技术正演化为一种异己的力量，反过来规训人的感受、认知、判断和行为，甚至具有毁灭人类的潜在风险，在俄乌战争初期全世界都切身感受到了核威慑的恐惧。人类可以预见和可控的技术属于人类的力量，不确定、不可控的技术逐渐演变成技术的力量——一种可以和人类相分离且对人类有潜在支配性和危险性的力量。传统的技术观念正受到广泛的怀疑：

　　"——人类对他们自己制造的东西最为了解；

---

[1]　［古希腊］亚里士多德：《尼各马可伦理学》，廖申白译注，商务印书馆2019年版，第17页。

——人类制造的东西处于他们牢固的控制之中；

——技术本质上是中立的，是达成目标的手段；它所带来的利弊取决于人类如何使用它。"①

技术的自主性问题早在 20 世纪就被思想家们敏锐地察觉到了，并予以了系统的阐释和审慎的预测。身处智能社会的当下，每一个普通的个体从身体到心灵都充分体验了这个技术特征。海德格尔在《论思想》中指出："没人能预测将要到来的剧烈变化。但是技术前进的脚步将会越来越快，并且永远不可阻挡。在其生存的所有领域，人都将比以往更紧密地被技术力量包围。这些力量，它们要求、束缚、逼迫和强制着，将人置于这样或那样的技术发明的控制之下。"② 21 世纪的当下，技术已经成功实现了海德格尔的预言，几乎所有人都被置于人工智能和大数据的包围之中和控制之下，不仅是我们的肢体和行动，还包括我们的语言和思维。埃吕尔在《技术社会》中写道："技术在追寻自己的道路时越来越不受人类的影响。这意味着人类对于技术创造的参与越来越不具有主动性，而通过已有因素的自动结合，技术创造成了一件命中注定之事。人类的地位被降低到一个催化剂的水平。"③ 这是一个令人沮丧的悲观性结论，表明在技术创造中人沦为只是协助技术实现其自主目标的"催化剂"，技术的自主发展的客观逻辑超越了人类的主观意图，越来越在时间中占据优势地位。随着技术自主性的增强，在埃吕尔看来，人再不能决定或选择技术的进程，技术的自主性正在侵蚀人的自主性。埃吕尔明确说："面对技术的自主性，人类的自主性不可能存在。"④ 在技术和人类之间，自主性是此消彼长的关系，对人而言，这是一个必须认真对待的危险。

技术和人类福祉之间的"裂缝"正以失控的方式持续、快速地扩大。然而，我们需要考虑的一个问题就是，人类的自由意志、能动性遭遇现

---

① [美] 兰登·温纳：《自主性技术：作为政治思想主题的失控技术》，杨海燕译，北京大学出版社 2014 年版，第 21 页。

② Martin Heidegger, *Discourse on Thinking*, trans. John M. Anderson and E. H. Freund, New York: Harper & Row, 1966, p. 51.

③ Jacques Ellul, *The Technological Society*, trans. John Wilkinson, New York: Alfred & Knopf, 1964, p. 134.

④ Jacques Ellul, *The Technological Society*, trans. John Wilkinson, New York: Alfred & Knopf, 1964, p. 138.

代技术的自主性是不是完全的无能为力？对此，埃吕尔的回答是："读者必须一直牢记这样一个确定无疑的假设：如果人类自己不团结起来并坚持自己的权利（如果另外的某个难以预料但具有决定作用的情况不加以干预的话），那么事情必将走上我所描绘的道路。"① 这意味着在埃吕尔看来，尽管技术的自主性是一个事实和趋势，但人类依然可以团结起来，对技术的发展和人类的未来负起责任。这种责任区别于传统的个体道德责任，这是面对技术发展逻辑的共同责任、整体责任和未来责任。可以说，现代技术赋予了人类新的伦理责任，即关涉人—技关系问题的伦理责任。那么，基于当下的技术现实，人类需要面对和处理哪些与技术相关的责任问题呢？

二 技术时代责任问题的"不完全镜像"

人类社会从未像现在这样需要考虑如此复杂、多元又令人困惑的责任问题。以计算机技术、网络技术、生物技术、纳米技术、认知科学等为代表的现代技术的突破性发展增强了人类干预和改造人、自然和社会的能力。能力与责任共同生长，现代技术背景下的伦理责任随着技术的进程与人的价值立场的变化而不断地生成和变化。本文从伦理学的视角，仅讨论现代技术背景下相对于人而言的风险与责任，所以称为责任问题的"不完全镜像"。

（一）现代技术背景下自然世界的"终结"

人类技术能力的提升在更为宏观和更为微观的自然世界中将更多"自在"自然纳入人的世界，它们涌进人类的认知领域和生产生活实践，大大拓展了人类的能力所能触及的边界，技术也因此在更大范围内获得了发展和成功，从而大大增进了人类生活的福祉、自由和繁荣。但是自人类发明蒸汽机，进入工业文明以来，自然就开始经历亘古未有的全球性开发、利用、破坏、污染……大地的生产性和承受力的边界不断被突破，不断创造出新的奇迹，也意味着人类的技术活动持续地挑战和"逼迫"自然的承载能力，不断逼近生态系统的危险边缘。所谓"危险"主

---

① Jacques Ellul, "Technological Society", 转引自［美］兰登·温纳：《自主性技术——作为政治思想主题的失控技术》，杨海燕译，北京大学出版社2014年版，第47页。

要是对人而言的，自然本身是无意志的单纯的存在，危险、安全、平衡、崩溃、生存与死亡都是人类视角的判断和投射。森林、草地是自然，荒漠、戈壁也是；四季分明是自然，极寒极热也是自然。自然既创生滋养，也毁灭破坏，自然在总体上没有意志和目的，是一种无条件的存在，而人只能在特定的条件下生存。因此，"危险"是相对于人的。

现代技术条件下，超大规模的制造生产、全时空的意义和符号营销、大数据算法的模型建构和定向推送、无节制的消费消耗，推开了每一个人的欲望之门，门后是深不可测的欲望"黑洞"。人类被制造出来的消费欲望裹挟和占有。鲍德里亚说："我们处在'消费'控制着整个生活的境地。"① 消费的两端连接着资源的消耗和废弃物的产出。伴随着技术进步和消费社会的来临，我们星球上的热带雨林急剧减少、河湖与大海被各种废弃物污染和破坏、土壤持续退化、物种灭绝速度加快、全球气温上升……现代技术的逆生态性和人类的不断生长的欲求相互交织有可能导致自然的"终结"，即整个自然生态系统的健康、平衡和美丽的破坏和崩塌，这对人类的持续性存在是一种根基性的危险。

（二）现代技术对人的干预、驯服和重新定义

现代技术对人类的影响不仅限于对自然世界的征服，更重要的是创造并利用技术人工物来改善和提升人的生存能力、生活环境和生活品质。和传统技术服膺于人的目的不同的是，现代技术将人本身（包括身体维度的生物性存在和理智维度的智性存在）作为技术的对象，或者说将人自身卷入到技术之中，技术第一次深度趋近了人类的智识空间，并干预、增强甚至规训人的思维。人类在与技术共生同行的过程中，也逐渐养成了对技术判断、技术选择的依赖性，以至于离开了技术支持，很多人的生活就会变得不可能，如不知道开车走哪条路，吃饭选哪家餐馆，购物选哪个品牌或风格，问题该如何回答，论文该如何写作……技术"嵌"在人和世界之间，也"嵌"入了人的感受、认知、判断和行动之中。人的日常生活几乎都是在技术的参与下进行的。这种人类个体与技术人工物的内在智性融合，颠覆了自人类产生以来一直延续至今的相对独立的

---

① [法]让·鲍德里亚：《消费社会》，刘成富、全志钢译，南京大学出版社2000年版，代译序第4页。

自我存在方式，演进为人机共生的存在方式。人的自主性、独立性等特质，人的隐私、自由、平等等权利都遭遇了来自技术的抑制和挑战，这预示着人本主义价值观的危机。现时代的人类是否还要继续持守人本主义价值观成为技术时代必须考虑的问题。

技术并不止于对人类生活的干预和支配，更重要的是对人类个体的规训。一旦技术养成了人的依赖性，那么规训就得以可能。技术对人的规训包括（但不仅限于）心理规训、思维规训和行为规训，目的在于让每一个人按照技术以及技术背后的人或组织所期望的方式去感受、认知、选择和行动。人工智能、大数据、算法、互联网，再叠加各种智能体，生成了一张抵达地球每一个个体的技术之网，每一个与智能体相连接的人都是这张网的一个节点，也是一个"猎物"。不少学者借用福柯的"敞视监狱"的比喻来表征现代人由技术构建的生活。尽管没有实体的围墙，没有显性的强制，有的是由大数据构建的模型经过计算而精心推送的迎合每一个体需求的广告、音乐、电影、新闻、视频……个体在快乐的消费和娱乐中沉溺而逐渐被引导、规训，依照技术的意向去思考、去消费、去表达，自主思考、自主决定和自主行动的意识和能力受到侵蚀，人逐渐沦为技术的附属物，为技术所规训和支配。技术通过大数据以"了解你"为始点，经过"引导你""建构你"，最后抵达"支配你"的终点，将人类个体变成实现技术意向的媒介。在人类和技术的共在与互动中，每一个人在没有明显的外在强迫，甚至非常愉悦地失去了自身原来的存在方式，生成为人—机混合性存在。

无论我们如何坚定地主张约纳斯的人本主义，我们都不得不承认一个事实，在现代技术背景下的"人"，要么重新定义，要么将要"死去"。技术重构了人类的存在样式，人类不可遏制地失去了相对独立的、自然的和自主的生活，技术更深入更紧密地"嵌"进了人的生活，并开始"发号施令"。这一事实对于讨论伦理责任问题至关重要，它意味着责任的基准发生了变化，还将一直变化下去。我们也许不应执着于约纳斯的人本主义，因为那将对人类提出不切实际的责任要求。"应该包含能够"，不切实际的责任要求会导致责任的"真空"，技术时代的伦理责任只能在重新定义的人和新的人类生存样态下去讨论。但这并不意味着人类被技术裹挟而无所作为，新的生存样态下人类可以通过平等、民主的对话与协商，为当下的好生活确立一个底线或基准，然后以此为依据来确立可行的伦理责任。

人作为有理性的技术主体，要对技术及其后果所可能导致的危险和问题保持敏感性，需要承诺并承担对人的好生活的伦理责任。然而，人类也无须坚守一种关于人的定义和人的生活样式的特定模式，毕竟自人类诞生至今，人的存在方式和生活样态一直都是流动的，总是在不断的超越中尽力去实现每一种当下的"好"。

(三) 现代技术背景下社会的"破碎"与人的"疏离"

平衡、健康的自然是人类生存的"基座"，具有不可替代的价值。同时，人的社会性和脆弱性决定了人必须与他人在一起，社会生活才是属于人的存在方式。然而，现代技术特别是人工智能技术和大数据算法技术的发展和应用将社会切割为一个个互相不可通约的小圈子甚至是一个个孤独的个体。其运作机制就是机器智能通过收集数据、建构个体化的算法模型、进行"用户画像"、正向强化个体偏好，生成个体的认知方式和价值视角，个体被同质化的信息所包裹并重复强化，一方面这些信息迎合了个体的偏好，易于为个体所接受和认同，另一方面他也不容易获取不同视角的差异化信息，即使能够获取到相关信息，心理上和思想上也会排斥和拒绝。长此以往，个体间彼此将自我的认知和视角当成"真理"，其他的观点皆被视为"谬误"。"真理"与"真理"之间很难沟通、认同、妥协或相容。同时，基于网络和平台的传播与聚集效应，持有相似观点的个体更易于聚集在一起而获得相互认同和支持，这样个体持有的认知和价值观为他人所认同而获得不可商榷的"真理性"。虚拟空间逐渐就生成了持有不同"真理"的共同体，在社会空间中就表现为社会的"撕裂"，这一后果并不包含在技术的意向性之中，属于技术的非故意后果，但这一现象已经成为人类真实的生存境遇。社会在现代技术的力量下"破碎"成一个个小块甚或一个个单子，从而背离了社会的本质。

为技术所切割支离的社会与多元化社会有本质的不同。"多元化"和"撕裂"的区别就在于前者能够进行理性的对话、商谈，倾听他者的声音，从他者的视角反思自己的认知，可以修正或完善自己的观点，从而可能与他者达成共识。而后者，持有冲突或差异观点的不同主体都坚持认为自己的观点就是"真理"，而真理都不接受商榷和讨论，被认为具有

"不容置疑的正确性"。人们一旦在大数据算法的不断推送之下逐渐形成了自己的认知世界的方式，他所能做的就是不遗余力地去捍卫自己的观点和攻击异己的观点。他很难对自己观点的真理性产生怀疑，因为持续接收的同质化信息会反复强化和印证这一认知，使他进一步确信该观点的真理性。整个世界范围内我们都可以看到社会撕裂的现象，如英国的"脱欧派"和"留欧派"之争，美国最近的两次总统大选等都是社会撕裂的一种表征。如何将破碎的社会重新黏合起来就成了技术时代必须考虑的问题。

被"支离"的社会会进一步导致人与人的疏离甚至冲突。首先是因为每个人都困在自己的"真理世界"中。在智能时代之前，人们只有通过在物理空间面对面的对话或以经由某种特定媒介的沟通才可以知晓他者的立场。智能技术支持的当下，每一个人都可以在虚拟的网络公共空间表达/上传自己的想法和观点，其他人也可以便利地获取和了解他者的这些信息。个体信息获取的便捷性在"社会撕裂"的大背景下会加剧持不同立场的个体间产生的对抗性情绪，这种情绪会从虚拟空间"返回"社会空间，破坏人和人之间的信任感和亲密感，造成个体与个体间的相互疏离、冷漠甚或冲突。大数据算法的智能定向推送会持续正向强化彼此的被误认为"真理"的"偏见"，把每个人囚禁在各自的"信息茧房"中，以至于相互之间的"墙"越来越坚不可摧，对话和商谈也逐渐变得不可能，个体相互间的疏离也就不可避免了。

其次，技术时代，人对技术的依赖超过了对人的依赖。离开特定的他人，生活依然是可能的，但离开了技术，生活将变得艰难。技术取代熟悉的他人成为现代生活的关键要素。这意味着对物理空间中切近的、熟悉的他者的直接依赖的减少，对市场空间和虚拟空间中的陌生他者的间接依赖增强了。与陌生他者的交往是随机的、不可重复的、匿名的甚或身体不在场的，他者遥远且模糊，或者只是一个符号或代码，一如街角便利店的店员、快递外卖员、网络平台卖家等等，即使若干次重复的相遇或交易也无法成为你的熟人。所以现代技术条件下与他者的交往和共在与传统的交往有很大的差异。在技术依赖的背景中，单个自我独自生活的可能超越了以往任何一个时代，他的生活再也不会依赖特定的、熟悉的个体，或者说某个特定的个体对他的生活而言既不充分也不必要，现代人转而依赖整个社会系统、技术系统，而陌生的他者都隐身在社会系统和技术系统背后，所以传统意义上的很多人际交往的内容和形式都逐渐消失了，每个人可以独自在自己和技术系统构成的空间中生活下去，也不感到匮乏和孤独。个体的"单子化"使得个体参与社会交往的需求、愿望和动力都大为降低，于是人和人之间的"疏离"是现代技术发展的一个自然后果。

无论是社会的"破碎"还是人与人之间的"疏离"都不是社会和人的"好的存在"，都是人类需要分析和解决的问题。自人类有史以来，人类始终以"好的生活"为世俗生活的终极关怀。无论如何"好的生活"不可能被定义为破碎的社会和相互疏离的个体。人类有责任去回应技术对社会和人的伤害，探索技术时代"好的生活"的范式。

在现代技术背景下，对人而言，从人栖身的自然、人的身体、心灵和生活、人所构成的社会以及人与人之间的关系都发生了程度不同的变化。已经发生的和将要到来的人类生存境遇对哲学伦理学的研究提出了新的课题。这些新课题也是时代赋予的新的责任，技术的发展带来了人类的责任增强。然而，现代技术在坚持自身发展逻辑的同时，更服膺于资本的力量，资本增殖成为技术发展的重要目的，资本的流向也一定程度上引导了技术的发展方向。一方面，技术发展获得了强大的内生动力，另一方面，随着技术和资本的"合谋"，未知后果的集聚可能会催生更多不确定的风险，从而进一步增强了人类的责任要求。

三　技术、资本的逻辑同构与责任增强

技术和资本是现代社会中相互纠缠的两股强大的内生力量。自工业革命以来，这两大力量就相互交织、逐渐融合一起，相互增强，共同发展，构成了人类现代文明发展的底层逻辑。因此，如果离开资本去讨论技术风险和伦理责任必然是不充分的。技术与资本的叠加一方面带来了技术的快速发展，另一方面是资本的极限增殖。技术发展与资本增殖的叠加对特定的个体或共同体某种程度上是有益的，给他们带来了空前的掌控和支配世界的权力以及至上的荣誉感与成就感。基于这一点，几乎所有在技术和资本前行道路上的障碍因素都会被他们推开，风险和问题在很多情况下也就因此被选择性忽视和遮蔽了。因此，人类的伦理责任

必然会迎来更大的难题,这是一个不能忽视的事实。技术和资本之所以能够相互交织融合,相得益彰,主要是有以下几个方面的原因。

(一) 求利是技术和资本在现代社会语境中的共同目的

技术的发生与人类的存在相始终,作为无本质的存在,人类借助技术才能够得以幸存,也是在技术的支持下人类文明才实现了由低级到高级,从简单到复杂的发展进程。可以说,技术的原初目的是抵抗人类自身的不充分性和解决生活实践中的难题。资本(capital)是工业革命后才出现的概念,追求增殖是资本的天然特征,这种逐利本性背后的逻辑是投资者追求的"最小—最大原则",即每一次投资都期望以最小的投入获得最大的收益。亚当·斯密认为资本是为了生产而积蓄起来的财富,大卫·李嘉图指出,资本积累的扩大是工业经济增长的基础,更多资本使更多劳动投入工业生产中,从而创造更多的财富。马克思则更进一步,他认为资本家的目的不是取得一次利润,而是谋取利润的无休止的运动。[①] 资本的运动是无限度的,这决定了人的逐利行为的无边界性。但资本的增殖是有条件的,这也是为什么在工业革命后这个概念才真正形成的原因之一。

资本增殖的条件包括科学、技术、人才、资本主义的生产关系、现代经济体系……技术是资本生成的关键因素之一。然而,进入现代社会,当人类社会从手工劳动进入机器大生产阶段,技术在解决生产生活实践中问题的逻辑的基础上逐渐具有了资本逻辑。机器的应用使大量的生产和消费成为可能,求利就成了技术的重要目的,甚至是主要目的。正如利奥塔所言,"科技装置遵循着这一原则,即呈现最佳运作的原则:把获得的资料或整合后的资料,用于极限输出和低限输入(例如在运作程序中希望消耗最低的能量)。因此科技并非一种与真、善、美有关的语言竞赛。科技的目标即效率:如果一项科技'步法'能使情况变得更好,能量消耗得极少,那么,这就是一种'最佳'步法"[②]。可见,在现代社会中,对利润的追逐成了技术和资本的共同目标。技术和资本与无节制的

[①] 《资本论》(第一卷),人民出版社1956年版,第173—175页。

[②] [法] 让-弗朗索瓦·利奥塔:《后现代状况:关于知识的报告》,岛子译,湖南美术出版社1996年版,第136页。

逐利冲动的相互交织既催生了资本的快速扩张和技术的持续迭代,也对自然、资源、人和社会带来了颠覆性的影响,这些影响包括但不限于侵蚀、逼迫、耗竭、重构……总之人类的生活世界在技术和资本的"合谋"之下发生了深刻的变革并将持续变革下去,而且变革的速度将越来越快。于是人类的未来将充满变数,呈现出不确定性和未知特征。可见,技术和资本在创造了自由、繁荣的同时,也"创造"出很多难以预料的问题和风险,这些问题要么属于非故意的技术后果,要么是压倒性的逐利冲动无法兼顾的后果,要么是各种事态耦合或碰撞而生成的。基于人类行为的问题自然就是人类的责任,技术和资本在现代社会的强势发展催生了大量全新的问题,对人而言,问题即责任,技术和资本大大增强了人类的伦理责任,这是责任进入现代伦理学理论中心舞台的重要原因。然而,技术和资本之所以以逐利为目的,其底层逻辑和深层动力是人性的欲求。

(二)人性的欲求是技术与资本共同的内驱力

技术和资本都是人创造出来满足自己欲求的对象物。人是一种有理性有欲望的双重性存在,自然本身无法充分满足人的生存与发展的需求,所以人区别于所有其他的存在物,运用自己的理性和智慧,认识自然,发现规律,制造工具,改善环境,产出比自然供给更多更好的生活资料,追求属于人的好生活。经由农耕文明、工业文明到信息(智能)文明的当下,特别是进入工业文明之后,人类的技术能力不断跃迁,人性的欲求也被持续放大,所以有学者认为"技术是以最直观的形式展示人的本性的。而反之,人的本性对技术的发展有重要影响。人类生存与技术发展是因果互为过程。"[①] 人性的逐利倾向是一个恒常性的自然事实,哲学家们尽管持有不同的形而上学预设,但殊途同归,都描述和论证了求利是人类共同的自然倾向之一,尽管不是人的全部特性。无论是霍布斯的趋利避害、边沁的趋乐避苦、卢梭的自爱心、叔本华"盲动的生命意志"还是尼采的"强力意志"……都是从不同向度表述了这一观点。而人类的求利冲动很大程度上是经由技术来实现的,因此,可以说,人性的求

[①] 王治东、曹思:《资本逻辑视阈下的技术与正义》,《马克思主义与现实》2015年第2期。

利冲动是技术发展的原生动力之一。资本的定义就是能够带来价值增殖的价值，天然携带求利的倾向，逐利是资本的核心特征和不竭动力。资本与人性的欲求天然契合，可以说是人性欲求的外在表征。

人性的利益欲求是技术发展和资本增殖的强劲内驱力，但不是唯一的动力。人性的欲求多维而复杂。如在霍布斯看来，人性中包含着四种欲望：财富的欲望、荣誉的欲望、权力的欲望和知识的欲望。心理学家马斯洛认为，人的需求是层次性的，包括生理的需求、安全的需求、归属的需求、尊重的需求和自我实现的需求。所有这些欲望和需求都直接或间接地与技术的发展和资本的增殖相关，从而成为推动它们持续发展的恒常动力。如它们可以部分地实现霍布斯所指称的对权力、荣誉和知识的欲求，也是人追求自我实现需要的基础，甚至它们就是一些人所追求的自我实现本身。可见，人性的欲求和需要激发了技术和资本在数量上急剧增长和层级上的持续跃迁，构成了技术和资本背后共同的内驱力。

（三）技术和资本的同质化与可普遍性

诚然，人的欲求为技术的发展和资本的扩张注入了强有力的原生性内驱力，但它并不是人的实践的唯一决定因素。人的实践活动还会受到其所在国家民族或地区的历史、文化、意识形态、政治制度、宗教信仰甚至地理环境的影响，这意味着人性的力量也可能受到各种其他因素的阻碍或限制，难以形成技术和资本高歌猛进的世界图景。然而在全球化和世界市场的语境下，高效率的生产与大规模的消费的背后是技术和资本的"合谋"，这充分证明了资本和技术突破了地方性叙事，超越了地域性、民族性的文化、历史、信仰、意识形态的差异性，作为一种非地方性的知识，能够在几乎所有的地方性的文化中实现自身，以可普遍性和同质化的力量将整个世界纳入可通约的同一逻辑，或者说技术和资本的同质化是推动异质性的世界进入全球化社会的关键因素。法国思想家乔治·巴塔耶（Georges Bataille）曾指出，"生产是社会同质化的基础。同质的社会是个生产的社会即实用的社会。一切没有用的要素都被排除在社会的同质部分之外"。"社会同质性之最完善和最成熟的形式是科学与技术。科学建构的法则确定了一个高度发达和可以测量的世界中不同要素的同一性关系。"生产的同质性实际上是源于技术和资本的同质性，一方面是基于技术和资本自身不带有特定的地方性特征，所有被纳入社会体系的要素都化约为有用性和统一的结构、标准和流程，这些强制性的尺度具有最大的普适性。另一方面技术和资本的"合谋"生成的巨大力量将地方性的和无用的因素挤压到社会的边缘，具有特定的暴力性，因此全球化的过程也是很多地方性的文化衰弱和消失的过程。相应地，技术和资本的"态度"及规定性压抑甚至替代了原有的多样性、异质性的地方叙事，成为很多哲学家，如马克思、马尔库塞和巴塔耶等进行技术批判和社会批判的对象。

基于技术和资本的同质性和普遍化，是建构现代社会的两股强大的力量，影响是如此的普遍而深远，因此实践及其后果可能不顾及人类的目的与福祉，也可能对自然和社会造成不同程度和维度的伤害，人类对这种可能的伤害应有清醒的认识和考虑，自觉承担这些因技术和资本在全球的席卷而发生的伦理责任。

（四）技术与资本的内在交互与彼此增强

在现代社会中，技术和资本并不是各自对世界的建构发挥作用，这两个要素彼此间是内在共契、相互增强的关系。二者若仅仅依赖其自身，都会行之不远。离开了技术的支持，资本的增殖是有限的，离开了资本的支持，技术的进步也受到抑制。"让-弗朗索瓦·利奥塔在《后现代状况中》认为：'18 世纪末第一次工业革命来临时，人们发现了如下的互逆命题：没有财富就没有技术，但没有技术也就没有财富……过去正是对财富的欲望大于对知识的欲望，强迫技术改变行为并且获得收益。技术与利润的'有机'结合先于技术与科学的有机结合。'"[1] 德国技术哲学家罗波尔也主张技术活动具有经济性的特征，因为"技术形态表现为技术产品或系统的物质形态。工程师服务于企业，而企业以市场为导向。也就是说技术最终还要服从市场规律。从这个意义上讲，技术活动也是一种经济活动。"[2] 从他们的分析中可以看出，自 18 世纪以来技术与资本相互契合，相互增强，技术依赖资本实现持续迭代，资本借助技术实现快速增殖。

---

[1] 王治东、曹思：《资本逻辑视阈下的技术与正义》，《马克思主义与现实》2015 年第 2 期。

[2] 王国豫、胡比希、刘泽渊：《社会—技术系统框架下的技术伦理学——论罗波尔的功利主义技术伦理观》，《哲学研究》2007 年第 6 期。

基于技术和资本的结合，人类因此从繁重的体力劳动中解放出来，获得了更多的自由与福祉，整个世界的物质财富以前所未有的速度和体量累积和增长，工业革命之后技术和资本逐渐融合为人类生活世界中宰制性、支配性的权力，以效率、精确、秩序、合理性等价值和逻辑建构了现代社会人类的存在方式和生活方式。特别是20世纪中后期进入信息文明时代以来，技术的资本化和资本的技术化已经是一个不争的事实，二者的依存性、融合度超越了过去任何时代，相互纠缠在一起的两大因素构成了最强大的生产性力量。

将技术与资本融合在一起的"黏合剂"是自然人性，是人类对财富、权力、荣誉、成就等欲求的理性表达和实践确证。人性—资本—技术内在的逻辑一致性，成就了技术与资本的深度关联与融合。但作为一种力量，技术和资本构成的复杂性系统生成了自身的"意向性"和"自主性"，有可能与人类的利益、价值和意向性不一致甚或相反对，同时技术和资本力量的增强也意味着人类的干预或控制力量减弱，这些都加剧了人类所面对的可能风险。对这些风险的清醒意识，是人类承诺伦理责任的认知性前提。

技术与人类的存在相始终，而资本是一个历史的范畴，二者之间存在历史维度的不同步性。但自工业革命以来，技术与资本经历了从相互交织到深度融合，彼此都获得了指数级的爆发式发展。究其原因，是技术与资本有着逻辑上的一致性，求利是二者共同的目的，自然人性是二者持续发展原生性内驱力，同质化和可普遍性是二者共同的特征，这保证了它们可以嵌入全球的每一个国家、地区和每一种文化。不仅如此，技术和资本的深度融合带来了相互增强的效应，这将二者牢固地连接为一个共同体。正是由于技术和资本的逻辑同构，它们成了影响甚至决定现代社会发展方向和人类存在方式的主导性力量，人类的自主性相应地受到了限制和削弱。对人而言，技术和资本或会成为一种异己的、失控的权力，要求人类服膺于它们的意向和目的而沦为它们的"催化剂"，若此，这将是人类社会迄今为止所面临的最大的挑战，它们会强势地侵蚀人类的自由、尊严和能力等人之为人的本质属性，因此这些挑战是人类必须认真对待的问题，也是时代赋予人类全新的责任课题。

四 责任承诺：基于一种动态的"价值共识"

从前面的论述可以看出，在资本的加持下，技术全面介入了人的生活世界，无论是外在的生活环境还是内在的生命体验，都建构和塑造了新的人类生活方式。一切未纳入现代技术系统的事物和人正在迅速被边缘化，被技术挤压到一个狭小的空间，整个世界正从工业文明形态发展为智能文明形态。被技术所定义和建构的生活世界催生的伦理问题对人类提出了更多更复杂的责任要求。在新的技术条件下人如何与自然共生共存，人机内在连接的人是否还属于人的范畴？人的定义是否需要修改或重新诠释？更进一步，如果生物性的人类身体和智能机器的结合最终证明，生物性的身体是技术进步的障碍而最终被抛弃，若此，人是丧失了自身，还是进化了自身？社会的"碎片化"和人的"异化"在何种意义上是一个伦理问题？对上述问题的定义和描述并不是建立在道德直觉的基础上，而是要以一定的价值共识为基准。然而，这个价值基准是如何可能的？它是恒定的绝对命令，还是动态生成的共识？对这些问题的回答是我们责任承诺的前提。

伦理问题之所以是问题，是相对于特定的价值共识———一种普遍性的共识性的"好"———而言的。理论上，当一种现象偏离价值共识越远，则存在的伦理问题就越大。相反，越接近价值共识，它就不再是伦理问题。这意味着伦理问题是从价值共识获得定义的，当价值共识发生了变化，对伦理问题的描述就会发生相应的变化。然而，价值共识是如何生成的？它是恒常、稳定和普遍的，还是动态的、约定性的和相对性的？这两个问题在智能时代的答案对于技术伦理问题的认知、技术责任的承诺是基础性的。

价值共识既然是一种共识，那就是人们在共同生活中生成的一种约定。这种约定或者是一种隐含的协议，通过相互调整和隐含的协商而达成，如日常道德和风俗习惯等，或者是一种明确的书面协议，通过实质性的商谈和相互的博弈而达成，如《人工智能设计的伦理准则》（*The IEEE Global Initiative on Ethics of Autonomous and Intelligent Systems*）、《人工智能负责任发展蒙特利尔宣言》（*The Montréal Declaration for a Responsible Development of Artificial Intelligence*）等。无论是通过何种形式生成的价值共识，都是一种后天的人为规定，是人们在自我的生活实践和彼此的互动交往中基于某种特定的考虑而逐渐生成的，一旦生成就表现为一种相对稳定的共识性契约，在一定的时间内为特定共同体内的人们所承认和遵循。因此，人们可能会误以为这个规定是不接受商榷的传统或律令，甚至具有一定的神圣性。然而纵观整个人类历史，价值共识在大尺度的时间之流中始终是随着社会的变迁而变化的，这是人类的实践智慧和自适应机制，这充分表明人类不必执着于某一个传统或律令。

在智能时代到来之前，人类生活变化的速度相对较慢，于是价值共识的稳定性很强，前现代社会更甚，一个价值观会延续1000年甚至更久的时间，于是人们误以为它是永恒的、不可更改的律令。随着智能时代的来临，生活世界的变化超过了过往历史所有的时代，新的现象、事件不断涌现，价值共识可能只在一个较短的时间内相对稳定，而且新旧更迭还会呈现出加速度，这就是当下我们必须要面对的现实。价值共识的动态性特征决定了伦理问题也会相应地发生变化。然而智能时代动态的价值共识将会如何生成是接下去要回答的问题。

区别于传统的价值共识生成的模式，基于智能时代技术的复杂性、系统性、汇聚性等特征以及技术"涌现"的现实，当下的价值共识不应是人们长期共同生活中自然生成的一种隐含的协议，而是要建立在科学认知和民主决策基础上的一种明确的契约，而且认知和决策都应该是持续的、动态的，敏感于技术的发展及其相关事态的变化以适时地作出调整。科学认知旨在尽量排除非理性的直觉、情感或偏见在决策中可能产生的干扰，为价值思考提供较为真实、客观的事实和信息。民主决策则是基于现代技术系统的复杂性超越了个体的认知和决策能力而言的，民主的协商和博弈机制可以使得决策兼顾多样的视角、观点和利益诉求，在互动、碰撞和协商中寻求彼此间的理解、妥协与合作。可以说，科学认知和民主协商最大限度保障了"价值共识"的合理性和适切性。即使最终的价值共识未能达成，这样的协商机制至少为人们认知、决策和行动提供了相对完整真实的信息和多元化的立场。

价值共识的达成为伦理问题的界定提供了理想的价值范式，以特定的价值共识为对照，伦理问题就可以清晰地呈现出来。对人而言，问题就是责任，问题的明晰和确定是责任承诺的逻辑前提。然而，智能时代的伦理问题的独特性就在于它的复杂性、整体性和难以还原到特定的责任主体,传统意义上责任承诺的两个必要条件(意向性和因果关系)都程度不同地失效了,这决定了接下来的问题就是责任的主体是谁,智能时代的伦理责任该如何分配才是公正的?如果伦理问题超越了意向性和因果关系,那么伦理责任将在何种意义上得以可能?这些问题现实而迫切,本书第六章"数据正义问题与分布式责任"将尝试从信息伦理学的视角对这些问题给出回答。

历史上的技术经历了从简单到复杂、从工具性到智能化的发展路径,技术与人的关系也经历了从被动的等待到主动的支配,从确定性到不确定性的发展进程。人类的文明建基于技术之上,人类绝不可能过一种去技术化的生活,而技术和资本在智能时代的深度融合引发了新的问题和风险以及伦理责任的增强。在科学认知和民主决策的基础上生成价值共识,敏感于现实问题,自觉承诺伦理责任是人类当下的伦理智慧和可行选择。

五　本书的基本思路和框架

本书导论部分讨论了技术、资本和人类道德责任的增强,随着技术的自主性和技术的智能化成为现实,技术的善好与人类的善好之间原初的共生关系正在变得复杂和不可控,而且突破了时间和空间的边界,影响波及遥远的空间和未来的世代。技术正演化为一种异己的力量,开始规约、支配、宰制人的感受、认知、判断和行为,甚至有取消人类的潜在风险。具体来说技术的风险主要包括但不限于以下三点:自然世界的"终结"、对人的干预、驯服和重新定义以及社会的"破碎"和人的"疏离"。而且技术和资本的逻辑同构更进一步深化和复杂化了技术风险。在世俗世界中,人类是唯一有能力认知风险、承诺责任的主体,技术时代的难题天然就是人类不可推卸的责任。

第一章从哲学的角度对道德责任的两个形而上学问题——人格同一性问题和自由意志问题——进行了梳理和澄清,这是研究道德责任问题的前提和基础。人格同一性的问题关乎责任主体在时间中是否持续保持着自身,这决定了道德责任追溯的合法性和可能性。自由意志的问题关乎道德行为者的行动是否出于自主自愿的选择,而不是出于强迫、无知或者因果必然性，有选择的能力和机会是承诺道德责任的前提。研究表明，在人格同一性问题上，自洛克以来发展出了还原论和非还原论两个进路，尽管他们分别代表经验主义和理性主义两大哲学流派，但对道德责任的承诺是它们的道德共识。在自由意志问题上，存在决定论和非决定论两种观点，决定论又区分为严格的决定论和非严格的决定论。严格的决定论和非决定论与自由意志都是不相容的，前者不承认自由意志的存在，后者则将行为者的决定看成任意的和随机的。非严格的决定论既承认了因果决定论的前提，又给人的自由意志留下了空间，这为道德责任承诺提供了理论上的可能性。

第二章从历史发展的维度阐释了传统道德责任的现代转换以及现代道德责任的基础。传统的责任观念在现代社会遭遇了问题，若不能实现现代转换则无法进入现代道德话语系统，甚至可能成为责任承诺的障碍，同时对现代道德责任的基础的系统梳理和分析有利于对人类真实的道德责任要求的认知和理解。在中国的语境中讨论道德责任，必须考虑本土传统的道德责任思想在现代社会如何返本开新的问题。传统的道德责任的现代困境包括：公共空间和公共交往的道德责任的缺失，差等性责任与平等性要求之间的冲突和缺少远距离道德责任要求。只有经历差等性责任向相互性责任、从臣民责任向公民责任、从近距离责任向远距离责任的现代转换，传统的责任观念才可能进入现代道德话语系统。人在世界中的地位、人的技术能力以及现代公民身份是人在现代社会被要求承担更多的伦理责任的来源与基础，而唤起现代人对整个生存世界全面的责任意识和责任行动则是化解责任感不充分的现代性生存困境的必由之路。

第三章从伦理学的视角概述了现代技术的本质、风险和责任，揭示了现代技术善恶兼具的特征以及它的复杂性、脆弱性、自主性和逆生态性的本质特征，这决定了现代技术的风险是系统性的，关涉人、自然和社会等整个世界中几乎所有的存在。区别于传统技术对人的肢体能力的增强或替代，现代技术正在不断逼近人的本质。现代技术的发展和应用带来了人的存在论风险、社会的分离性、控制性风险、对自然和未来根基的侵蚀和破坏的风险等，这些都是技术时代道德责任思考的风险认知。技术风险必然要求人类的道德责任承诺和实践，约纳斯的责任原理、罗波尔的机制伦理以及胡比希的权宜道德都是有益的责任伦理方案。

第四章是对技术时代在当下最重要的代表性技术——人工智能技术的风险、伦理原则和超越机制的系统阐述。人工智能技术是技术时代的代表性技术，随着该技术的持续更新和迭代，ChatGPT-4o是人工智能技术的最新进展，这意味着一个不确定的、无限的未来正在逐渐展开。已经嵌入人类生活世界的人工智能技术构成了对人类隐私的最大威胁、人类自主性的持续弱化和道德责任因果关系的模糊性和不可还原性。面对挑战，各种民间和官方组织都推出了人工智能的伦理原则，"阿西洛马人工智能原则""人工智能负责任发展蒙特利尔宣言""新一代人工智能治理原则——发展负责任的人工智能"和"IEEE人工智能设计的伦理准则"都是代表性文件。对于人工智能技术的发展和应用带来的复杂的社会风险，本项目研究提出了一种"蓄水池"式的公共决策空间和相互博弈机制作为技术风险的超越机制。

第五章是从数据权利和信息隐私的角度研究了大数据技术和算法的伦理风险和可能回应。大数据技术是人工智能技术能够实现的基础。每一个国家和地区的决策者都看到了数据的价值，也意识到了数据自由给人和社会带来的问题，都试着用法律和制度来平衡二者之间的关系，既保证信息的自由流动，又尽可能保护用户的隐私、自由，并保障社会公平，承诺对技术和资本构成的强大且复杂的力量负责。欧盟的《一般数据保护条例》（以下简称GDPR）以法律的形式赋予数据主体以知情权、访问权、更正和删除权（被遗忘权）、限制处理权、反对权、数据可携带权等，以尽可能保护数据主体的隐私、自由和尊严。在大数据时代，人们发现要保护私人生活比以往任何时候都困难得多，因为每个人的私人生活都被接入了公共的虚拟空间，转化为可以共享、传播和分析的数据。数据的收集共享分析和运算会构成对个体信息隐私的侵犯，从而可能进一步造成个体的困窘、被羞辱或威胁、不受欢迎、被嘲笑或者其他伤害性的后果，侵蚀个体决策和行动的自主性，增进人的脆弱性和依赖性，缺乏对个体信息所有权的承认和尊重，甚至也可以说是对个人身份认同的侵犯。所以技术发展需要寻求信息隐私和数据自由之间的平衡。

第六章集系统讨论了数据正义问题的责任分配方式。当大数据技术"消失在"人类的日常生活中,在带来了更多的自由、福祉和可能性的同时,也招致了数字可行能力不平等、算法歧视和数据殖民主义等数据正义问题。与其他社会正义问题相比,数据正义问题具有的多元能动者(包括人类能动者、人工能动者和混合能动者等)、非意向性、复杂因果性等特征,超出了传统道德责任理论的边界。问题要求理论的创新,弗洛里迪建构的以接受者为导向的伦理学范式拓展了能动者的概念,指出分布式道德是信息时代道德行为的常见形态,主张用反向传播的分布式责任作为其责任的分配方式。将分布式责任应用于解决数据正义问题,尽管存在人工能动者如何担责、抑制创新、全球性责任分配何以可能等问题与挑战,应该承认分布式道德为数据正义问题提供了有说服力的解释,分布式责任为数据正义问题提供了可行的伦理治理方案。

第七章是对人、自然和技术之间的关系进行了探究,发现自然并不具有内在价值,但现代技术天然的逆生态性带来了自然的崩坏,使人们不得不重新思考人、自然和技术之间的关系。技术发展对自然的戕害已经有一个多世纪的历史,自然的健康、完整、平衡和美丽在动力机械技术问世以来已经遭遇全面的侵扰和破坏。有哲学家以自然具有内在价值作为人类保护自然的充分理由,然而自然具有内在价值是很难确证的,人对自然的责任可以从自然的脆弱性、人的认知与实践能力以及人对健康、完整和平衡的自然的需求得到确证。

第八章提出了技术时代的人类道德责任的终极关怀——走向"共生"与"善好",这两个道德理想既是对人类在技术时代的道德责任理论与实践的引导和规训,也是人类对于"人—技术—自然—未来"理想状态的终极追求。在技术时代,"共生"就是所有的事物在时空中都有自己恰当的位置,自身保持着良好的存在状态,并且与周围的他者和谐共处。包括人技共生、人与自然的共生和当代人与未来人的共生,"善好"是比"共生"更高层级的道德理想,也是"共生"所追求的终极目标,二者的结合是技术时代的人类共同理想。"共生"和"善好"是人类对当下和未来的美好愿望,或许也是人类给自己的生活世界构建的一个新的乌托邦。尽管如此,它依然闪耀着意义的"光芒"。"共生"和"善好"就像来自哲学思想的"一束光","点亮"着人类通向未来的旅程。

第 一 章

道德责任的两个形而上学问题

　　道德责任的研究首先要回答两个形而上学的问题：人格同一性的问题和自由意志的问题。人格同一性的问题关乎责任主体在时间中是否持续保持着自身，这决定了道德责任追溯的合法性和可能性。或者说如果责任主体并不具有历时性的人格同一性，那么道德责任还是可能的吗？自由意志的问题关乎道德行为者的行动是否出于自主自愿的选择，而不是出于强迫、无知或者因果必然性，有选择的能力和机会是承诺道德责任的前提。当代伦理学中关于道德运气的讨论也和自由意志问题相关，道德运气论者的观点有决定论的倾向，主张人的意图、选择和行为是由特定情境中的运气决定的，而运气是在行为者的生活之内和能力之外的可能性，若运气对人的意图和选择有重要的影响，那么行为者还需要为自身的行为负责吗？即使行为者始终保持着人格同一性。对这两个形而上学问题的回答是展开技术时代的道德责任问题研究的逻辑前提。

第一节　人格同一性问题

　　要讨论伦理责任问题必然会涉及责任的主体、责任的内容和责任的对象三者之间的内在必然联系，即要求特定责任主体为特定对象承诺特定伦理责任是合理的、必然的和有充分、完备的理由。道德责任有回溯性、前瞻性和关系性责任等类别，可以看出作为原因的责任主体的行为或身份与作为回应的责任履行或追诉之间并非共时性的关系，基于二者之间的时间差，责任主体在时间流中是否持续性存在就成了一个重要的问题。若责任主体在时间流中不能保持自身的同一性或持续存在，那么责任承诺就会因为主体的缺位而丧失。人格同一性问题在哲学史上形成了还原论和非还原论两条思想脉络，前者以洛克、休谟、托马斯·内格尔、德里克·帕菲特等为代表，后者以笛卡尔、康德、胡塞尔、伯纳德·威廉斯等为代表。

一 什么是人格同一性？

人格同一性（personal identity）[①]是由"人格"和"同一性"两个概念构成。人格一词源自拉丁文 persona，意思是演员的面具或者戏剧中的角色，也指人的社会地位和个性特征，后引申为有理性的个体的连续性和不变性。洛克在《人类理解论》中给人格做出了一个经典定义："在我看来，所谓人格就是有思想、有智慧的一种东西，它有理性、能反省、并且能在异时异地认自己是自己，是同一的能思维的东西。"[②] 在这里洛克是在同一性的意义上定义人格的，指称人格是一种能够在不同的时间和地点思考，并确认自身同一性的能思维的东西。洛克认为，"它（人格—作者注）在思维自己时，只能借助于意识，因为意识和思想是离不开的。"[③] 同一性（identity）是指一件事物在经历了时间和空间的变化后还保持着自身。同一性之所以成立，是因为我们所认为的有同一性的那些观念，在经历了时间和地点的变化后与以前相比完全一样，没有变化。这里指的是我们对于事物的观念没有变化，而非事物本身没有变化，实际上任何事物时时刻刻都在变化。但是在何种意义上定义"保持着自身"，哲学家们有诸多不同的主张，如物理/实体的连续存在、灵魂/心灵的统一、记忆/意识的连接、社会身份和主体地位的同一、逻辑功能的同一等等。斯温伯恩曾给人格同一性下过一个经典明晰的定义："t2 时间的 P2 与早先 t1 时间的 P1 作为同一个人的逻辑上的充分必要条件是什么？"[④] 斯温伯恩对人格同一性的定义是中立性、开放性和兼容性的，未预设特

[①] 也有被翻译为"个人同一性"，如王新生翻译的德里克·帕菲特的著作《理与人》（上海译文出版社）中就是使用的这一名称。

[②] ［英］洛克：《人类理解论》，关文运译，商务印书馆1997年版，第309页。

[③] ［英］洛克：《人类理解论》，关文运译，商务印书馆1997年版，第309页。

[④] Richard Swinburne, "Persons and Personal Identity", 转引自王球：《人格同一性问题的还原论进路》，《世界哲学》2007年第6期。

定的理论立场，也未拘泥于人格的定义，简洁明晰且易于理解，揭示了所有差异性的，甚至互不兼容的人格同一性理论共同追问的问题。这个问题最早是由洛克在《人类理解论》中提出，此后成为西方哲学中一个重要的形而上学问题，形成了以经验主义为哲学基础的还原论和以理性主义为哲学基础的非还原论两条理论进路。

二 人格同一性的两条进路：还原论和非还原论

在人们的常识性认知中，人格同一性似乎是一个不需要思辨的自明性问题，一个人终其一生都保持着他自身，从他刚出生的婴儿状态直到垂垂老矣都是同一个人，保持着同一性，是一个独立的个体，与他人之间有明确的边界。在洛克之前，哲学家们并不是很关注这个问题，或者说此前一个普遍性的共识就是人终其一生都保持着人格同一性，这个同一性是由灵魂来保证和连接的，无论人的身体、认知、社会关系和思维发生了怎样的变化，有一个属于每一个体的灵魂使他在时间之流中保持着同一性。对人而言，灵魂是所有变化中不变的持续性存在。但是在文艺复兴之后，随着科学的发展和人的理性对宗教和上帝的批判，上帝的存在被质疑，灵魂的存在自然也就成了一个问题。如果灵魂可能是不存在的，那么曾经笃信的人格同一性就自然成为哲学讨论的问题，这个问题如果不能在后宗教时代被充分研究和确证，那么法律、道德维度的奖惩、承诺、赞美、谴责、信任、责任等都会失去合理性的根基。因此，洛克首先提出和研究了这个问题，此后在不同的哲学理论视域下，形成了还原论和非还原论两条理论进路。

（一）还原论进路

所谓还原论就是主张人格同一性不是一个基本的概念，可以将其还原为更为基本的因素来描述和诠释，如记忆、意识、物理连续性和心理连续性等等，然后用这些因素对人格同一性提供辩护或予以反驳，在此基础上建构起世俗道德体系。持还原论观点的哲学家有洛克、休谟、托马斯·内格尔、德里克·帕菲特等。

洛克将人格还原为意识和记忆。在洛克看来，人在思考自己的时候只能借助意识，"因为意识同思想是离不开的，而且我想意识是思想所绝对必需的……因此，意识永远是和当下的感觉和直觉相伴随的，而且，只有凭借意识，人人才对自己是他所谓的自我"①。在洛克的理解中，自我、人格是同一的概念，一个人自我的保持与意识是分不开的，所以，他认为"人格同一性（或有理性的存在物的同一性）就只在于意识。而且这个意识在回忆过去的行动或思想时，它追忆到多远程度，人格同一性亦就达到多远程度。现在的自我就是以前的自我，而且以前反省自我的那个自我，亦就是现在反省自我的这个自我。"②洛克用意识将时间中存在的 n 个自我联合起来成为同一人格者，当下的意识对过去的回忆，即记忆将时间中已经过去的自我和现在的自我连接起来成为同一人格者。之所以连续的 n 个自我是同一个自我，"乃是因为含灵之物在重复其过去行动的观念时，正伴有它以前对过去行动所生的同一意识，并伴有它对现在行动所发生的同一意识。因为它所以在当下对自我是自我，既是因为它对当下的思想和行动有一种意识，那么这个意识如果能扩展及于过去的或未来的行动，则仍然将有同一的自我。虽有时间底距离，或实体底变化，他亦不因此成为两个人格者"③。

在确认了人格同一性在于意识之后，洛克对与之相关的问题做了进一步的阐释和说明：

（1）身体（实体）的变化不会影响人格同一性。

（2）意识是过去行动的现在表象，那么现在表象于心中的那些行动也可能是以前不曾存在过的。

（3）同一的意识如果能从一个思想的实体转移到另一个思想实体，那么这两个思想实体是同一人格者。

（4）人格的同一性不能超出于意识所及的范围以外。

（5）刑和赏之所以合理、所以公正，就是基于这个人人格的同一性。④

……

洛克的人格同一性理论一方面坚持经验主义哲学的基础，将人格还

---

① [英] 洛克：《人类理解论》，关文运译，商务印书馆1997年版，第309—310页。
② [英] 洛克：《人类理解论》，关文运译，商务印书馆1997年版，第310页。
③ [英] 洛克：《人类理解论》，关文运译，商务印书馆1997年版，第311页。
④ 参见 [英] 洛克《人类理解论》，关文运译，商务印书馆1959年版，第311—317页。

原为意识、经验和记忆，另一方面又诉诸了一个抽象的自我作为人格的载体，以不使人格失之虚无。这一点和笛卡尔的观点有类似之处，可以说他是一个不彻底的经验主义者。而纯粹经验主义的人格同一性理论在休谟的《人性论》中得到了充分的表述。

休谟从经验出发，认为并不存在人格、自我、灵魂的观念，因为并不存在任何与这些观念相对应的知觉，无论是印象还是观念，人格、自我的观念只是一种心灵的虚构，"同一性是依靠于类似关系、接近关系和因果关系三种关系中的某几种关系的。这些关系的本质既然在于产生观念间的一种顺利推移；所以，我们的人格同一性概念完全是由于思想依照了上述原则，沿着一连串关联着的观念顺利而不间断地进行下去而发生的"①。在休谟看来，我们确实知道的唯一存在物就是知觉，我们所感知的只是印象和观念，所谓心灵、自我不过是流变中的知觉的结合或一束知觉，我们把这些特殊的知觉归结为一个自我是没有正当理由的，因此休谟不承认在时间流中有一个持续存在的实体——人格，人格观念只是出于心灵对各种关系在观念间的关联而产生的一种虚构，而心灵也是没有同一性的，只是由接续出现的知觉构成。休谟说："同一性并非真正属于这些差异的知觉而加以结合的一种东西，而只是我们所归于知觉的一种性质，我们之所以如此，那是因为当我们反省这些知觉时，它们的观念就在想象中结合起来的缘故。"② 休谟运用经验主义的方法否认了人格观念的存在，从而进一步否认了人格同一性的存在，也反驳了洛克以记忆为基础的人格同一性理论，他说，"谁能告诉我说，在一七一五年、一月、一日，一七一九年、三月、十一日，一七三三年、八月、三日，他有过什么思想和行动呢？他是否会由于完全忘记了这些日子里的事件，而说，现在的自我和那时的自我不是同一个人格，并借此推翻了关于人格同一性的最确立的概念呢？"③ 这一诘问是对洛克的记忆理论的一个真正的挑战，指出真正意义上的人格同一性要么是不可能的，要么就必须对洛克的理论进行修正。如果人格同一性如休谟所言是不可能的，也就

---

① ［英］休谟:《人性论》，关文运译，商务印书馆1980年版，第291页。
② ［英］休谟:《人性论》，关文运译，商务印书馆1980年版，第290页。
③ ［英］休谟:《人性论》，关文运译，商务印书馆1980年版，第292—293页。

是说在时间中存在的特定个体并不存在同一性,那么法律或道德上的责任,无论是面向过去的,还是指向未来的,就可能成为一个问题。如何一方面坚持经验主义的观点不承诺人格同一性,另一方面道德责任还可以得到合理的辩护,这一难题在帕菲特的理论中找到一种可能的解决之道。

帕菲特的人格同一性的思想与休谟的观点有一定的相似性,但更为温和合理,他的核心主张如下:

(1) 对人格同一性问题的回答是不确定的。
(2) 人格同一性是不重要的。
(3) 重要的是任何原因所导致的心理联系。

帕菲特运用了"火星旅行""支线事故""大脑复制"等思想实验来阐释我们对于人格同一性并不总是有确切的答案,这个问题可能是一个空的问题(empty question)。这与人们的常识性认知存在不一致,人们通常认为我要么存在要么不存在,对这个问题的回答应该是明确的,如果像休谟那样认为我仅仅是一束知觉,那么很多法律和道德上的难题都会接踵而来。但是帕菲特并没有如休谟那样全然否定人格同一性的存在,在他看来,即使对这个问题的回答是不确定的,或者说人格同一性并不能准确描述历时性存在的前后相继的自我之间的关系,即便如此,我们依然知道关于这个问题的全部事实,即对时间中存在的自我之间的关系我们可以有更为恰当的描述,所以,帕菲特认为人格同一性是不重要的,他说:"我认为物理连续性是个人连续存在中最不重要的因素。我们在我们自己和他人中所珍视的不是同一特定大脑和躯体的连续存在。我们所珍视的是我们自己与他人之间的各种各样的关系,是我们所爱的人和物,是我们的雄心、成就、承诺、情绪和记忆,以及其他一些心理特征。"[①]帕菲特将这些关系称为任何原因所导致的关系 R(relation)。而这种关系 R 包括心理上的联系性和心理上的连续性。

心理上的联系性(connectedness)支持着特殊的直接心理联系。心理上的连续性(continuity)支持着重叠的强联系性链条。[②] 帕菲特用心理上

---

① [英]德里克·帕菲特:《理与人》,王新生译,上海译文出版社 2005 年版,第 405 页。
② [英]德里克·帕菲特:《理与人》,王新生译,上海译文出版社 2005 年版,第 298 页。

的连续性回应了休谟对洛克的诘问,他认为即使 X 和 20 年前的 Y 之间没有了直接的记忆的联系,但他们之间可能存在着一个重叠的直接记忆链,即在过去的 20 年间的每一天,他都会记得前一天发生的一些经验,这样心理上的重叠记忆可以使得 X 和 20 年前的 Y 是同一个人。所以,帕菲特认为所谓时间中的人格同一性不过涉及关系 R——有着任何原因的心理联系性或者心理连续性,这个问题并不总是有确定的答案。但是即使没有对这个问题给出答案,我们还是能够知道所发生的一切,也就是说我们不诉诸人格同一性概念,仍然可以用另一种方式更为恰当地描述人在时间中的存在。

和休谟不同,帕菲特在批判了人格同一性问题上的非还原论和其他还原论观点之后,并没有完全否定人格同一性,而是以一种更为温和的方式建构了一个新的解释框架。正如李曦在《帕菲特的还原主义及其对我们生活的影响》一文中称休谟采取的是一种"休克"的方式,帕菲特则是一种"渐进"的方式,后者更为温和,也更易接受。"当帕菲特否认人格同一性的重要性时他也同时指出了'真正'重要的东西以作为替代。按照这种版本的还原主义,如果失去了太阳,我们至少还有月亮;而在休谟的世界中,我们将在否认了太阳之后又不得不承认它的存在,相比之下,前者的论证显得更为一致。"[①] 帕菲特的还原主义尽管也有违人们的常识性认知,受到了不少批评,但他的理论明显超越了洛克和休谟的论述,可以说是还原主义人格同一性理论迄今为止最出色的成果,为反驳利己主义和论证有限利他主义及功利主义提供了新的形而上学前提,也为赏罚、责任、承诺、信任等道德要求奠定了特别的理论基础。

还原论者在人格同一性问题上并没有统一的主张,论证的视角也不尽相同,有的是出于第一人称内部视角,如洛克;有的是第三人称外部视角,如物理准则观点;有的是非人称的视角,如帕菲特。有的肯定人格同一性,有的否定人格同一性,有的认为人格同一性不重要,是个空的问题。因此,在还原论内部存在很多的分歧和争论。帕菲特曾给还原论的观点做过一个描述:"按照还原论者的观点,每个人的存在不过涉及

[①] 李曦:《帕菲特的还原主义及其对我们生活的影响》,载赵敦华、靳希平主编《外国哲学》(第 18 辑),商务印书馆 2005 年版,第 198 页。

一个大脑和躯体的存在、某些行动的实施、某些思想的思考和某些经验的发生，等等。"① 总的说来，还原论的观点对伦理责任问题是一个挑战，特别是休谟和帕菲特的主张，这一问题会在第三部分进一步讨论。

（二）非还原论进路

非还原论者主张人格同一性不可还原为物理或心理的因素，人格或者是一个独立于身体和经验的、具有形而上学意义的精神实体，或者是内在反思性的自我认同，主要是通过自我的记忆、对经验材料的逻辑统摄功能以及作为意志和行动的主体而得到确证。持非还原论观点的哲学家主要有笛卡尔、康德、胡塞尔、海德格尔等。

笛卡尔哲学的逻辑起点——我思故我在——首先预设了自我的存在，自我作为笛卡尔哲学展开的支点和基础首先被确证，既是其哲学大厦的基础，也是人终其一生变中之不变者。那么笛卡尔所指称的"自我"是一个怎样的存在呢？在《第一哲学沉思集》的第二个沉思中，笛卡尔回答了"我"是个什么东西。他说："那么我究竟是什么呢？是一个在思维的东西。什么是一个在思维的东西呢？那就是说，一个在怀疑，在领会，在肯定，在否定，在愿意，在不愿意，也在想象，在感觉的东西。"② 笛卡尔将自我理解为一个独立于身体的精神实体（也可称为心灵或者灵魂），这个精神实体的本质就是思维，它是一个不可分的、单一的整体，也就是不可还原或分析为其他更为基本的因素，所以被归为非还原论。身体则可以分成很多部分。尽管"我"意识到身体和自我是非常紧密地连接在一起，融合、掺混得像一个整体一样地同它结合在一起，但在笛卡尔看来，身体和自我是两个实体，前者是物质实体，后者是精神实体，二者也不具有同一性，这就是身心二元论。正因为自我的本质是思维，笛卡尔指出，"我思维多长时间，就存在多长时间；因为假如我停止思维，也许很可能我就同时停止了存在。"③ 而失去部分的身体甚至整个身体则不会影响"我"的存在。笛卡尔的"自我"是人格同一性的保证，人的身体、感觉、经验等等的变化都不会影响我的持续存在，一个思维

---

① ［英］德里克·帕菲特：《理与人》，王新生译，上海译文出版社2005年版，第305页。
② ［法］笛卡尔：《第一哲学沉思集》，庞景仁译，商务印书馆1986年版，第29页。
③ ［法］笛卡尔：《第一哲学沉思集》，庞景仁译，商务印书馆1986年版，第28页。

持续存在就是"我"的持续存在，就是人格同一性的充分理由。但笛卡尔的身心二元论自提出之日起，就受到了很多质疑，如身体和心灵交互作用的难题、与物理的因果闭合性原则的冲突（即非物质的心灵何以对物质产生影响）以及他心问题（即如果笛卡尔二元论是对的，我们如何确定他人是拥有心灵的呢？）等等。洛克、休谟关于人格同一性的还原论观点就是针对笛卡尔的精神实体的观点而提出的。

如果说笛卡尔对人格还执着于是一种实体，那么到康德哲学中人格就从实体逐渐向逻辑化转变了。康德区分了"经验自我"和"先验自我"，前者是处于变动不居状态的意识内容，例如人的喜怒哀乐等等。但是尽管一个人的喜怒哀乐处在不断的变化中，我们却能感受到这些变动不居的情感都属于同一个"我"，能够统摄这些思维内容的结构和形式的我就是康德所指称的先验自我。先验自我是不可知的，也不发生变化，也不是任何感性直观的对象，任何感性直观得到的都是经验自我，是可被规定的自我，不是进行规定的先验自我。这个先验自我是直观形式和思维范畴得以可能的逻辑机能，它只有在缺少了它就不能直观和思维时才显现自身，才能被意识到。所以康德说："我甚至也不是通过意识到我自己作为思维活动，来认识我自己的，而是当我意识到对我自己的直观是在思维机能方面被规定了的时，才认识我自己的。"① 这个具有逻辑认知和逻辑统摄的先验自我保证了"我"的意识同一性与表象的整体性。它并非笛卡尔意义上的实体。

从笛卡尔到康德，对自我、人格的界定从一个封闭的实体转向了一种开放的逻辑功能。在康德看来，没有这个具有统觉能力的先验自我，人就无法形成对世界的认知。康德将现实呈现的经验知识描述为杂乱无章的经验材料和使这些经验材料得以必然性整体呈现的先验主体的感性直观形式和知性十二范畴，指出了经验的非自在独立性，认为经验本身不足以解释经验，经验必须借助经验之外的主体的认知框架才能得以有意义地呈现，这种整合零散经验材料而自身恒定者就是自我的人格同一性。康德的先验自我的设定既解决了知识何以可能的问题，为科学和知识的合理性奠定了基础，也超越了笛卡尔、洛克和休谟等哲学家关于人

---

① ［德］康德：《纯粹理性批判》，邓晓芒译，人民出版社2017年版，第224页。

格同一性的解释框架。这对胡塞尔在该问题上有很大的启发。

　　胡塞尔对自我的理解随着他对现象学的历时性不同理解而不同。最初在《逻辑研究》中将自我等同于意识或心理体验本身，否认"先验自我"的存在，在《观念Ⅰ》中，他开始肯定先验自我的意向性构成作用，并且将世界看成自我的意向性"相关物"或"意向对象"；在《经验与判断》和《笛卡尔式的沉思》中，他进一步将自我的意向性构成作用推进到纯粹被动的意识领域（内在时间意识和联想），并且认为自我本身也是自我之意向性构成的结果，因此是一个具体的、拥有其习惯和历史的人格和单子。

　　和康德不同，胡塞尔的先验自我不仅仅是一种既成的容纳经验材料的固定框架，而是一种能动的意向性构成主体，它不仅构成意识对象的形式，同时也能通过自由想象的变换构造意向内容。此外，他在先验自我概念中援引了内在时间概念，即因先验主体的记忆整合把诸多的意识材料整合进一个延续的自我意识同一性中。胡塞尔认为时间意识是一般同一性之统一的构成的发源地。具体而言，任何一个当下感觉或"原初印象"都不是孤立的意识片段，而是伴随着相应的滞留和前展。即是说，刚刚成为过去的当下意识（滞留）、即将到来的当下意识（伸展）以及眼前的当下意识（原初印象）恰恰属于同一个意识、同一个"感觉场"。在这个意义上，正是"内在时间意识"保证了整体"知觉场"以及其中任何具体"感觉场"的连续性和统一性。

　　在现象学的视域中，自我不是一个对象、身体或物质，也不是心理，而是先验自我，它能够进行知觉、判断、推理、论证、表述意义，是理性和真理的执行者和责任者。"当我的肉身机体按照理性的规则运作并参与真理游戏的时候，它就是作为先验自我而活动的。"[①] 所以经验自我和先验自我并非两个存在，而是以两种方式被考虑的存在。人们一方面意识到知识、觉悟、洞见或信念以及其他方面发生的变化，另一方面又意识到某种同一性和连续性。这就说明自我不是变化不定的体验流，而是整合和统摄这些体验流并使之一体化的先验同一性，是流变中不变的

---

① [美]罗伯特·索克拉夫斯基：《现象学导论》，张建华、高秉江译，上海文化出版社2021年版，第130—131页。

存在。

非还原论者在人格同一性问题上尽管也存在实体和逻辑功能的分歧，但相比于还原论者，非还原论者都主张先验自我保证了人格同一性，它不可还原为身体、经验或心理，先验自我的存在和确认保证了时间中的身体、心理、认知和信念流动变化中不变的同一性，这些变化都属于同一个自我，自我是它们的执行者和责任者，非还原论为个体作为责任主体奠定了哲学基础，还原论若要求时间中存在的个体承诺一定的伦理责任则需要给出的一个充分的论证。

三 人格同一性与道德责任

如果不能从哲学上证明 t2 时间的 P2 与 t1 时间的 P1 是同一个人，具有同一人格，那么责任的承诺和追溯，无论是道德的还是法律的都可能变得困难，除非提出其他的理据支持，否则责任就成为一个问题。"除非承认人拥有稳定的和同一的个体人格，承认个体拥有自主的独立性和自由性，一切伦理道德和法律的基本概念如：良心、羞耻、自尊、荣誉、责任、惩罚、奖励将无从谈起。"[①] 而责任的承诺和追溯是维护世俗社会秩序的关键因素，秩序是任何共同体能够幸存和持续存在的底层逻辑，也是个体身心栖居的空间和处所。责任的可能性取决于人格同一性的解释框架，在现代技术特征下还需要考虑组织或共同体的同一性，在还原论和非还原论之间，前者对人格同一性提出了很大的挑战，在还原论的框架内需要为责任的承诺和追溯寻找另外的理由和路径。

基于非还原论的人格同一性理论，无论是将人格同一性还原为作为一个精神性的实体，抑或还原为认知、信念、情感等背后的逻辑功能，都承诺了自我在时间中始终保持着自身，不会因为身体、环境、认知、信念等的变化而失去自身，这样 t2 时间的 P2 始终与 t1 时间的 P1 保持着同一性。若自我在时间流中始终保持着自身，那么，t2 时间的 P2 就与 t1 时间的 P1 的行为、信念等之间存在连续性、因果性或相关性，是两个存在内在同一性的个体，而非两个个体，即使 P2 在身体的完整性、经验或记忆的连续性等方面与 P1 相比出现了一些丧失或变化，这并不影响 P2

---

① 高秉江：《西方哲学史上人格同一性的三种形态》，《江苏社会科学》2005 年第 4 期。

和 P1 是同一个人，不影响 P2 要为 P1 的行为后果负责任，无论是法律责任或是道德责任。

现象学的先验自我是理论事务和实践事务中理性和真理的执行者，是能够负责任地宣称实际情况是什么的一个存在者，也是有责任的道德行为者，在思维、表达和行动中是一个独立持续存在的个体，即在认知和实践中的主体。这区别于非人的存在物。但"自我不是一个分离的事物，而是这个能够过一种理性生活的人。它是能够说'我'并且为它说过的东西承担责任的存在体。"① 在现象学视域中的自我，并不是一个在"我"的直觉、记忆、想象、选择和认知行为之外的一个独立存在的精神实体，而是由所有这些多样的活动所构造的同一性，是在这些活动之间，而不是在它们背后的一个实体性存在，这个自我是灵活可变的，又在它的整个意识生活中持续不断地保持同一，它以自身特有的方式描述事物，也描述它自己，这区别于笛卡尔的自我是一种精神实体的观点。所以，"如果你向我抱怨我上个月做过的事或者去年说过的话，你的抱怨却是有意义的，因为我是在理性领域里言说和行动的；我在真理游戏中进行活动，我说过或做过的事情被记录在案，并且超出它发生的境况继续作为这样的活动而持存。我能够作为一个先验的自我而行动"②。正因为先验自我在时间中保持着同一性，也就保证了 t2 时间的 P2 和早先 t1 时间的 P1 是同一个自我，二者之间的内在连续性使之成为一个责任的主体，为 t2 时间的 P2 为 t1 时间的 P1 的动机、意图、倾向、判断、选择和行为及其后果承诺责任在形而上学的意义上得到论证，是自我在道德上接受谴责或赞扬的理论预设，离开了人格同一性的确证，除非经由特别的论证，那么道德上的谴责或赞扬都是无根基的和无意义的。尽管非还原论存在神秘性、复杂性等方面的问题，但为伦理责任的承诺和践行提供了充分的理由。这正是还原论所面临的挑战。

洛克将人格还原为意识，意识可以追忆过去的行动或思想，意识连

---

① [美] 罗伯特·索克拉夫斯基：《现象学导论》，张建华、高秉江译，上海文化出版社 2021 年版，第 133 页。

② [美] 罗伯特·索克拉夫斯基：《现象学导论》，张建华、高秉江译，上海文化出版社 2021 年版，第 131 页。

接了时间中连续存在的自我，使其保持着人格同一性，以意识和记忆为基础的人格同一性使得自我是一个责任主体，接受道德或法律的奖励或惩罚。但是和非还原论不同的是，首先，意识和记忆无法抵达的生命时间的人格与被意识和记忆所连接的生命时间的人格是两个人格者。其次，同一的意识如果能够从一个实体转移到另一个实体，那么这两个能思想的实体是同一个人格者。洛克坚持认为意识造成同一人格者，和实体无关。他说："自我意识只要认千年前的行动是自己的行动，则我对那种行动，正如对前一刹那的行动，一样关心，一样负责。"[①] 尽管如此，洛克的人格同一性观点在正常情况下都可以为责任或赏罚提供理论辩护，但是，休谟的观点必然会使他在这个问题上陷入困境。

休谟在《人性论》第一卷——论知性——中指出人格、心灵、实体、同一性等概念都是我们虚构的，我们的知觉不能发现任何不变的、不间断的东西作为同一性概念的基础，有的只是处于永远流动和运动之中的知觉的集合体，或一束知觉，这种知觉时时处于变化之中，而不能是持续的、不变的同一性。尽管他说，"心灵是一种舞台；各种知觉在这个舞台上接续不断地相继出现；"[②] 但他紧接着强调，"我们决不可因为拿舞台来比拟心灵，以致发生错误的想法。这里只有接续出现的知觉构成心灵"[③]。这一说明旨在强调心灵并非一个持续不变的实体，心灵也是由接续出现的知觉构成的，也处于不断的变化中，不能始终保持同一。可以说，休谟彻底的经验主义思维方法必然会解构或拒绝"人格"和"自我"的概念，唯一可知的且真实的仅仅是人的始终处于变化中的知觉而已。但是，人格同一性的解构则意味着时间中的个体始终处于变化中，若此，道德上的称赞或谴责与法律上的奖惩都将失去依据。这是休谟在《人性论》第三卷——道德学——中的困难。仔细研读文本，我们会发现休谟恰恰运用了自己在第一卷中所拒绝的心灵、自我、性格等概念建构了他的道德哲学理论。如：

---

① ［英］洛克：《人类理解论》，关文运译，商务印书馆1997年版，第316页。
② ［英］休谟：《人性论》，关文运译，商务印书馆1980年版，第283页。
③ ［英］休谟：《人性论》，关文运译，商务印书馆1980年版，第283页。

"如果说任何行为是善良的或恶劣的，那只是因为它是某种性质或性格的标志。它必然是依靠于心灵的持久的原则，这些原则扩及于全部行为，并深入于个人的性格之中。任何不由永久原则发出的各种行为本身，对于爱、恨、骄傲、谦卑，没有任何影响，因而在道德学中从不加以考究。"①

"道德的区别在很大程度上发生于各种性质和性格有促进社会利益的倾向，而且正是因为我们关心于这种利益，我们才赞许或谴责那些性质和性格。但是我们对社会所以发生那样广泛的关切，只是由于同情；因而正是那个同情原则才使我们脱出了自我的圈子，使我们对他人的性格感到一种快乐或不快，正如那些性格倾向于我们的利益或损害一样。"②

"心灵还有其他许多性质，也是由同一根源获得其价值的。勤劳、坚持、忍耐、积极、警惕、努力、恒心，以及其他一些容易想得到的同类的德，其所以被人认为是有价值的，也只是因为它们对于生活行为是有利的。"③

……

休谟在第三卷中尽管仍尽力贯彻他的经验论方法，将德和恶的起源诠释为我们的快乐或痛苦的情感。但一般而言德和恶都是一个人在时间中的稳定的倾向和品质，不是任何个人在一时一事上的行为或状态就可以作出判断的，亚里士多德在《尼各马可伦理学》中已经作出了充分的阐释，休谟也是深谙此理，在上面表述中就可以看出这一点。休谟在这里使用的"性质""性格""心灵""自我"等概念都很难说可以找到对应的知觉，如果坚持他在第一卷中的经验论原则，那么他使用这些概念至少是不审慎的，或者说是自相矛盾的。但是如果不使用这些概念，他的道德哲学理论又显得不合理，道德上的赞扬或谴责都也就失去了根基，责任的承诺也是如此。因此，彻底的经验主义对人格同一性解构的同时

---

① [英]休谟:《人性论》，关文运译，商务印书馆1980年版，第617页。
② [英]休谟:《人性论》，关文运译，商务印书馆1980年版，第621页。
③ [英]休谟:《人性论》，关文运译，商务印书馆1980年版，第654页。

也解构了责任，或者说诉诸彻底的经验论使得道德和法律成为问题。因此，休谟的认识论和道德哲学之间在人格同一性问题上存在一定的内在张力。如何能够既坚持还原论又承诺道德责任就是帕菲特致力要解决的问题。

如前所述，帕菲特在人格同一性的问题上的主张，人格同一性可能是个空的问题，对它的回答是不确定的，所以人格同一性是不重要的，重要的是任何原因所导致的心理联系，包括心理连续性和心理联系性。我们都知道，如果人格同一性得不到确证，那么，责任、奖惩、承诺等道德义务都可能成为问题，帕菲特在《理与人》第十五章中直面了这个挑战。在"109. 该当赏罚"这一节中，他引述了巴特勒、雷德、马代尔、哈克萨尔等哲学家对还原论的诘难，如雷德提出："当应用于那些个人的时候，同一性没有模棱两可性，而且不允许有或多或少的程度。它是一些权利和义务的基础，是一切责任的基础；而且它的概念是固定的和精确的。"① 如马代尔指出，"'依据心理连续性所作的个人同一性分析……对我们的整套正常道德态度具有彻底的毁灭性……廉耻、自责、自豪和感激'全都系于对这种分析所得观点的拒斥"②。总之无论是洛克、休谟还是帕菲特的还原论观点都会受到类似的诘问。帕菲特首先利用"分裂事例"反驳了非还原论的不合理性，其次，他提出"心理连续性随身携带因过去的罪行该当的惩罚。"③ 这意味着帕菲特的还原论以心理连续性而不是在时间中同一的物质或精神实体作为责任的依据。这也就是以心理连续性的强弱决定了责任的份额。他明确提出"当某个囚犯现在与他犯罪时的自己之间的联系不再那么紧密的话，他该当不再那么重的惩罚。如果联系非常微弱，他可能不该受到惩罚……正如一个人应得的惩罚同他参与一些人的共谋程度相对应一样，他现在因过去的罪行应得的惩罚与他现在的自己和他犯罪时的自己之间的心理联系程度相对应……联系的减弱可能减免罪责。"④ 他将心理联系的强弱既作为个体行动的理由，

---

① [英] 德里克·帕菲特：《理与人》，王新生译，上海译文出版社2005年版，第461页。
② [英] 德里克·帕菲特：《理与人》，王新生译，上海译文出版社2005年版，第461页。
③ [英] 德里克·帕菲特：《理与人》，王新生译，上海译文出版社2005年版，第464页。
④ [英] 德里克·帕菲特：《理与人》，王新生译，上海译文出版社2005年版，第465页。

也作为责任或惩罚的依据，心理联系强则惩罚较重，反之则会削弱惩罚的强度，责任亦是如此。心理联系成为我们归责的依据。这显然部分回应了其他哲学家的挑战，但依然有一些尚待解决的遗留问题，如如何判断心理联系的强弱程度，对这种联系的判断是内在于行为者的，不能仅仅以时间作为依据。有的事情时间上发生得近，但行为者已经淡忘了，或者行为者在心理上经历了一种重大的变化，而有些时间上相距很远的事件对行为者而言却一直犹在昨日，深深影响着行为者的性情、品格和行动，或者说这两个自我之间一直保持着一致性。若以时间上的远近和心理联系的强弱作为标准，不排除行为者为了逃避惩罚而故意淡化这一强联系的可能性。外在的时间远近的理由是不充分的，内在的心理联系的强弱具有很强的主观性，这就成为帕菲特的人格同一性理论在责任问题上留下的一个缺口。

总之，尽管在人格同一性问题上存在还原主义和非还原主义的分歧，而且这两种观点的内部不同的思想家的观点也不尽相同，但是他们在道德责任问题上却有着共同的观点。从哲学形而上学的视角去理解和诠释人的本质，作为理性行为者的人都必须为自己的行为及其后果承诺相应的责任，不同观点有不同的理由，而且责任的程度和分量上也有一定的差异，但没有一个哲学家会主张任何行为者可以超越或豁免相应的责任要求，如果没有特殊的充分的理由的话。这就解决了责任问题上的第一个哲学问题。

对人格同一性问题的考察解决了责任主体在时间中持存的问题，但这并不意味着行为者就必然要为自己的行为负责，如果行为者的所有决策和行动都是服从于各种必然性的话，如果行为没有选择的可能和选择的自由的话，那么要求行为者为自己的行为后果负责则是一个过分的和不合理的要求，所以在责任的问题上，还需要从理论上确证行为者的自由。

第二节 自由意志问题

自由意志是超验的，无法被感觉经验体验、把握和确证。因此，在哲学史上关于人的自由意志存在与否始终是一个充满争议的问题。自由意志对于人类的道德实践和道德生活有着非常重要的价值和意义，若人类没有自由意志，那么也就取消了道德，或者说道德上赞扬、谴责、奖励或惩罚都失去了根据。如果人类的所有行为都是由先前存在的东西决定的，人的思维、认知、倾向、性格和心理等都取决于因果必然性，那么每一个人类行为就都是必然发生的，由普遍的因果必然性决定，人们根本不可能做出与已有的行动不同的选择，事件也不可能以另外的状态出现，那么，显然人们不需要为自己的选择和行为负任何道德责任，这意味着没有善恶，意味着取消了道德，也取消了伦理学，因为人类个体从根本上说不可能是一个道德存在者。"强调'道德以自由为前提'这一点的意义还在于，自由构成了人对其行为承担责任的基础或必要条件。换言之，要某人承担责任，批评或谴责他，是以他有选择的自由为前提的，即他本有另一种做法的可能性，但他却这样做了，所以他要承担相应的罪责，为此付出代价。"① 因此，对自由意志的反思和确证是道德责任研究的哲学前提。在自由意志问题上，存在决定论和非决定论两种理论，决定论又可区分为严格的决定论和非严格的决定论两种类型。

一 什么是自由意志？

自由意志传统上被认为是一种控制个人选择和行动的能力。当一个行为者对他的选择和行动行使自由意志时，他的选择和行动取决于他自己。但我们在何种意义上指称该行为取决于他？存在两种可能的回答：一是"由他决定，因为他能够做出其他选择，或者至少他能够不选择他所做的选择或行动"。二是"由他决定，因为他是他行动的来源。"如果行为者在决定行为是否发生的问题上有一定的自主性和绝对性，不完全受制于外在的自然法则、偶然因素或内在的自然欲望，那么我们就可以说该行为是出于自由意志。也就是说行为者的内在决定和外在行为至少部分取决于行为者的理性愿望。

从哲学史上来看，自由意志始于奥古斯丁的论述，是奥古斯丁在回答"上帝是全善的，那么恶何以可能"这一问题时所提出的概念。自由意志概念虽然没有在古希腊哲学中出场，但是亚里士多德在《尼各马可

---

① 甘绍平：《意志自由的塑造》，《哲学动态》2014年第7期。

伦理学》中关于"意愿行为"的诠释中已经给出了较为详细的阐释。他将行为分为出于意愿的和违反意愿的。违反意愿的行为是被迫的或出于无知的,"一项行为,如果其始因是外在的,即行为者就如人被飓风裹挟或受他人胁迫那样对这初因完全无助,就是被迫的行为"①。"出于无知的行为在任何时候都不是出于意愿的,然而它们只是在引起了痛苦和悔恨时才是违反了意愿的。"② 被迫的行为和出于无知的行为既然都不是出于意愿的行为,即行为的始因并不在行为者的控制之下,因此行为者不必为行为的后果负责任。亚里士多德对于意愿行为的阐释可以被看作关于自由意志和道德责任之间关系最早的系统性论述。

自由意志概念在奥古斯丁的神学理论被中明确提了出来。因为在基督教的视域中,上帝不可能是恶的原因,但是恶(罪)的存在是一个普遍的事实,无论是在《圣经》中亚当和夏娃偷食善恶树的禁果的故事,还是在人类的世俗生活世界中。如果上帝是这诸多恶的原因,那么上帝就不可能是全善的,而且要为恶的存在承担责任,相反,人则不应因为善恶而接受称赞或谴责。因此,如果人的恶(罪)是一个事实,那么,意志就是每个人行为的第一因,再无任何事物会先于意志而成为意志的原因。而这也就意味着人的意志是自因的,因而是自由的。对于奥古斯丁与基督教神学来说,"原罪"是一个不可置疑地发生了的事实,所以,承认人的意志自由,是唯一可能的正确选择。而对自由意志的承认则不仅为理解原罪的信念提供了合理的依据,同时也为走出希腊伦理学遗留下来的归责困境提供了可靠的基础。"旧约和新约的文献都表明了这样的观点:人具有行善避恶的自由,因此他要为自己的行动负责任。在这个基础上,《圣经》关于赏善罚恶的教导才能成立。"③ 尽管自由意志是超验的存在,但是从道德责任的实践现实性与人的原罪发生的因果性,神学家不得不预设自由意志的存在。然而神学的自由并非没有约束的任性

---

① [古希腊]亚里士多德:《尼各马可伦理学》,廖申白译注,商务印书馆2019年版,第61—62页。

② [古希腊]亚里士多德:《尼各马可伦理学》,廖申白译注,商务印书馆2019年版,第64页。

③ [德]白舍客:《基督宗教伦理学》(第一卷),静也、常宏译,华东师范大学出版社2010年版,第267页。

和随意,"真正自由的人是这样的人:他不再生活在罪恶的影响之下,他不受混乱欲望的干扰,并且能够活出他的真正圣召,完成上主的旨意"①。任性和随意的人是受制于自己的自然的、感性的欲望,实际上是不自由的,过的是一种没有人性尊严的生活,自由被诠释为人将自己从私欲的奴役中解放出来,从而能够长期向善的能力。尽管自由可能被滥用,但自由的人才是超越于其他存在的有尊严的人。

近代哲学时期,对自由意志的研究和争论更为激烈,大部分经验论哲学家一般是从经验出发,在认识论上注重感觉经验的作用,强调个人自发性的欲望、情感,从而更多地主张人的自由权利,或将自由意志作为道德哲学的预设。其中,莱布尼兹将自由意志定义为"能够乐意人们应当的东西"②,这个自由意志的定义包含两个方面,一是指人们能够出于自己的意愿去思考、决定和行动,不为其他异己的外在力量控制和决定,二是这种出于自己意愿的行为并非任意的,而是具有一定的规范性,是属人的规范性行为,包含着应当的要求,这个维度的要求将人和其他存在物区分开来,也意味着屈从于人自己的感性欲望的决定或行为是不自由的,自由意志将人从自然性中解放出来,赋予人人性的尊严和独特的价值。康德的观点与之有一定的相似性。康德认为,人类理性有两种功能,一是认识功能,一是意志功能,前者为理论理性(纯粹理性),后者为实践理性。在"知性为自然立法"的纯粹理性领域,作为现象界自然存在的一员,我们必须服从必然的自然法则,因而是不自由的。但人同时作为一种理性存在,他又可以在实践中遵从理性自身的道德法则行动。因此,自然法则是人必须服从的法则,而理性的道德法则不是人必须服从而只是他应该遵守的法则,它们发挥作用的领域和方式是不同的,但同时为一个人所拥有。康德正是在此基础上建立起了他的义务论伦理学。自由即自律,理性自己立法自己遵守。在康德看来,意志自由是人的一种自我决定的能力,这个能力是先验的,正是因为人具有自由决定的能力,所以人才能是一个道德存在者,才能够并有必要为自己立法,

---

① [德]白舍客:《基督宗教伦理学》(第一卷),静也、常宏译,华东师范大学出版社2010年版,第269页。

② 甘绍平:《意志自由的塑造》,《哲学动态》2014年第7期。

才能成为一个有尊严的理性存在者。

也有哲学家认为自由意志是个体摆脱了任何限制，完全由自己来确定的意愿自由，如叔本华就将自由理解为当事人对其意愿的绝对主导与支配，① 也有的思想家认为个人没有自由，自由意志是一种虚假的幻象，一切都处于普遍的因果必然性之中，如斯宾诺莎（Baruch de Spinoza）、伯尔赫斯·弗雷德里克·斯金纳（Burrhus Frederic Skinner）、盖伦·斯特劳森（Galen Strawson）等。于是在自由意志的问题上就存在着决定论和非决定论的争论，在自由意志和道德责任的关系问题上相应的就有相容论（compatibilism）和不相容论（incompatibilism）的争论。

二 严格的决定论

决定论，也称为因果决定论，粗略地说，是指每一个事件都是由之前的事件和条件以及自然法则的决定而必然发生，如果可以追溯和还原每一个之前发生的因素，任何事件作为结果都有其发生的原因，普遍的无限的因果链条构成了世界的历史。普遍的因果关系意味着每一个结果、效果或事件都有其原因，不存在任何无原因的事件。在思想史上，依理由的不同决定论主要有神学决定论、科学决定论、心理决定论、社会文化决定论、历史决定论等诸多不同形态；依程度的不同决定论可以分为严格的（强）决定论和非严格的（温和的）决定论。

严格的（强）决定论主张，"如果所有事件都有原因的话，那就肯定没有什么自由或自由意志。这就是说，如果在历史上或任何人的生活中尽量追根溯源，你会发现，任何事件的基本原因都不在人的掌控之中"②。在严格决定论的论域中，包括人在内的任何事物的存在状态都是处于因果必然性之中，是必然生成和呈现的，自然存在物如此，如果仔细地推理和溯源，每一个人类个体的感受、情绪、愿望、情感、思想、冲动、决定、选择和行动都是由特定的原因造成的，人和人组成的共同体的存在样态也不是选择的结果，而是自然且必然的，严格决定论没有给人的

---

① 参见甘绍平《自由伦理学》，贵州大学出版社2020年版，第1页。
② ［美］雅克·蒂洛、［美］基思·克拉斯曼：《伦理学与生活》，程立显、刘建等译，世界图书出版公司2008年版，第102页。

自由意志留下空间。非人存在物的存在受因果必然性的决定也许可以得到科学的解释，但是与人有关的一切也同样是被决定的吗？严格的决定论认为每个人都无法选择自己的出身和自己的遗传基因，也无法选择自己早期的生活环境，于是就无法决定自己的原初性格、倾向、偏好……这些因素都是每个人作出决定并付诸行动的前提，如果前者是被决定的，那么后者也是如此，人无法自由地想望，他的想望也是被决定的。如 J. 霍斯普斯（John Hospers）在《人的行为：伦理学问题导论》一书中所指出的，"'我们能够按照我们的选择或决定行动，'他说，'我们能够按照我们的想望选择，但我们并非自由地想望。我们能够选择我们所喜欢的，但我们不能任由我们喜欢而喜欢。如果我的生物性或心理性使得某一时刻我想望甲，那我就会选择甲；如果使得我想望乙，那我就会选择乙。我自由地选择甲或乙，但我并非自由地想望甲或乙。此外，我的想望本身不是选择的结果，因为我不能选择有没有这些想望'"①。

严格的决定论并不否认我们可以在多个可能的选项中作出选择，但是我们最终选择甲还是乙还是其他却是必然的、被决定的，虽然有不同的选项向我们开放，看起来我们可以根据自己的愿望自由地作出决定，但实际上我们没有自由，我们只能想望我们能够想望的，选择那个必然为我们选择的，我们的愿望本身是由早先发生的事件和事态决定的，自由选择的表象背后是不自由的真相。

严格的决定论是很难反驳的，即使我们没有找到选择之所以发生的先前事态，那也不意味着我们的决定或行动是出于自由意志，严格的决定论强调你的溯源不够彻底和充分，如果足够充分，你一定会发现作出如此选择的原因。一切都是被决定的，根本不存在什么自由或自由意志。严格的决定论取消了自由意志，相应地取消道德、责任、归咎和奖惩，没有人需要负责任，也没有人值得称赞或谴责，这对人类社会的道德实践和价值评价都是有害的。

---

① ［美］雅克·蒂洛、［美］基思·克拉斯曼：《伦理学与生活》，程立显、刘建等译，世界图书出版公司 2008 年版，第 104 页。

三 非严格的决定论

非严格的决定论也主张普遍的因果关系，主张任何事件、效果或后果的发生都有其原因，但和严格的决定论不同的是，它认为有些基于人的原因所引起的事件，主张人的意志、情绪、愿望等不是全然被决定的，人自身拥有一定程度的自由，人可以通过自己的精神和意志而产生某些行为，尽管人是因果链条中的一环，除开各种对人的外在性和内在性的影响因素之外，人自身拥有一定的自主意志，可以自由地作出决定，人的自由意志是有限的，有限的自由意志不受制于意志之外的力量，是自发的、绝对的，成为促成某一事态发生的部分原因。人的自由是普遍的因果必然性秩序框架中的有限自由，人不可能拥有完全的自由，这种自由是人所能够拥有的全部的、真实的自由，这一自由也就赋予了人相应的道德责任，这一点使其与严格的决定论有根本的不同。严格的决定论不承认人的自由意志，于是道德和法律上的责任以及奖惩都成了问题，严格决定论与自由意志和道德责任是不相容的，这种不相容论若应用于现实的道德与社会生活，则会造成相当程度的混乱和困境，基于人类世俗生活的历史经验，严格的决定论是一个不适切的理论。非严格的决定论则为自由意志和道德责任留下了一定的空间，在普遍的因果联系中为人类的自由意志留下了一个缺口，这种决定论是与自由意志和道德责任相容的理论。如果道德责任的实践构成了人类生活的一个本质方面，人类需要自由选择的机会和能力，也需要为自己的行为承担道德责任，一种没有自由和责任的人类生活是不可想象的，这表明严格的决定论就是不合理的，无论是神学决定论、科学决定论还是其他。

哲学史上大多数哲学家都是相容论者，如笛卡尔、霍布斯、布拉姆霍尔、休谟、莱布尼兹、洛克、康德等等。笛卡尔认为人的心灵是一种自由的独立于物质身体的实体，他主张心身二元论，认为身体是确定的，服从因果必然性，而心灵是自由的，其本性是不可约束的。霍布斯认为，自由只不过是行动没有外部障碍，因为"自由意志"的自主行动都有先验必然性的原因，因此是被确定的。他把必然性等同于上帝的命令。布拉姆霍尔认为，自由是一种从必然性和预先决定中解放出来的自由，但它与上帝的先见之明是一致的。他们二人都是相容论者，只是霍布斯的自由与因果决定论相容，而布拉姆霍尔的自由与宗教决定论相容。康德则主张感性的、经验的自然世界受因果必然性的支配，人的理智世界受理由的推动，是自由的。人身处这两个世界。作为自然存在，人服膺于自然法则，表现为人受到自身的感性因素，如欲望、直觉、冲动、利益等的影响，这属于自然因果必然性的领域。同时，人作为理性存在者，拥有自由意志。康德主张正常的成年人在道德问题上是完全自主的，这种自主性包含两个方面：一是在建立道德要求和认识道德要求时，我们不需要任何外在的权威，二是在自我管理中我们能够有效地控制和支配我们自己，理性本身向我们提供了回应道德要求的充分动机。在人身上，因果必然性和自由意志是同时存在的，也是相容的。

四　非决定论

非决定论否定了普遍的因果决定论，认为任何人的行为、任何事件的发生以及任何事态的出现并非总是存在特定的、具体的原因，现实中存在着偶然的、随机的无因之因，特别是关涉人的行为、人的道德思考和选择的情境中，存在着大量的自由或者偶然性。人们在选择走哪一条路抵达目的地，穿哪件衣服出门，早餐吃什么食物，要不要给乞丐捐赠，是否给别人让座，是继续写作还是去看一部电影，是奋起内卷还是放弃躺平……生活要求人们不断地作出选择和决定并付诸行动，应该说有些思考和判断是出于充分的先前存在的理由，但一定不能说所有的选择都有充分的理由，是一个必然的决定。若是如此，就不会出现选择时的犹豫不决、左右为难、举棋不定等常见的心理状态，在这种境遇下，最终作出的选择就可能是一念之间的随机的、自发的决定，人在作出决定的那一瞬间对他的选择有约束的就是同时向他开放的选项有几个，至于选择哪一个他是完全自由的。然而，这是可能的吗？有学者认为这样的选择并未证明了行为者是自由的，因为当事情的进展不由行为者控制和决定，而是出于随机和偶然，那么此时的行为者恰恰是不自由的。因此，非决定论与自由意志、道德责任也是不相容的。如提穆珀（Kevin Timpe）给出的如下论证：

（1）只有当主体是其行为的原初创造者或最终来源时，他才能以自由意志行事。

（2）如果决定论是正确的，那么主体所做的一切最终都是由他控制之外的事件和环境引起的。

（3）如果主体所做的一切最终都是由他无法控制的事件和环境造成的，那么该主体就不是他行为的原初创造者或最终来源。

（4）如果决定论是正确的，那么任何主体都不是其行为的原初创造者或最终来源。

（5）因此，如果决定论是正确的，任何主体都没有自由意志。[1]

正如作者所分析的，如果前提（1）正确，那么整个论证就是有效的。但是前提（1）很难反驳，或者说在非决定论的语境中，非决定论恰恰主张了前提（1），那么非决定论就自然支持结论（5）。所以可以合逻辑地推出非决定论与自由意志是不相容的，与道德责任也是不相容的。正如雅克·蒂洛所指出的，"非决定论实际上无助于解决人的自由问题和道德责任问题，这是因为，如果行为是无原因的，那么就不是由任何人引起的，包括有道德的人。而且，这意味着我们不能不说所有的道德行为都是偶然事件，我们不能为此而追究人们的道德责任，不能为此而给予赞扬、谴责、奖赏或惩罚。因此，非决定论不仅在经验上是令人怀疑的，而且无论如何不能证明关于人的自由的观点"[2]。人的自由意志不是意味着人可以任意随机地作出决定，人真正的自由是有边界、有约束、有理由的，所以要确证自由意志的存在是困难的，一方面证明人的行为不是源自因果决定，另一方面还需要证明人的行为也不是任意的、随机的决定，而是人的自由决定，即来自人的自主的意志，有充分合理的、规范性的理由和动机。非决定论无法证明这一点，和严格的决定论一样，非决定论与自由意志和道德责任也是不相容的。

---

[1] K. Timpe, "Free will", 转引自魏屹东、武胜国《自由意志问题的"语境同一论"解答》，《学术月刊》2018年第11期。

[2] ［美］雅克·蒂洛、［美］基思·克拉斯曼：《伦理学与生活》，程立显、刘建等译，世界图书出版公司2008年版，第105页。

五 相容论：道德责任的一种可能出路

从上述论证可以看出，严格的决定论和非决定论与自由意志都是不相容的，前者不承认自由意志的存在，后者则将行为者的决定看成任意的和随机的。若行为者的意志不能自主地控制和决定自己的决定和行动，那么人类生活中的道德和法律都将失去根基，也就无法正当合理地要求任何人为自己的行为承担任何道德责任，人类最终会失去自己的生活和自身。尽管"责任"在康德的伦理学中才成为重要的道德概念，但自古以来人类就在行为与后果之间建立了因果联系，在特定的情境中人们会分析一个人在该事态的发生中起到了多大程度的作用，要承担多少相应的责任，人们也是基于对自身行为未来后果的预测以及自己是否有能力承受而决定自己是否选择某行动方案，对回溯性的责任和前瞻性责任的自觉承诺构成了相对安全、稳定的社会生活。人类曾经的生活和未来的持续存在都要求责任，甚至汉斯·约纳斯认为责任概念应该进入伦理学的中心舞台。所以，严格的决定论和非决定论都不能是人类的合理选项，非严格的决定论和相容论是我们应该认真对待的理论。

非严格的决定论一方面承认了因果决定论的前提，另一方面又给人的自由意志留下了空间，主张人的决定并非全然被决定的，人的意志可以部分自主地作出决定，人具有在多种可能性中进行选择作出决定的能力，这个能力就是自由意志，这个自由意志不是随心所欲，而是基于他的认知、具体情境、可能性等诸多因素，他经过理性的考虑、权衡而作出适切的选择。白舍客在《基督教伦理学》一书中就指出，"人从来就不是完全自由的。人不仅受各种外在偶然因素的干预，更重要地，人从原则上就没有完全的自由；当然这并不是否定在人内有一种真正的自由，也不否定人们可以通过与无知和不合理压力进行奋斗，来增大自由的范围"[①]。他列举了消除或减弱自由意志的诸多因素，如认知上的妨碍（包括无知、错误和玩忽粗心）、激情或欲望、畏惧与社会压力、暴力、内心倾向与习性等，所以人的自由是受到诸多因素影响和限制的有限的自由，

---

① ［德］白舍客：《基督宗教伦理学》（第一卷），静也、常宏译，华东师范大学出版社 2010 年版，第 271—272 页。

而这有限的自由就是属于人的全部自由，也是人的真正自由，它是人类承诺道德责任最坚实的基础和理由。

也许决定论者不能同意这一观点，自由意志属于形而上学的问题，显然我们无法用经验事实去证实它的存在与否，但可以从事实性的后果去逆向推理它的存在，或者说如果没有自由意志，那么就无法解释这种后果的发生。如在一个极度贫穷又充满了无休止的暴力和争吵的家庭中，父母和四个兄弟共同生活，彼此间的吵架或打架就是他们的日常生活，四个孩子的其中三个在小学阶段就纷纷辍学，其中还有一个孩子染上了偷窃的恶习，整个家庭几乎没有任何有助于学习的氛围，但令人惊讶的是，排行第二的男孩子以惊人的毅力在如此恶劣的环境中努力学习，最终考上了大学，过上了截然不同的人生。可以说他有无数的理由放弃，他的成长环境始终是把他推向后来的实际生活的反面，唯一可以解释的理由就是在逆境中他选择了自己的方向，用意志去克服了所有的障碍和困难，可以说他掌控和决定了自己的人生，既没有屈从于自己的感性欲望，也没有屈从于外在的环境，超越了这些在决定论者看来是决定性的因素，才有了他之后与他的兄弟们不一样的生活。这是在生活中真实发生的事情，但一定不是个例，甚至可以说是常见的现象。如果说一切都是被决定的，那么则意味着有同样的父母，类似的遗传基因，同样的成长环境，类似的受教育机会的四兄弟应该有着类似的价值观和生活轨迹。这第二个孩子的经历充分证明了一方面人是被决定的，受到很多内在和外在因素的影响，另一方面人又不是完全被决定的，不同的人在同样的境遇下能够有不同选择和行为的事实就逆向证实了自由意志的存在。确实，每个人不能选择自己的出身、自己的父母、自己的社会和文化传统，但人们依然能够决定自己如何生活，能够决定自己以怎样的方式度过一生，这就是人在普遍的因果必然性中有限的自由。自由赋予我们选择的能力，也要求我们为自己的选择负责，我们是自己行为的主人，也是道德责任的主体，这样的认知和逻辑构成了人类的生活史，孕育了人类独特的尊严、秩序和文明。

当代伦理学理论中质疑人的自主性和自由意志的有托马斯·内格尔和伯纳德·威廉斯等哲学家提出的道德运气理论。所谓运气，内格尔称为不受我们控制的因素，威廉斯在他的那篇著名《道德运气》的文章中并没有给出一个明确的定义，李义天教授在《运气究竟有多重要？——美德伦理视野中的道德问题研究》一文中对运气概念进行了细致的分析，提出"运气是处于'这个行为者'的生活之中而处于'这个行为者'的能动性之外的不确定性。"[1] 道德运气对自由意志和道德责任都提出了挑战。唐文明教授在《论道德运气》一文中从四个方面对道德运气与自由意志之间的关系和决定论与自由意志之间的关系进行了对比。

首先，道德运气论对自由意志论提出的挑战，一如决定论对自由意志论提出的挑战，二者都从同一个方向上促使我们重新思考自由意志如何可能、如何发用的问题。

其次，道德运气论与决定论都涉及对践行活动的因果性解释，但二者并不在解释的同一个层次上，因而并不构成实质性的龃龉……

再次，自由意志论和决定论都表现出消解运气现象的倾向，只不过前者以排除的方法，后者以解释的方法……

最后，如果我们明确地把决定论严格地限定在康德所谓的自然的因果性层面而与各种形式的宿命论区分开的话，那么，相对于决定论诉诸自然法则的客观主义特征，道德运气论诉诸情感体验与自由意志论诉诸理性意志都具有明显的主观主义特征。[2]

道德运气就是针对自由意志和能动性而提出的概念，在现代道德哲学中，特别是康德的义务论以人的能动性作为道德评价的主要的，甚至是唯一的根据，其他的因素，如人的感性欲望、倾向、情绪、具体的情境、关系等都不重要，重要的是行为的意图，唯有出自善良意志的行为才具有道德价值。威廉斯对这个观点予以了批评，他指出，"不管偶然产生的东西是幸运还是不幸，它们都被认为不是道德评价的恰当对象，也不是决定道德评价的恰当因素。在品格的领域中，真正算数的东西是动

---

[1] 李义天：《运气究竟有多重要？——美德伦理视野中的运气问题研究》，第二届中国伦理学青年论坛暨首届中国伦理学十大杰出青年学者颁奖大会论文，吉安，2012年6月。

[2] 唐文明：《论道德运气》，《北京大学学报》（哲学社会科学版）2010年第3期。

机,而不是风度、权力或者天赋这样的东西,类似地在行动的领域中,在世界中实际上得到实现的东西不是变化,而是意图"①。如果将运气纳入考虑,而运气是处于行动者能动性之外的不确定性,是不受行动者控制的因素,那么行动者就不必为运气因素造成的事态负责。因为人们普遍接受的观念是,一个人只能为出自自己意愿和能动性范围之内的事情负责任,这种意愿和能动性源自他的意志,显然他不应为运气因素所引发的事态而被赞扬或谴责。所以,运气与道德责任之间是不相容的,如果强调任何事态的发生都和运气因素相关,甚至运气在其中起了决定性的作用,那么道德责任就成了一个现实问题。如果我们将意志理解为引起行为的一个独立的因素,那么"如果意志本身的行为都不能免于运气的决定性影响,那么,在承认那种将自由意志与道德责任完全对应的康德式观点的前提下,任何意义上的道德责任都将是一句空话。"②但运气论者并不是要否定道德责任,然而运气何以与责任相容就成为一个难题。

哈里·法兰克福（Harry Frankfurt）通过将意志区分为一阶和二阶,为意志和运气的相容提供了可能。一阶的意志是指一般而言的意志或者欲望,二阶的意志是经过挑选的对前者的意志或者欲望,即是欲望的欲望或意志的意志,人的意志是二阶的。唐文明教授将二阶的意志进一步解释为"意欲",他指出,"作为行为原因之实质因素而与作为行为原因之形式因素的意志共同构成一个实际的意欲。意志首先作用于欲望,形成意欲,然后意欲再作用于行为,产生结果。欲望是向运气敞开的,也就是说,可能受到先前环境的左右,但经过意志把关、过滤的意欲因体现了意志的作用从而具备了承担责任的条件"③。这一观点就区别于康德关于意志的观点,意志不是唯一的决定行动的力量,而是和欲望一起构成意欲,意欲引起行动,而欲望和运气相关。意志和运气共同构成了行动的原因,因此,运气论并不拒绝道德责任,而是对道德责任有了和自由意志论不同的理解,即行为者既要承诺因自己的意志而来的责任,也要承担一部分来自命运的责任。这是一种更具有实践合理性的视角,因

---

① [英]伯纳德·威廉斯:《道德运气》,徐向东译,译文出版社2007年版,第29—30页。
② 唐文明:《论道德运气》,《北京大学学报》(哲学社会科学版)2010年第3期。
③ 唐文明:《论道德运气》,《北京大学学报》(哲学社会科学版)2010年第3期。

为每一个行为者都处于特定的境遇中，每一种境遇都是运气，若把运气排除在道德考虑之外，或者仅仅将意志从生活中抽离出来进行道德评价并确定道德责任，则显得有些不切实际。

在意志和运气之间，前者是行为者承诺责任的主导性因素，运气并不直接构成行为的动机，运气需要经由意志的过滤和审视，才成为原因的一部分。这常见于在同样的境遇下不同的行为者会做出不同的决定和选择，这充分说明了意志的作用。运气是行为者需要考虑的因素，但并非决定性的力量，因此运气论者不会拒绝道德责任。即使在运气论的视域下，道德责任也是可能且必要的。

第三节 技术时代的共同责任挑战

即使道德责任的两个哲学前提——人格同一性和自由意志——某种程度上可以成为道德责任承诺的基础和理由，但这并不意味着足以回应以纳米科学与技术、生物技术、信息技术和认知科学为代表的技术时代的风险，当下的技术具有整体性、复杂性、自主性等特征，技术与技术人工物所产生的某些重大的问题与风险很难还原为某个特定的行为者的决定或行为，它们在时间中偶然生成，特定的后果或事态并非某个或某几个特定的行为者的自主意志使然，或者说它们会超出所有行为者的原初意图，是所有行为者的意图、各种技术的功能及应用，叠加地域性的传统、文化、信仰和形而上学的信念相互碰撞、激荡而发生。所以技术时代的风险和问题从某种意义上说是自组织的，是全人类共同的风险，也是全人类共同的责任。这意味着一种新的以技术风险为基础的共同责任替代了以人格同一性和自由意志为基础的个体责任。个体责任是明确的，共同责任则相反，共同责任要求每个行为者都需要承担责任，但每一特定行为者的责任又无法确定。很可能出现无人承担责任，也无人能够承担责任的情形。这样，技术风险和道德责任就可能成为一种外在于任何特定行为者的风险和责任，进入技术时代的人类社会将会出现整体上责任真空的危险，这是人类需要认真对待的责任问题。

上文对道德责任问题研究需要回答的两个形而上学难题进行了阐释和论证。没有一个时代的思想家可以回避或拒绝道德责任问题，对责任的确认、承诺和实践构成了人类生活的秩序与和平。在人格同一性问题上，无论是持有还原论还是非还原论的哲学家，都在自己的理论视域内承诺了责任，哪怕以理论自身的内在矛盾为代价（如休谟）。在自由意志问题上，一种非严格的决定论能够与道德责任相容，运气论者也将意志和欲望相结合作为行动的原因，因欲望向运气开放，因此运气论者从实践合理性的角度论证了道德责任的可能性和必要性。然而，技术时代的责任问题以整体性和复杂性为特征，共同责任正取代个体责任成为道德责任的主要形态，这是时代提出的兼具现实性和理论性的课题，迫切需要人类的智慧作出应答并付诸行动。

第二章

道德责任：在传统和现代之间

尽管道德责任是构成文明秩序的基础，适用于所有时代所有地方的所有行为者，但是对于每一个特定的文化和时代中的行为者而言，普适性的道德责任观就呈现出差异性的表征方式，具体的要求也随着社会的变迁而发生变化。随着人类文明进入技术时代，相应的，传统意义上人们关于道德责任的认知和践行需要面对技术时代的风险与问题。传统的道德责任需经历现代转换才可能进入现代道德话语系统，同时需要增加技术时代所赋予的全新的责任要求。因此，现代的道德责任既承续了历史和传统，又内涵技术时代的特色和要求，这才是对技术时代的道德责任具有现实可行性与合理性的思考进路。

第一节 传统道德责任观的困境

在中国漫长的传统社会中，儒家以"修""齐""治""平"四个维度为主要内容的道德责任理论既规定了人伦日用的道德准则，也为君王施行仁政、以德治国提供了哲学论证，还是引导激励读书人修炼自我、心怀天下的道德信念与精神动力。从形下的世俗生活到形上的天道、天理，儒家的道德责任观展现了一个天地之间大写的人对不同层级的客体所应承诺的不同道德责任。然而，进入21世纪的中国，已逐渐进入以陌生人社会、公民社会和技术社会为特征的现代社会，人们遭遇了很多传统社会从未出现的责任问题，同时也感受到了社会的道德责任感"稀薄"甚至"冷漠"的现实。因此，重新诠释和创新转换儒家的道德责任观也许是回应现代中国社会诸多道德责任问题的可行路径之一。

一 儒家传统道德责任的四个维度

从马克斯·韦伯对责任伦理和信念伦理的区分来看，儒家的道德责任观并非严格意义上以后果考量为导向的责任伦理，也不可完全归属于以特定伦理信念为唯一诉诸的信念伦理的范型，可以说，儒家道德责任观是某种信念伦理和责任伦理的混合体，[1] 既有对崇高信念的信仰和追求，也有对现实道德责任的要求与自觉。《礼记·大学》从四个向度概括了个体在不同层面上应承诺的道德责任，它们分别是：个体自我向度的修身责任、家庭（族）向度的齐家责任、国家（民族）向度的治国责任和世界向度的平天下责任，为传统社会中立于天地之间的生命个体规定了从切身关怀到至善超越的完整有序的道德责任链，个体生命的展开过程就是责任践行的过程。

第一，个体自我向度的修身责任是每一个体必须具备的最基本最重要的道德责任，它是一个人安身立命的基石，也是他承诺其他道德责任的前提。所以"自天子以至于庶人，壹是皆以修身为本，其本乱而末治者，否矣"[2]。在儒家思想系统中，修身是人的第一要务，是"内圣"，也是"根本"，齐家、治国、平天下是"外王"，也是"枝末"，本固则末治，本乱则末丧。而修身当以格物、致知、诚意、正心为前提，即人的言行修养当建立在明善恶之分、意念真诚、端正心思的基础上，以"君子""圣人"为理想人格。但由于圣人非常罕见，且需要特定的社会地位（一般为天子，如尧舜禹等）与之相配，如此高远的目标非一般人所能企及。所以，儒家主张普通民众应以"君子"为修养目标，修炼自省、克己、慎独和忠恕等德性品质，以追求"隐居以求其志，行义以达其道"[3]，从而传播道义、德化民众、济世安民，这是每一个人对自己的道德责任，也是承诺和践行其他道德责任的始点。

第二，家庭（族）向度的齐家责任就是要使家庭（族）的所有成员

---

[1] 参见蒋庆《政治儒学：当代儒学的转向特质与发展》，生活·读书·新知三联书店2003年版，第130—131页。
[2] 朱熹：《四书章句集注》，中华书局2011年版，第5页。
[3] 《论语》，中华书局1980年版，第177页。

亲亲仁爱、敦睦有序，使家庭（族）成为国家中和谐稳定的构成单位。在儒家思想看来，如果所有的家庭都和谐有序，国家也就自然秩序井然、国泰民安。家庭的敦睦有序建立在情感和教化的基础上，血缘亲情是维系家庭伦理关系的天然纽带，是家人之间亲亲仁爱之情发生的天然基础。但情感可能有偏私且不稳定等，它既是家庭和睦的纽带，也可能是造成家庭冲突的因素，故教化不可或缺，这就是"欲齐其家者，先修其身"的道理所在。齐家要处理好父子、夫妇和长幼三重人伦关系，做到父慈子孝、夫义妇贞、兄友弟恭。即长辈应该关爱晚辈的成长，晚辈应该孝顺、尊敬和赡养长辈，丈夫应忠诚、敦厚、有操守，妻子则应该勤劳、顺从、忠贞，兄长应该友爱年幼的弟弟，弟弟也应该敬重年长的兄长。儒家思想为每一种特定的家庭身份规定了其在不同人伦关系中必须履行的道德责任，若每一个家庭成员都能做到恪尽职守，安伦尽分，在儒家看来就是一个符合天理伦常、和睦有序的家庭。

第三，国家（民族）向度的治国责任是君王的职责，也是士人的使命。孔子主张，君王要为政以德，宽厚待民。子曰："道之以政，齐之以刑，民免而无耻；道之以德，齐之以礼，有耻且格。"[①] 孔子认为治理方式的差异决定了国家的治乱和民众的善恶。孔子的德治和善治思想成为后世儒家治国理政的主导价值。孟子基于"性善论"明确提出了仁政的思想，要求君王倾听百姓呼声，关心百姓疾苦，以不忍人之心，行不忍人之政。具体要求包括在政治上要以民为本，民贵君轻，经济上要制民之产，法律上要省刑罚，管理上要轻徭薄赋，不违农时。君王的德行是民众的典范和榜样，君王仁则民众亦有仁爱之心，君王残暴民众必有戾气。在孟子看来，是否施行仁政关乎国家的兴废、存亡和治乱，更是臣民心之所向。因此，于国于民施行仁政都是君王必须履行的职责。

对于士人而言，"忠诚"与"守道"是他们为国家应尽的职责。每一位儒士的责任就是协助君王治理国家，他们首先要忠诚于自己的国家，为国家的和平安宁、繁荣昌盛和独立完整而尽忠职守。儒士履行社会道德责任的内在价值依据是"道"，孔子主张笃信好学，死守善道。作为士

---

① 《论语》，中华书局1980年版，第12页。

人，本己的道德责任除了自己要依道而行外，还要劝勉君王践行道的要求。故孟子曰："天下有道，以道殉身，天下无道，以身殉道。"① 在一国之内，君王施行仁政，以德治国，士人死守善道，忠诚爱国，这就是君臣应尽的国家向度的治国责任。

第四，世界向度的平天下责任是儒家视域中的最高理想和终极责任。儒家怀天下之志，主张君子当守约施搏，以天下为己任，完成了从朴素的、亲验性的血缘情感的"亲亲"，到次生性的"仁民"，再延伸到"爱物"，最后抵达包容天地、社会和自然在内的"天下"，儒家的道德责任借助推己及人、由近及远、由内而外的方法逐层推进，将君子的生命和使命提升到"天人合一"之境，实现了此在自然生命的超越和升华。基于"天地万物一体"的本体论预设，儒家认为人不应囿于个体自然生命的"小我"，而应与万物浑然同体，成就一个大写的人。孟子曰："万物皆备于我"，《中庸章句》曰："君子动而世为天下道，行而世为天下法，言而世为天下则。"② 张载曰："民吾同胞，物吾与也"③ 他著名的横渠四句教——为天地立心，为生民立命，为往圣继绝学，为万世开太平——规定了君子最高的道德使命。平天下是君子对宇宙世界和自然万物的情怀，也是其生命的存在意义和终极价值所在。平天下的责任要求以文明之道传布四海，而至天下大同之境，也就是以仁义之道来化成天下，惠泽万民，兼利万物。这是一种超越自我、家庭和国家的普世责任，也是儒家道德责任系统的最高追求。

儒家的道德责任理论规定了一个立于天地之间的大写的人应该对自己、家庭（族）、国家和天下四个不同层次的道德责任，它是与古代社会人们的认知能力、精神信仰、生活方式和政治制度构成的社会生态相契合的道德要求。然而，当下的中国社会发生了全方位根本性的变化，已经逐渐从以熟人社会、臣民社会和农耕社会为特征的传统社会进入以陌生人社会、公民社会和技术社会为特征的现代社会，新的社会生态与传统的道德要求之间的紧张或冲突决定了传统道德责任观的简单回归或复

---

① 《孟子》，中华书局1960年版，第321页。
② 朱熹：《四书章句集注》，中华书局2011年版，第38页。
③ 章锡琛点校：《张载集》，中华书局1985年版，第62页。

兴并不能解决当下道德责任"稀薄"的社会问题。

二 传统道德责任观的现代困境

儒家传统的道德责任思想与传统的整体社会生态相互证成，共同发展，构筑了传统中国社会儒者士人的精神内核。在传统和现代之间，中国社会已然从宗法等级的臣民社会进入了自由平等的现代社会，从相对封闭的熟人社会进入全面开放的市场社会，从以农耕为主的农业社会进入以科技驱动为主的工业社会和信息社会。社会结构的革命性变化决定了传统的道德责任系统与现代中国的人、制度和社会之间的不和谐，一方面人们不再信仰和承诺修齐治平是每个人天然的道德责任，另一方面现代社会的要求已经超越了传统责任所涵盖的范围和秉持的信念。具体来说，传统的道德责任困境表现为以下三个方面。

第一，传统非家即国的道德责任系统缺乏社会公共交往维度的责任要求。传统社会，人们的交往绝大部分都是在熟人共同体中进行，陌生人间的交往、合作并非生活中的常态现象。相对封闭的熟人共同体可以较为充分地满足个体的生活、交往、归属、成就和荣誉等方面的需求，大规模的区域间商品流通和人员交往既没有必要，也无可能。长此以往，熟人共同体的边界也就成了道德责任的天然边界，因此，个体的道德责任在理念上和实践中都没有惠及遥远地方的陌生人或从陌生地方而来的外来者的要求，相反，对于以血缘、地缘或业缘为纽带的熟人间有很强的道德责任感。农耕文明的生活方式一定程度上阻抑了公共交往和公共责任的生成。儒家的四维道德责任系统中，在家庭（族）维度的责任和国家维度的责任之间，缺少了社会公共责任这一环节。无论是孟子提出的"五伦"，还是董仲舒和朱熹所阐发的"三纲五常"，都只规定了君臣、父子、夫妇、长幼和朋友之间如何相处的规范以及每一种伦理身份应遵从的道德责任，未曾涉及与陌生人如何相处的道德规则。这说明人们在日常生活中没有习得公共责任所要求的德性品质的可能，相应地也就不能形成履行公共责任的习惯和传统。儒家责任观中的公共责任真空的问题，为当下中国社会在市场契约、企业社会责任、公益慈善、公共文明素养等领域所表现出的公民公共责任担当不足的问题提供了传统文化维度的解释。

现代中国在全面建设和完善社会主义市场经济的进程中，陌生人间的交往已取代熟人间的交往而成为主导性和常态化的交往模式，于是在家庭和国家之间形成了一个由陌生人构成的庞大复杂的公共交往空间。相应地，家庭和国家对个体或组织的影响力、规范力都有所削弱，这就决定了传统的以熟人共同体为背景的修齐治平的道德责任必须突破血缘和地缘的狭隘语境，经过思想内容的更新和创新才可能对以市场社会为背景的陌生人社会有规范意义。

第二，儒家差等性的道德责任不能成为以自由、平等为主要特征的现代社会的道德要求。在传统社会，每个人的道德责任因其血缘、身份的不同而不同，其中身份包括伦理身份和政治身份。儒家的道德责任系统就是以血缘亲情为基础，依凭家国同构的理论逻辑，从家庭（族）中的责任关系结构演绎出人在"国家"与"天下"层面的责任。家庭（族）中的责任关系由伦理身份的不同和血缘的亲疏远近来决定。尽管儒家规定了家庭不同身份的成员之间的责任是对等的和相互的，如父慈子孝、夫义妇顺、兄友弟恭等，但这种对等中包含着不平等，在父子、夫妇和兄弟间有着主从、尊卑、贵贱、上下之分，前者拥有绝对的权威承担相对的责任，后者需要绝对地服从和履行绝对的责任。董仲舒曾利用阴阳五行中阳尊阴卑的理论为其天然合理性进行论证。"君臣、父子、夫妇之义，皆取诸阴阳之道，君为阳，臣为阴；父为阳，子为阴；夫为阳，妻为阴。阴道无所独行，其始也，不得专起；其终也，不得分功。"[1] 董仲舒用阳尊阴卑的思想进一步强化了孔孟建立在血缘亲疏基础上的差等性责任原则。差等责任主要是通过日常的礼俗文化和政治制度的规定得以贯彻和强化，成为每个人必须履行的道德命令，有效地维护了封建宗法等级秩序。贺麟先生在分析儒家的"三纲五伦说"时就曾阐释了儒家道德责任的单向性特征，他说："三纲说要补救相对关系的不安定，进而要求关系的一方绝对遵守其位分，实行单方面的爱，履行单方面的义务。"[2] 显然，以血缘亲疏和宗法等级原则建立起的差等性（基于先天的人格上差等和身份上的差等）道德责任体系根本不能自然、合理地植入

---

[1] 苏舆：《春秋繁露义证》，钟哲点校，中华书局1992年版，第350—351页。
[2] 贺麟：《文化与人生》，商务印书馆1988年版，第59页。

现代社会，因为以自由、平等和独立为价值取向的现代人不可能认同和遵从这一道德命令。

现代社会人们的责任承担有一定的差异性，但这种差异是基于社会角色的不同，而非基于社会等级秩序中先天的和相对固化的伦理身份或政治身份，该差异的背后蕴含着现代社会权利和责任的对等，身份角色的平等、开放与可变动性。即使家庭中血缘亲情的天然伦理关系是亘古不变的现实，但现代社会家庭成员之间也从尊卑上下的关系转变为平等互爱的关系、从单向性责任转换为相互性责任。现代家庭和社会构建了新型的人际伦理关系，儒家的孝悌、仁爱等蕴含着差等秩序的概念都必须经过内涵上的重新诠释和创新才能进入现代社会的道德话语系统。

第三，儒家传统的近距离道德责任无法处理现代技术社会远距离的责任要求。一般而言，传统意义上对道德责任的解释就是主体应尽的道德义务或分内之事和因错误或疏忽应当承担的过失，前者是关系责任或道义责任，后者是归因责任，儒家的四维责任系统属于关系责任或道义责任，明确规定了每一种伦理身份和政治身份的主体在生活中应承担的义务。同时，若主体的错误或过失与相应的事态之间存在事实上的因果关系，则主体必须承担相应的归因责任。传统社会中的关系责任或归因责任都是较为确定的近距离责任，但这一特征并不能充分回应技术时代的责任要求。也许有人辩护说，传统的"平天下"责任就属于遥远的责任，故不能说明所有的责任都是近距离的，这诚然有一定的道理。但是，一方面，平天下的责任对于社会中绝大多数人而言不是一个"真"的责任，它只是士人的信仰、情怀和理想，它的责任主体是天子，而非任何普通的臣民，臣民在自己的生活中所承诺和践行的道德责任都是较为明确的和近距离的。

现代技术具有累积性、繁殖性和跨学科整合发展等特征，势必对人、社会、自然和未来带来深远的影响，技术影响力在时空上的延伸也要求道德责任突破原有时空中的人和事，指向时间上遥远的后代与自然以及空间上遥远的人、自然和社会。因此，技术时代的人除了要承诺较为确定的和近距离责任外，更重要的是还要主动担负起预见性责任，即对尚未发生的事态（尽管尚未发生，但由于人类今天的选择使得它们在将来有很大的发生可能性）和尚未出生的后代负责，这是产生于传统社会的儒家责任观所不可能涉及的责任领域。

传统的儒家道德责任观在现代社会遭遇的以上困境一方面为当代中国社会道德责任的"稀薄"甚至"冷漠"现象提供了文化和伦理的诠释，另一方面也指出传统道德责任观的回归或复兴并不能从根本上解决以上两个问题，甚至会产生负面的影响。因此，儒家的道德责任思想若要植入现代社会生态和现代道德话语，成为与现代社会系统相耦合的有机组成部分，疗救现代社会的弊病，必须经历全面的转换和创新才有可能。

第二节 传统道德责任观的现代转换

儒家的道德责任思想与古代中国人有限的认知和能力、天人合一的朴素信仰、宗法等级社会的制度安排、农耕文明的生存方式相契合。然而，在传统与现代之间，无论是责任主体的认知、能力和信念，还是社会的政治、经济和文化都经历了全面革新。原生性的儒家道德责任观与现代中国社会生态之间不可避免存在冲突和紧张。但是，现代中国从传统社会发展而来，并未也不可能切断与传统社会的联系，儒家道德责任观仍然以各种形式渗透在现代生活中。因此，儒家道德责任观与现代中国社会是一种既冲突又共在的矛盾关系，然而这两种存在形式对现代社会都具有一定的破坏性。因此，儒家道德责任思想的现代转换已成为当下中国迫切需要解决的理论课题。基于传统责任的特征和现代责任的要求，儒家责任观需要在以下三个方面进行创新性诠释和创造性转换。

一 从有限的差等性责任到普遍的相互性责任

如前所述，儒家道德责任是一种以熟人共同体为边界的有限的差等性责任。传统的道德责任观为在特定社会关系中为不同身份的人规定了不同的道德责任，差序的身份设定决定了责任的不对等。在家庭中，家长或族长、男性、长辈拥有更多的权利，而女性、晚辈需承担更多的责任；在国家中，臣民比君王、老百姓比官员都要担负更多的责任，且这些责任是不以对等的权利为前提的单向性道德义务，这使得儒家的道德责任观具有差等性的特征。同时，因农耕文明的生活方式、社会公共交往空间的狭小和与来自陌生地域、异己文化的陌生人交往的偶在性决定了传统社会的人们基本上都生活在以血缘关系为基础的小型熟人共同体内，人们生于斯，长于斯，老于斯，生活半径小，生活内容简单，与其交往互动的他者相对稳定，一般而言，熟人共同体是人们日常生活的自然边界，也是人们的道德责任所抵达的边界。因此，传统社会的道德责任在时间、空间和他者的意义上都是有限的，至于应该如何对待共同体之外的陌生人，儒家的道德责任系统没有给出明确的规定。

进入现代社会，经济的市场化解构了熟人共同体，催生了社会的流动性；政治的民主化摧毁了宗法等级系统，取消了特权阶层；生活方式的城市化既支离了乡村，也扩张了城市；文化的多元化标志着社会走向开放和宽容。信息交流的网络化、智能化让个体与世界实时共在成为可能……上述诸因素使得中国社会逐渐从一个熟人社会进入社会学家们所指称的"陌生人社会"。而"陌生人组成的现代社会是无法用乡土社会的习俗来应付的"①。鲍曼说："我们生活在陌生人之中，而我们也是陌生人。在这个世界中，陌生人不能被限制或牵制。我们必须和陌生人生活在一起。"② 与熟人之间的交往不同，陌生人不再受制于熟人社会的规则，陌生人之间背弃道德要求的成本急剧降低，人们之间的情感关系为利益关系所替代，彼此间交往的特征表现为去情感化、去人格化、匿名性、平等性和不确定性，这决定了以血缘亲情为基础的差等性和有限性道德责任在现代社会已然失效，而要求一种与陌生人社会相契合的责任伦理。

具体而言，陌生人社会的道德责任应具备以下特征：（1）平等性：人与人之间的平等是陌生人社会道德责任的基石。在现代中国社会，陌生人、熟人，抑或家庭成员之间第一次实现了身份、人格和尊严上的平等，人们不再因为性别、身份、长幼等的不同而履行差等性的责任。陌生人社会的道德责任是行为者在特定的角色、关系和情境中所应担负的职责，这种责任具有可替代性，即其他的行为者在此情境中也要如此行动，责任不因行为者身份的特殊性而有所不同。（2）普遍性：陌生人社会的道德责任不再限于狭小的熟人共同体，而是以一种开放包容的心态

---

① 费孝通：《乡土中国》，生活·读书·新知三联书店1985年版，第25页。
② ［英］齐尔格特·鲍曼：《通过社会学去思考》，高华等译，社会科学文献出版社2002年版，第51页。

指向整个世界中所有可能与之交往的对象，因网络智能技术和现代交通技术已经为人们打开了整个世界。任何交往形式都必须遵循一定的规则，规则或者是法律的，或者是约定俗成的，或者是经由商谈达成的共识，对这些规则的尊重和遵守就是行为者必须履行的道德责任。（3）对等性：陌生人社会的道德责任不再是单向性的道德义务，而是相互性的，每一个人既是责任主体，也是权利主体，我的责任就是他人的权利，他人的责任就是我的权利。自我与他者、权利与责任是对等的。

以相互平等的陌生人为交往主体的现代社会，儒家有限的差等性责任不再是一个适切的道德要求，一方面要突破责任的有限性，将责任的辐射范围扩大至所有熟悉或陌生的交往对象，另一方面要摒除差等性，祛除因伦理身份或社会身份而来的特权观念，同等尊重每一个交往对象，用对等性的责任取代差等性的要求，唯其如此，儒家责任观才可能走进现代生活。

二　从臣民责任到公民责任

儒家的道德责任思想产生和发展于中国的封建社会。从政治意义上而言，在封建君主制的社会中，只有臣民和君主两种政治身份，因此，儒家为各阶层所构建的道德责任是一种臣民责任。所谓臣民是指在国家与统治者、国家与社会尚未分离的政治语境中，与国家或统治者之间存在隶属关系的人，具有依附性、被动性和奴性的特征。传统中国是君主专制的国家，臣民人格与君主专制的政治生态相吻合，作为臣民，与国家或君主之间存在从属关系，其责任包括忠诚（由于君主是国家的象征或国家的化身，忠诚于国家约等同于忠诚于君主）、爱国、守法、遵从社会习俗，维护国家和社会的安全、有序与和谐。显而易见，臣民对于国家的制度法律没有太多的话语权，更没有批判和革新的权利。臣民非反思地接纳既成的国家制度和民间习俗，即使制度或习俗不公正、不合理也不可反抗，遵从既有的制度或习俗是臣民的美德和义务。

然中国自清末民初开始了公民意识的觉醒，如梁启超之《新民说》、刘师培的《伦理学教科书》等专著以及《东方杂志》在1900年代刊载的相关文章（如《论中国必先培养国民之公德》《论立宪与教育的关系》等），指出中国若要成为有力量的国家，首先国民必须有贡献国家、合群重团体的心态和行为，其次个人在社会生活中必须遵循相应的规范，并提倡自小学始施行国民教育，培育国民的社会公德意识。晚清有识之士的公德思想是对积习已久的臣民意识解构的开端，带动了晚清新型公共意识的起步。但中国人的臣民意识积弊颇深，此后的100多年，中国一直走在从臣民社会通往现代社会的路上摸索前行，中国经济领域的改革撬动了社会结构、政治制度和文化精神等领域的变革，人们日常的私域生活走向公共生活，具体表现为社会公共空间的拓展、个人权利的生长和个体社会地位的提升，人们获得了更为良好的政治生活体验。随着国家的经济、政治和文化体制的持续深入改革，以市场为载体的公共交往有了更大的空间，"法治""权利""契约"等公民理念也逐渐加强，人们在政治生活中从被动服从向主动参与转变，这种政治身份的转变决定了传统儒家所主张的臣民责任必须转换为公民责任才可能契合现代社会的要求。

在现代社会中，公共性交往使得公民能够有机会直接或间接参与国家政治法律制度或公共政策的建设和改革，这要求公民在享有平等、自由等政治权利的同时，还必须积极参与社会公共事务，具备节制、宽容、尊重、爱国、团结、守法、奉献等公民美德，这是每一个公民必须承诺的道德责任，这一道德责任的履行是现代国家、社会、组织持续健康存在和发展的基石，也是公民享有自由权利的保障。密尔认为，"……公民的广泛政治参与，不仅可以强化人我一体的感情，更重要的还是在于这种公民精神是防止腐败、堕落，确保人民权利的利器"[1]。罗尔斯也强调："如果民主社会的公民们想要保持他们的基本权利和自由，包括确保私生活自由的那些公民自由权，他们还必需既有高度的'政治美德'，又愿意参加公共生活。……民主自由的安全需要那些拥有维护立宪政体所必需的政治美德的公民们的积极参与。"[2] 因为只有通过培育公民的公共参与能力引导公民参与公共事务，才可能使个人从私人生活的"被遮蔽状态的阴影中走出来"[3]，在冲突、对话、辩论、反思和判断中，克服自身利

---

[1] 许纪霖主编：《公共性与公民观》，江苏人民出版社2006年版，第242页。
[2] 许纪霖主编：《公共性与公民观》，江苏人民出版社2006年版，第195页。
[3] Hannah Arendt, *The Human Condition*, Chicago: University of Chicago Press, 1958, p. 51.

益和立场的狭隘性，在他人和共同体的善与自我利益诉求之间实现平衡。因此，现代公民身份赋予了公民责任，公民不再被动地服从国家和统治者的权威，而是积极参与公共事务的具有自主性和独立人格的主体，国家的法律、政策和决策都直接或间接地包含着每一个公民的自我意志，服从自我意志的法的公民才可能是自由的。

然而，当下的中国社会还不是一个发育成熟的现代社会，尽管君主专制的臣民社会早已解体，但臣民意识尚未完全从中国人的思想深处祛除，所以，从臣民责任到公民责任的转换不仅需要保障公民参与公共事务的制度框架，更重要的是要清除人们思想深处根深蒂固的臣民意识，提升人们的参与能力，鼓励公民的参与实践，培育公民美德，促进中国社会的现代化。

三 从近距离责任到远距离责任

中国社会从传统走向现代的过程中，除了从熟人社会转变为陌生人社会，从臣民社会转变为公民社会这两个维度之外，还表现为从农耕社会逐渐转变为技术社会。儒家传统的道德责任观是一种与农耕文明时代的时空观、价值观相合的道德思想，农耕时代道德观念关涉同时代共同在场的人和人之间的关系。有限的技术条件和制度设计将人们的生活和交往空间局限在熟人共同体内部，时间则表现为四季周而复始的更迭。儒家的道德思想就是在这既有的时空框架中展开和呈现。约纳斯说，传统伦理学"有关德行（关于'何时''何地''对谁''如何'）的'知识'总是与当下问题联系在一起，在这一确定的情境中当事人自己的行为发生和完成。行为的善恶完全取决于那种短期的情境。行为的来源是没有争议的，它的目击者一下子就可以看出其中的道德品质。"[1] 可见，传统的伦理思想都是近距离和较为确定性的，但基于人的技术能力的增强，人的行为不仅可以干预当下世界的存在样态，还能够干涉未来世界的存在状态。因此，人们的道德责任再不能仅限于传统意义上的道义责任和归因责任，进入现代社会，我们除了要承担道义责任和归因责任之

---

[1] Hans Jonas, *The Imperative of Responsibility*, Chicago: University of Chicago Press, 1984, p. 6.

外，还需要为我们的行为对未来社会可能造成的风险承诺一定的责任。

在我看来，技术社会的远距离责任问题可以在一种新的"天下"理念中认知、分析和解决。区别于传统的"天下"范畴，新的"天下"既包括空间意义上的整个世界，也包括时间意义上可以借助科学预测的未来，蕴含着普世的人道主义价值，也包含着我们对未来世界的忧患意识，这种忧患意识会唤起一种远距离的道德关怀，它是我们必须承诺的使命和责任。因为现代技术的发展和应用打破了原本相互分离的各共同体之间的藩篱，使得各国的经济、政治和文化从相互分离的状态走向相互关联，将世界推进到全球化时代，整个世界构成了一个某种意义上的超级共同体。此外，现代技术作为一种新崛起的强大力量极大地提升了人类对自然世界和未来世界的影响力，能力与责任共同生长，人类的道德责任必须与行为的因果范围相称，这决定了人类的道德责任必然要扩展至人类的技术影响力所能直接或间接关涉的对象，因此，人类必须承诺一种远距离的道德责任，技术社会的道德责任就不再局限于同时代共同在场的社会共同体内部（如家族、村社、城市等），而需要在时间维度上指向未来，空间维度上拓展至全球，这是传统的儒家责任观未曾也不可能涉及的责任域，现代技术的发展给伦理学研究提出了新课题。

与陌生人社会的相互责任和现代社会的公民责任的对称性、相互性和确定性特征不同，技术社会所要求的技术责任表现出一定程度的不对称性、整体性和复杂性的特征。人类历史上第一次通过技术的力量将当下和未来、人和自然、这里和那里联系在一起，构成了一种新的"命运共同体"。然而，未来的人和自然对于当下的人而言"永不在场"或"尚未出场"，这意味着当代人对未来责任的付出不可能返回自身，这种责任是单向度的、不求回报也不可能有回报的，类似于父母对子女的关护责任，但又超越于父母对子女的责任。之所以要对未来承诺这种没有回报的责任，是因为当下我们的行为会对未来的人和自然的存在状态和存在方式产生非自然演进的人为干预和影响，且这种人为干预具有一定的危险性，但未来却不可能以任何方式干涉或影响我们，若当下的人类不承诺关护责任，就意味着未来的后代和自然没有被公平对待。基于这一原因，人类的技术创新必须秉持审慎的原则，运用人类的理性尽可能地预测技术发展的影响，有节制地进行技术开发和技术创新。

"摩尔定律"告诉我们计算机技术的迭代周期大约是18个月,"墨菲法则"提醒我们任何技术风险只要概率大于0和时间足够长都能够由可能性变成突发性事实。因为现代技术不再是线性推进,而是呈指数增长,有专家认为我们至多可以预测20—30年后的技术发展状态,绝不能预测200年后的技术状态。这说明未来的技术发展趋势和技术风险具有很强的不确定性。更进一步说,约纳斯认为即使科学家们出于善的意图尽可能审慎地对待自己的研究也可能产生长期性的无法控制的危险后果。再者,为资本和权力所驱使的技术有可能服膺于资本增殖或权力扩张的意图,违逆人的善良意图,不顾及人、自然和未来的利益而变得危险。现代技术的整体性和复杂性特征从本质上将风险与责任之间的因果关系弄得既模糊又不确定,即道德责任无法精确还原到某一个或某一些确定性的个体。这些都是现代给道德责任的研究提出的难题和挑战。为了"不要使人类得以世代生活的条件陷入危险的境地"①,将这种不确定的风险尽可能控制在安全合理的范围内,需要当下的人承担起远距离的责任,从制度、伦理和实践等多方面入手,未雨绸缪,防患未然。

将人类与自然、当下与未来都包含在自身之内的"天下"观是传统儒家天下思想的现代形态,这种新的天下观将赋予了人类新的情怀和使命,要求我们超越狭隘的自我、超越当下、超越资本和权力的意图,以一种悲悯的忧患意识和智慧的理性自觉构筑起防范技术风险的"围墙",以"所有存在的善好与共生"为目的,承担起人类因自己的行为而可能发生的道德责任。

儒家的道德责任观是农耕文明条件下中国传统社会生态的一个有机组成部分。它以天然的血缘亲情为逻辑起点,运用推己及人、由内而外的方法,整合自我责任、家庭责任、国家责任和天下责任而生成的融贯有序的行为规范体系。传统的责任要求对于当代社会个体的人格完善和德性修养、家庭的敦睦和谐以及形成国家认同和民族精神都仍有一定的价值和意义。但是,基于现代社会在经济、政治、文化和人的价值观等领域的根本性变化,传统的道德责任思想在具体内容、价值取向和伦理

---

① Hans Jonas, *The Imperative of Responsibility*, Chicago: University of Chicago Press, 1984, p. 10.

精神等方面与新的社会生态之间都存在诸多的冲突。因此，在新的道德责任尚未形成理论自觉，原生道德责任理念已不合时宜的现实境遇中，致力于儒家责任从差等性责任向相互性责任、从臣民责任向公民责任、从近距离责任向远距离责任的现代转换，建构起符合陌生人社会、现代社会和技术社会要求的新责任体系，是有效回应当下道德责任"稀薄"甚至"冷漠"的社会问题，实现"所有存在的善好与共生"这一价值理想的可行路径。

第三节　现代社会道德责任的来源与基础

"权利诉求"的强化和"道德责任"的弱化是现代社会的两大特征，或者说现代社会是一个责任感不充分的时代。但是基于人类中心主义的世界观、现代技术的风险和现代社会的建构，除却日常道德所要求的道义责任和归因责任外，人类应承担更多的新的道德责任。从马克斯·韦伯对责任伦理和信念伦理的区分起，到海德格尔对人类中心主义的存在主义的反思和批判，再到汉斯·约纳斯的责任伦理，我们看到了一条较为清晰的从哲学层面致思道德责任的思想路径。相较于权利是一种获得和占有，责任则意味着一种负担或付出，甚至牺牲。根据趋乐避苦的自然人性，人的责任承诺必然需要非常充分的理由和动机才有可能，所以，在要求现代人承诺更多的道德责任之前，必须辨明这些新的伦理责任的来源和基础。

一　现代社会的"责任感不充分"

责任是主体应尽的道德义务或分内之事和因错误或疏忽应当承担的过失，前者是关系责任或道义责任，即在特定的社会关系和伦理秩序内的主体所应当承担的责任。后者是归因责任，即主体为其理性和自愿的选择或行动所导致的后果所必须承担的责任。在传统意义上，归因责任是一种事后的追溯性责任，也是一种近距离责任，就是基于业已形成的恶的后果追溯行为者的责任。但在现代社会，由于科技的累积性、繁殖性和跨学科整合发展等特征和趋势给人、社会、自然和未来都将带来深远的影响，因此，人除了要承诺道义责任和追溯性的归因责任外，更重要的是还要主动担负起预见性的归因责任，即对尚未发生的事情（尽管尚未发生，但由于人类今天的选择使得它们在将来有很大的可能性发生）和尚未出生的后代负责。技术时代的责任必然在时间上向前延伸和空间上向外拓展。所以，进入现代社会，人们需要承担的责任不是变少了，而是更多了。但是在实然层面，道义责任和追溯性的归因责任的承担尚不充分，从食品安全问题的频现到官员腐败的多发就可以清楚地看到这一点。预见性的归因责任还未在理念层面为政府和公民所自觉意识，达成共识，遑论有效的行动。之所以出现这种"责任感不充分"现象，主要是由于以下几方面的原因。

首先是因为主体的"不知道"。在传统的语境中，主体对于自我应该承担的道义责任和归因责任一般而言都有较为明确的认知，因为其身处相对稳定的道德系统和文化习俗中，他在特定的社会秩序中有较为明确的身份地位，以及个体的选择与行为之间因果关系的确定性和时空跨度的有限性都决定了主体在特定的社会关系和生活情境中所需承担的责任相对较为确定。但是现代社会高科技背景下的预见性责任的后果尚未发生，且具有一定的模糊性、不确定性、整体性和复杂性的特征，这使得主体在很多问题上无法确定自己责任的边界，特别是某些责任的时空边界和因果联系已经超越了单一主体的能力和认知，如新技术的研发应用的可能后果等，这些责任是属于整个社会、整个时代的，特定主体并不知道自己在这种宏大复杂的责任中具体应该承担怎样的责任，所以就会出现属于所有人的重大责任实际上处于主体缺位、无人担责的真空状态。

更重要的是，科学研究及其技术应用的可能后果也具有很大的不确定性。有些科学家或者纯粹出于对知识和技术的好奇与追求，或者出于同行间的竞争，或者出于声誉和利益的考虑，疏忽、未顾及或未能慎思自己的研究成果的应用对人、社会、自然和未来可能会产生的后果。而且，即使科学家们出于善的意图而审慎地对待自己的研究也可能产生长期性的无法控制的危险后果。高科技时代责任的宏大复杂和责任边界的模糊性使得人们无从确定自己的具体责任，科学家群体对科学及其未来走向的不确定性更模糊了主体的责任担当，这两方面都是现代社会"责任感不充分"的外在原因。

其次是因为主体的"不能够"。主体的"不能够"主要是针对预见性责任而言的。相对于因社会发展和科技进步可能引发的大规模的、整体性的社会责任，个体的或局部的力量和行动会显得微不足道。这是其一。其二，唯物史观的历史哲学似乎也确证了这一点：微观的个体意志相对于宏观的历史规律其影响只是微乎其微，历史不会因为某一个人或某一群人的选择和行动而产生方向性变化。任何与科技发展和历史规律的较量与抵抗都被视为类似唐·吉诃德与风车战斗的可笑和荒谬。个体在历史的宏大叙事和科技的强劲发展面前的无力感往往会成为个体规避责任和不作为的正当理由，这也是责任伦理亟须破解的难题之一。

最后是因为主体的"不愿意"。无论是道义责任还是归因责任、近距离责任还是预见性责任都要求责任主体有所付出，考虑和关怀他者的权利、利益或尊严，为了人类的福祉、社会的和谐、自然的可持续和后代的权利有所为有所不为，过一种自律、节制和俭朴的生活，自觉放弃自我可能有支付能力也有权利拥有的生活享受。这些要求与经验主义哲学所预设的趋乐避苦的自然人性有所抵牾，人性中恒常且强大的自爱情感是责任承诺的障碍之一。除非是出于制度的强制性或习俗的准强制性要求，或者现实的外在风险已经到了非行动不可的程度，抑或对伦理责任业已形成高度共识，否则主体按照责任去行动的内在心理动机都会不充分，特别是对于潜在、遥远且不确定的预见性责任更是如此。

主体对于自身责任的"不知道""不能够"和"不愿意"是现代社会人们责任意识、责任意愿和责任行为与责任要求不一致的主要原因。但是无论主体是否愿意、是否知道或是否能够，责任的重负都是或将是一个真实的存在，对其存在的无视或逃避都可能会酿成无可估量的灾难。但在要求现代社会的公民承担起更多更大的伦理责任之前，逻辑上必然要求回答一个问题：我们为什么要承担这些伦理责任，即责任命令的正当性源自何处？这就是本文试着探究和解决的问题。

二 人类中心主义与关护责任

人是唯一有资格、有能力承担责任的主体。因为所有的非人存在物都缺乏认知、理解、判断、选择和行动的能力，人的理性、自由和力量决定了人能够承诺并实践伦理责任，且责任的发生也都直接或间接地与人的活动相关，所以，人之所以要承担伦理责任的理由可以简单表述为

"责任在那儿，只有人能够承担，这是人存在的使命"。自由意味着人可以选择，理性决定了人可以自主地认知、判断和选择，并预知选择的后果。人的生存就是在多种可能中进行选择和筹划，且以这种方式承担起生存的重任，可以说，责任就是一个自由的行为主体的负担。因此，人尽管只是整个世界的一个构成部分，但其具有知识、力量和自由的事实，使人类对自己、对社会、对所有已存在和尚未存在的人以及自然的善好存在与共生平衡都有不可推卸的责任。

自笛卡尔以来，人与自然关系的哲学世界观发生了根本性的变化，传统意义上的人对自然世界的敬畏和崇拜逐渐式微，人开始占据世界舞台的中心地位，人类中心主义逐渐成为人与世界相处的理念。笛卡尔的哲学将"我"作为绝对自明的开端，世界秩序的决定力量从"上帝之手"传递给人的理性，人根据自己的理性将世界从自然秩序改造成人为秩序。康德提出"人是目的"的启蒙宣言，宣称了人以外的其他存在物都沦为仅具工具价值的客体和对象物，开启了新的以人的理性筹划为中心的时代。所以海德格尔称："直到笛卡尔时代，任何一个自为的存在物都被看作'主体'，但现在，'我'成了别具一格的主体，其他的物都根据'我'这个主体才作为其本身而得到规定。"[①] 这样，近代以来，人主体力量的发现与提升使其逐渐成了"大自然的主人和拥有者"，人可以按照自己的意志去设计和构建自己的生存世界，人以外的存在物逐渐失去了从伦理上被作为目的而考虑和关怀的资格。这种"人类中心主义"的观点提升了人在自然秩序中的地位，确证了人的理性能力，增强了人在面临自然挑战时的信心，促进了人对自然的科学认知和技术改造，提升了人类生存环境的友好性、舒适性。但是，海德格尔指出历史上一切"人类中心主义"都无一例外地停留在人的主体性的界限内，人自视为一切关系的中心，有权对一切对象加以规定，而对象必须围绕着人这个中心逐级排列。既然人类已成为万物的预订者，也就是表示人类的地位已相当于"造物者"的角色，人类将不可避免地将自己抬举到地球的主宰的形象中。

这种"以人类为目的，以其他存在物为对象"的价值观支配的人类

---

① ［德］海德格尔：《海德格尔选集》（下卷），上海三联书店1996年版，第882页。

实践必然无法避免人类对自然的损害和滥用。近代以来，随着人类中心主义世界观逐渐成为人类共识和人类技术能力的持续提升，自然世界受到了来自人类的前所未有的大规模改造、侵蚀和破坏。进入20世纪，人类的技术活动对自然的侵害已经超出了自然本身的承载力和修复力，自然开始用自己的话语方式对人类的技术实践作出反应，如美国西部大平原的"黑风暴"、伦敦的毒烟雾事件、苏联切尔诺贝利核电站的爆炸事故等，都是自然对人类不负责任的技术行为提出的警告。海德格尔认为这是人的主体性膨胀的表现，人类科学认知水平和技术能力的迅速提升要求我们重新考虑在新的历史语境中人与自然的相处方式，海德格尔主张自然是人类生存的根基，是人类栖居的家，如果人类没有充分认识到这一点而只是任意掠夺它破坏它，人类自身的生存就会陷于无根状态。近现代技术正是严重破坏了人类生存的自然根基，把人类从地球上连根拔起，使人类处于无家可归的状态。因此，人类必须停止近代以来技术对自然的破坏，保护自身生存的根基，返回自然之家。因此，人类不应是自然的掠夺者，而应是地球的一个构成部分。但人又是一种有别于动植物的特别的存在，必然就肩负某种使命和责任，此使命不是控制万物，人类更适切的身份应该是服膺天地神明的自然法则，协助与看护万物的生长发展，也就是说，人类不应该是存在的主人，而是存在的看护者，对自然负有关护责任。海德格尔颠覆了自笛卡尔、康德以来的"人类中心主义"的哲学世界观，基于对人与自然关系的重新审视而阐明了人对自然的平衡、健康和可持续有着不可推卸的绝对责任。

　　道德责任是一种担负，也是一种忧患意识，意味着人对自身生存境遇的觉醒和忧虑，这种觉醒和忧虑是责任的行动和责任的生活方式的前提。在现代社会，任何对自然关护责任的漠视或逃避都是对人的智性和伦理性存在的背离，即向非人存在的沦落。因此，人类应该开启一种新的与自然相处的模式，积极承担对自然的关护责任，使人与自然的关系在现代技术背景下重归平衡状态。

三　技术风险与远距离责任

　　技术文明的发展是人类社会的最大成就，它将人类从繁重的体力劳动中解放出来，直接改善了人类的生活环境和生活质量，塑造了社会的构成方式和人的生活与思维方式。尽管技术进步带来了人的生命质量和生活福祉的改善与提升，也在规范人的行为和信息决策等方面有出色的表现，"技术的道德相关性理论"（如温纳、拉图尔、劳伦斯·马格纳尼和维贝克等人的理论）已经对此做出了详尽的论证。但是，技术行为从来都是不可完全预测的，它总是会以无法预估的方式与人类联系在一起，并在这些联系中带来意料之外的道德影响。技术实践中的道德问题会超越技术设计者的意图，这证明即使出于良好意图的技术设计也可能出现始料未及的后果，这决定了传统的时空上近距离伦理责任已无法应对技术创新和应用中出现的新问题，必须发展一种着眼于全球和未来的远距离责任来回应现代技术发展的挑战。

可以说，当下的人类生存已经形成了普遍的技术依赖，离开技术支持的生活在现代社会已然不可能。技术人工物悄然嵌入了人的生活，人已经不自觉地为技术所掌控，过上了一种技术所要求的非自主性的生活，而逐渐疏离自己本真的生活，即人不自觉地为技术所异化。"我们曾经以为技术仅仅应用于非人类领域，但现在人自己却被添加到技术的对象之中。技术人转过头来把技术用到他自己身上，并准备重新创造性地造就他这个所有其余事物的发明者和制造者。这种力量的登峰造极，很可能意味着对人的征服，即技术对自然的最终征服。"[1] 人创造出来征服外在世界的力量反过来征服了人自身，变成了一种独立于人的异己的、宰制性的力量，有全面接管和控制人的身体和心灵、决定人的判断和行为的发展趋势。尽管人们期冀技术仅仅是人的能力的延伸，但这种增强人自身能力的技术也有自身的发展逻辑，同时带来很多人们无法预料的后果。

以智能手机的使用为例：随着手机和互联网的连接，人逐渐演化为一个新的物种——一种人和机器的混合体——赛博格（Cyborg）。"这个新的人机结合体，一方面使得身体超越了自身的局限性，增强了人的能力；另一方面，身体确实被手机所吞没。人们对它形成了依赖，这种依赖加速了人们自身能力的退化。手机在多大程度上解放了人们，也在多大程度上抑制了人们。如手机抑制了人体的某些身体官能，它抑制了行

---

[1] Hans Jonas, *The Imperative of Responsibility*, Chicago: The University of Chicago Press, 1984, p. 18.

动能力——人们尽可能减少身体运动；抑制了书写能力——人们越来越借助机器通话；抑制了记忆能力——人们越来越依赖手机储存信息。正如当娜·哈拉维所言：'我们的机器令人不安地生气勃勃，而我们自己则令人恐惧地萎靡迟钝。'"① 在手机强行嵌入人的生活，对人实施从身体到心灵全面占有和接管的同时，人却表现出非反思性地享受或陷溺于这种新的"被奴役"状态，任凭这种技术人工物支配我们的生活。谷歌高管雷·库兹韦尔（Ray Kurzweil）甚至提出，到2030年，人类将成为混合式机器人，就是将纳米机器人植入人的大脑以直接接入互联网，从而扩展人的智力和能力，并认为这是人类生存的下一个自然阶段，人即将成为一个类似神明的存在，且不需要经过艰辛的学习过程就可以实现。这证明人正尝试着用人工的方式进行自我进化，而非因循传统意义上的自然进程。其中潜藏的风险已经远远超越了手机、电脑等外部技术设备之于人的风险，涉及对人的重新定义，人类可能借此分化为两类人：一类是研发技术和生产知识的精英，一类是能力严重退化的庸常之人，而随着技术智能化的进一步发展，整个人类将有可能为人工智能全面"接管"，逐渐丧失人的自主性、独立性、创造性等特征与能力，沦为智能机器奴役的对象，彻底为技术所异化。因此，人类有责任对这些技术的研发和使用进行反思、评估和节制。仅就当下人类的现代生活而言，人对自身以及外在世界的所有认知、理解和判断以及人自身的行为绝大多数情形下都依赖技术的支持，很多情形下甚至由技术来决定。诚然人类借助技术支持，可以处理很多仅靠自身能力无法实现的活动，但是我们不能忽视技术正作为一种超越物质、超越生命的力量加速发展所潜藏的风险，人类应在技术的创新发展中秉持着审慎的要求，正视风险责任，尽可能预见技术人工物的可能后果，有选择、有节制地进行技术创新。

现代技术的累积性效应会超越空间和时间的限制，消弭当代的边界，因此技术的发展不仅会影响当代人的生活，这种影响还会延及尚未出生的后代。由于未来的后代尚不"在场"，所以不会对当下技术发展所可能对他们造成的后果提出任何异议，但等他们能够发出声音的时候，他们所要对话或批判的对象又已经不存在。然而，"让千秋万代拥有这样一个

---

① 汪民安：《手机：身体与社会》，《文艺研究》2009年第7期。

世界，在其中适于居住并有一个无愧于人的称呼的人类居住，这不难确定为一个公理或深思熟虑的、令人信服的愿望"①。因此尚未出生的后代也理应拥有一定的道德地位，配享当代人的道德关怀，也配享一个未被技术过度改变的自我和一个可持续的生存环境。所以基于对人类技术后果的忧患意识，约纳斯提出我们应遵循一种远距离的责任实践原则："'如此行动，以便你的行为后果与人类持久的真正生活一致'；或者否定地表达：'如此行动，以便你的行为不至于毁坏未来这种生活的可能性'；或者简单地说：'不要使人类得以世代生活的条件陷入危险的境地'；或者再变为肯定式：'在你的意志对象中，你当前的选择应考虑人类未来的整体。'"② 未来世代作为沉默的潜在存在者因其自身的道德地位已经对当代人提出了道德要求，这就决定了当代人在追求自我的富足、享受、自由和幸福的同时，必须考虑和顾及当下的行为可能给未来世代造成的损害或风险。尽管我们不可能准确预知未来人的具体要求，但可以确定的是他们必定不喜爱一个资源枯竭的世界，必定不悦纳一个空气、水、土地被严重污染的生活环境，必定不愿意未经自己选择就成为一个内置芯片的人机混合体，也必定不喜欢非自主性的基因选择或改造，更不能接受一个由技术宰制的世界和为技术所异化的自我……科学技术的发展正使得这些情形从可能走向现实。为我们确信的这些未来世代的普遍的、底线的要求也就成了当代人的责任和使命。

除了人以外，受技术发展冲击最大的就是资源与环境。服膺于资本、市场驱动的技术所主导的生产和消费直接导致了自然环境的恶化和资源的过度消耗。自然是另一个沉默的存在，曾经是道德生长的基点，也是伦理思想中具有非存在性的"存在"。自然之所以成为责任伦理思虑的对象，就是因为它原先的完整、平衡的自组织系统被人类的技术行为破坏，自然与人之间的平衡被打破，自然以各种灾难和风险向人类发出了警告。工业革命之后，资本利润的刺激、人类欲求的释放、资本主义政

---

① Hans Jonas, *The Imperative of Responsibility*, Chicago: The University of Chicago Press, 1984, p. 10.

② Hans Jonas, *The Imperative of Responsibility*, Chicago: The University of Chicago Press, 1984, p. 10.

治经济制度的保障与鼓励和科学技术知识的发展全方位地推动了人对自然的认知、研究和改造,结果一方面是文明的进步和社会的发展,另一方面是环境的破坏和资源的滥用,空气、水、土地、山林、草地都不同程度地被污染和损毁,肆虐的雾霾、河流污染、土地沙漠化、山体滑坡、草原退化都与技术对环境的深度开发以及工业技术的生产密切相关。

当人凭借理性从自然中分离出来,并升格为自然的统治者,相应地自然沦为人的对象和工具。人与自然关系逆转的后果之一就是自然从人类生存的母体转变为人类生存的巨大威胁。约纳斯说:"由于技术使其作用力强大到这种程度:对于事物的整个照料而言,它明显危险起来,技术的影响力使人的责任扩大到地球上的未来生命,从现在起,地球生命无任何抵抗地遭受滥用技术作用力的痛苦,人类的责任因此首次成了整个宇宙的责任。"[①] 责任与能力共同生长,所以科学家们的责任必然要超出他们发现或创造的理论知识本身,关涉他们的知识对我们的生存世界的影响,决策者们的决策责任同样也不可能仅限于时空上近距离的影响或仅限于对人和社会的影响。这里的责任不是要求对已经发生的事情负责,而是对将发生的事情负责。人也不应为自己是自然的统治者而欣喜,而应为未能做自然的关护者而愧疚,技术的创新发展应循着审慎和节制的德性,肩负起人类应尽的责任,一方面修复过去造成的伤害,另一方面开创未来的福祉,将一切可能的祸害都降到最低的限度。

"与理性相联系的力量带来了责任……尚未充分理解的是责任向生物圈和人类未来幸存者的新的扩展,这不过产生于力量向这些事物的扩张——产生于它的一种不寻常的毁灭力量。力量和危险揭示出一种职责,它通过呼唤与有生世界的其他事物休戚与共,从我们的存在延伸到自然整体的存在,无论我们是否愿意。"[②] 这种力量就是技术,技术对人类和自然的成功干预引发了各种令人担忧的后果,人类必须也是唯一有可能对这些既已发生的或可能出现的危险承担责任的主体,责任是人类能力

[①] [德]汉斯·约纳斯:《技术、医学与伦理学:责任原理的实践》,张荣译,上海译文出版社2008年版,第28—29页。

[②] Hans Jonas, *The Imperative of Responsibility*, Chicago: The University of Chicago Press, 1984, pp. 138–139.

的函数，能力的提升就意味着责任的拓展，意味着现代技术背景下的人类必须承诺一种远距离的伦理责任，以尽可能将技术发展的后果保持在"有益人类的道德性生存和持续性发展"的向度上。

四 现代公民身份与政治责任

责任不仅是人类技术能力的函数，也是人的政治权利的函数。现代社会以民主、公正、平等和自由为价值导向的现代社会的建构，开放、自由的社会公共交往空间的生成，实现了人的身份从"传统的臣民"到"现代公民"的转变。公民身份既是享有政治权利的基础，也是责任承诺的理由。历史上关于公民身份的理论有古典共和主义和现代自由主义两大传统。前者可以追溯到古希腊罗马，以亚里士多德、马基雅维利、卢梭为代表，阿伦特、斯金纳、泰勒和桑德尔等是当代新共和主义的拥趸。自由主义公民身份的倡导者以洛克为始点，罗尔斯、德沃金、诺齐克和马歇尔等都是当代自由主义公民身份理论的经典作家。这两个传统对于公民身份有着不同的诠释，因而对现代政治秩序中公民是否应该承担责任，应承担什么责任以及责任的范围、性质和价值等问题上都有不同的旨趣。

共和主义公民身份理论源自古希腊罗马的"城邦政治"和"共和经验"，强调公民参与公共政治生活的公共精神和公民美德是保障国家秩序和公民权利的前提。共和主义致力于自由的价值优先性，在共和主义者看来，自由是一种从奴役和被支配状态中解放出来的无支配自由，即"一种主体间所建立的能够在不受干预的情况下共同生存的关系状态"①，共和主义认为这种状态是由政治制度所创造的一种法律状态，借助构成权利的法律，将权利赋予每一个公民，所以特定共同体的制度和法律是公民权利的源泉，而非如自由主义所宣称的来自天赋或自然。共和主义认为"享有个人自由既意味着优先保护通过废除支配权而使每个人的自

---

① ［比］普特：《共和主义自由观对自由主义自由观》，刘宗坤译，《二十一世纪评论》1999年第8期。

由成为可能的政治和法律秩序，也意味着优先使特殊利益服从于共同的善。"①

根据共和主义对共同体的善优先承诺，任一公民个体不应该仅着眼于微观个体权利的实现，更重要的是优先保护使每个公民的权利成为可能的政治和法律秩序，共同体的善优先于个体的善，当二者发生冲突，个体需要放弃自我的利益或权利以服从共同体的要求，因为"只有所有人和整个国家（polis）都获得了自由，一个人才能作为个体获得自由；只有当社会不仅把自由分配给每个人而且也平等地保障每个人的自由时，个人才能自主地行动，而不必担心别人的好恶。"② 既然公民权利是经由政治和法律而实现的，那么能够让全体公民摆脱被支配状态实现自由的政治和法律制度就需要所有公民的参与，只有全体公民都在制度安排中发出自己的声音，而不是将选择的权利交给代理人，共和国家和公民权利才不至于遭到威胁或腐化。关心共同体的善、参与共和国家的制度设计、秉持公共精神、培育公共美德是共和主义的公民身份所要求的公民责任，该责任是基于人对自身本质负责和个体实质性权利的实现。桑德尔在《民主的不满》一书中指出："共和主义理论的核心是……自由取决于共享自治……它意味着与其他公民伙伴就共同善（the common good）展开协商，并致力于塑造政治共同体的命运。而就共同善展开充分协商，不仅需要选择自己目标的能力以及对他人做同样事情的权利的尊重，而且还需要关于公共事务的知识、归属感、对集体的关心和对与自己命运休戚与共之共同体的道德联系。"③ 在共和主义看来，关心公共事务、参与公共政治本身既是公民自由权利实现的形式，也是每一个公民应尽之责任，唯其如此，公民才不会堕入被奴役或被支配的状态，共和国也才不会腐化。公民参与是公民权利的基础，关心与参与公共事务是公民义不容辞的责任。

---

① ［比］普特：《共和主义自由观对自由主义自由观》，刘宗坤译，《二十一世纪评论》1999年第8期。
② ［比］普特：《共和主义自由观对自由主义自由观》，刘宗坤译，《二十一世纪评论》1999年第8期。
③ ［美］迈克尔·桑德尔：《民主的不满：美国在寻找一种公共哲学》，曾继茂译，江苏人民出版社2008年版，第6页。

自由主义的公民身份以自然权利学说和社会契约论为理论基础，这种公民身份理论以个人权利为中心，具有个人主义、普遍主义和平等主义的特征。自由主义公民身份主张个体权利优先于共同体的善，公民个体可以在既定的程序、规则和制度的框架内，追求各自认为是善的生活。至于公民是否参与公共事务，是否参加公共生活完全取决于公民自愿，而且对其他公民也不必承担过多的责任，只需对国家和社会承担守法、纳税、服兵役等非常有限的消极责任，责任的履行仅是获得自由的工具和手段。在自由主义看来，责任的主体更多的应该是政府，政府有责任建构正义的社会制度和法律，保障每一个公民公平地享有权利、资源和机会，同时确保公共安全与秩序等。以对个体权利的强调和对公民责任的弱化为特征的自由主义公民身份理论是西方社会的主流理论，与平等、自由、公正等现代政治理念一脉相承，为"一个因各种尽管互不相容但却合理的宗教学说、道德学说、哲学学说而产生深刻分化的自由平等公民之稳定而公正的社会如何可能长期存在"[①] 的问题提供了一个可能的解答，但它只要求极为有限和稀薄的公民责任。

以自由主义为主流的西方社会在"二战"之后，特别是世纪之交，出现了公民公共精神的式微、政治参与下降、社会资本流失、公民认同和国家认同的衰退等现象，麦金泰尔称为"公共生活的无力感"，为了应对公共政治生活的困境，自由主义的思想家也逐渐开始将公民责任的问题纳入研究的视域。如罗尔斯在《正义论》中提出了公民的自然责任，它包括互相帮助的责任、不损害或伤害他人的责任、把别人视为道德存在者而给予尊重的责任、支持和推进正义制度的责任等。他说："从正义论的观点看，最重要的自然责任是支持和推进正义制度的责任。这一责任有两部分。第一，当一个正义的制度存在并适用于我们的时候，我们要服从它，并在其中做我们的那一份工作；第二，当正义的安排不存在的时候，我们要帮助建立它，至少当我们可以不必为此付出太大的成本的时候是这样。"[②] 威尔·金里卡也认为责任应该成为所有政治理论的中心范畴，区别只在于"究竟谁应该为满足什么需要、付出什么代价或做

---

① [美] 约翰·罗尔斯：《政治自由主义》，万俊人译，译林出版社2000年版，第5页。
② [美] 约翰·罗尔斯：《政治自由主义》，万俊人译，译林出版社2000年版，第322—323页。

出什么选择而承担责任"①，同时指出如果某些德性有助于公民履行公义的责任，自由主义者便能以这为理据倡导那些德性，如相互尊重公共理性的态度、正义感、对政府的批判态度等。无论是共和主义对公民的完全责任或强责任诉求，还是自由主义对公民的有限责任或稀薄责任诉求和对国家的强责任要求，现代公民身份已经成为当下社会责任的坚实基础与来源。所以，除了现代技术发展的风险将"责任"范畴推到了伦理学的中心舞台之外，现代社会的建构使得政治哲学也同样聚焦"责任"范畴。

抛开自由主义与共和主义在公民身份问题上的分歧，从后果主义的视角去考量现代社会，如果政府不致力于公正、平等、自由的制度设计与实践，或者每个公民仅专注于个体的自由权利，不关心公共的善，即若国家与公民都没有恰当地履行自身的责任，很可能会破坏维护自由与权利的制度与环境，无论是自由主义强调的权利还是共和主义追求的无支配自由等价值理想都会付之阙如。新共和主义者看到了这一点，指出自由主义的政治制度和公共政策应该促进的不只是自由、秩序和繁荣，还应该包括培养积极的、负责任的公民，对公民进行公民美德和公民责任的教育，鼓励和吸引公民参与公共生活，关心公共事务。但是，仅仅培育积极的、负责任的好公民还不够，还需要公民身份的认同、国家认同和公正自由的制度环境这些基础性的要素，所以国家的制度与法律必须确保公民有正当合法的参与路径、话语权以及行动自由，为公民与政府之间的良性互动提供制度支持。

对人在社会公共生活中身份转变的考察也会得出相似的结论。传统社会的"臣民身份"以去主体性、依附性、非自主性为特征，这决定了特定个体在社会交往中的思想、言说和行动都是受限的，人在社会差序格局中的身份决定了其行为的规则和边界，个体在既定的制度框架、等级秩序以及道德律令的制约下自主决定、自由选择的机会和空间也都相当有限，无论在公共生活还是私人生活中都是如此。自主意志的有限性直接决定了责任的有限性，所以在很多情形中臣民不应该也不能够承诺行为后果的全部责任，更多的责任理应归之于共同体或国家。然而当个

---

① ［加］威尔·金里卡：《当代政治哲学》，刘莘译，上海三联书店2004年版。

体实现了从臣民身份向公民身份的转变，公民身份的主要特征就是祛除了人的被支配性和脆弱性，挣脱了等级秩序的桎梏，获得了独立性、自主性、平等和尊严，这决定了公民比臣民拥有更多的权利，而更多的权利必然意味着更大的责任，因为权利若未被慎用则可能导致公民之间的相互伤害或对社会、国家的损害。与臣民社会不同，因这些后果都是公民自主意志、自主选择的结果，因此，秉持更多权利的公民理应承担更多的责任，责任既是对以自由意志和理性选择为前提的言说和行为后果的积极承担，也是对权利本身的规训、约束和保护。缺乏责任意识的权利极容易陷入彼此冲突和相互伤害，最终损害公民的权利诉求本身。

  无论是自由主义还是共和主义都意识到，现代社会仅依靠社会契约和政治法律制度远远不够，以公民身份认同和国家认同为基础的公民责任与公共精神是实现自由、平等、公正、和谐的价值理想的必要支持。

  总之，进入现代社会，人类中心主义的哲学世界观对人与自然关系的重新建构赋予了人对自然的关护责任，人的技术能力提升对在场的当代人、自然、资源和未来的后代可能造成的风险促成了一种宏大、复杂的远距离责任，现代公民身份则要求每一个体都是积极参与公共事务、具有公民美德的负责任的公民，要求政府是提供公正、平等和自由的制度体系和实施合法、有效治理的负责任的政府。因此，人在世界中的地位、人的技术能力以及现代公民身份是人在现代社会被要求承担更多的伦理责任的来源与基础，而唤起现代人对整个生存世界全面的责任意识和责任行动则是化解责任感不充分的现代性生存困境的必由之路。

第 三 章

现代技术的本质、风险与责任

对现代技术的研究可以从技术本身以及政治学、哲学、心理学、教育学等多角度进行研究和分析,但近些年从伦理学视角的研究几乎成为大家的共识,或者说无论哪个视角的研究都或多或少会关涉伦理的讨论。伦理学是研究人的学问,研究人的生活之善,追问人的德性和好的生活。技术从发生学上而言是关怀人的存在,抵抗人自身的不完备性,旨在增强人的能力、解放人的重负,提升物品的产出,给人更多的福祉和自由。可以说和伦理学一样,技术的原初目的也是指向人的好生活。"好生活"是技术和伦理之间的共识性目标。尽管在技术发展史上,特别是工业革命之后,人为技术人工物所异化和奴役,沦为机器的一个零件,服从于机器的运转方式。不可否认,技术的发展和迭代为人类的生活带来巨大的进步和繁荣,每一次技术革命都带来了人类存在方式的变革。技术既是人类智慧的外在表达,也是驱动人类文明发展的最强大的动力,技术与人相互生成,相互建构。但是,和过去的三次技术革命不同的是,以智能技术为代表的第四次技术革命逼近了人的本质——智能,传统意义上我们将技术人工物理解为工具,是人和自然之间的中介,是人征服自然改造自然的外在性手段,或者说仅仅是人的肢体能力的替代、延伸或增强,均在人的意图和掌控之内。而以智能技术为代表的最新的技术革命意向要替代、延伸和增强的是人类的理智能力,理智是人之为人的本质,使人区别于所有的非人存在物。一种可能替代人类智能的技术对人而言是一种侵蚀性的甚至毁灭性的风险,也因此技术的发展和伦理的考量必然激烈碰撞,在展开对技术风险和人类责任的论证之前,还需要厘清现代技术的伦理本质。

第一节　现代技术的伦理本质

技术构建了人类的生活，伴随着人类文明的始终。普罗米修斯的神话故事揭示了人是一个无本质的存在，作为一个物种，人的生存是一种技术性生存，技术作为抵抗人的不完备性增强人的自然能力的力量，保证了人的存在和发展。今天，人类生活的所有方面都由技术提供支持，人类生活的任何重大变化的核心都是某种技术。马克思的唯物史观阐释了人类文明进阶的几个阶段，在生产力和生产关系、经济基础和上层建筑的相互关系中，前者是决定性的。马克思认为生产力中的一个重要因素就是生产工具，不同的生产工具决定了人类不同的技术水平，铁器的使用决定了人类处于农耕文明时期，蒸汽机的发明和使用决定了人类进入工业文明时期，计算机、互联网、大数据、人工智能等技术的发明和应用则将人类推进了信息文明时代。技术的目的就是人的目的，在技术和伦理之间，有学者认为技术与伦理无涉，主张"技术中立论"，无须对技术做伦理评判。技术的价值取决于人们对技术的应用，取决于人们以何种方式基于何种目的将技术应用于何种对象，一种技术是善的还是恶的最终取决于人，而不是技术本身，技术是价值中立和伦理无涉的。这一观点随着第四次科技革命的展开而逐渐失语，技术的伦理意向性已经成为整个社会的共识。就现代技术而言，技术的伦理本质主要表现在以下几个方面。

一　现代技术应该是善的，也可能是恶的

亚里士多德在《尼各马可伦理学》的开篇提出："每种技艺与研究，同样地，人的每种实践与选择，都以某种善为目的。所以有人就说，所有事物都以善为目的。"[1] 亚里士多德这里所指称的"善"的含义并非全然是伦理意义上与恶相对的善，而是指行为者意欲实现的一种超越当下的好的事态，当下在行为者看来是一种开放的、有缺陷的、不完满的和

---

[1] ［古希腊］亚里士多德：《尼各马可伦理学》，廖申白译注，商务印书馆2019年版，第1—2页。

待改进的状态，技艺、研究、实践和选择等人的活动都是要去改进和提升当下的不完美，目的在于实现行为者所想望的"好"，这种"好"对于行为者而言既是事实性的，也是价值性的，是从行为者内心里生长起来的期待和向往，这种好被称为"善"。所以亚里士多德说"所有事物都以善为目的"，就是说所有行为者的活动都指向一种行为者所想望的"好"。亚里士多德接着区分了两种目的，一种是活动以外的产品，一种是实现活动本身，主张后者比前者更有价值。同时，他进一步指出活动、技艺和科学有许多，因此目的也是多种多样的。如医术的目的是健康、造船术的目的是船舶、战术的目的是取胜、理财术的目的是财富等等，还有一种情况是几种技艺属于同一种能力，故有主导的技艺和从属的技艺之分。主导的技艺的目的比从属的技艺的目的更值得欲求。应该说亚里士多德关于目的善的思考逻辑上较为清晰周延，但是他忽视或者回避了目的善的相对性，这种善好是相对于行为者而言的，相对于特定行为者的善好可能导致对他者的"恶"，或者在他者看来这种善本身就是恶。因为目的是行为者的目的，每一个善好都是相对于特定的行为者而言的，不同的行为者之间可能存在的立场、利益、价值、信仰等方面的差异和冲突，被某一行为者认为是善好的目的对于另一些行为者而言是伤害性的、坏的目的，而且某一行为者的善好可能以其他人的善好为代价，只在少数情况下某一行为者的善好也是所有人的善好，所以亚里士多德所指称的善好是相对的，这样的善好也可能是一种相对于他者的恶和坏。这一特征在现代技术的研发和应用中表现得较为突出。

但是在技术与伦理之间，有学者主张"技术中立论"，主张技术是中性的，没有善恶之分，只有在技术的具体应用中才产生了价值判断，如应用到什么对象、要达到什么目的以及造成了什么后果等，这些都和应用技术的行为者的意图相关，价值判断主要是针对行为者，而不是对技术本身的判断。但是这样的观点已经遭遇了质疑，特别是在现代技术的视域中。和传统意义上的工具性或中介性技术不同，现代技术的应用和实践更为逼近人自身，逼近了人的智能，如思维、判断、选择和行动，不再仅仅是人和自然之间的中介。人和社会均被技术所裹挟，技术犹如一张大网，每一个人、每一个组织、共同体和国家都在技术之网中，这是一个复杂的网络，无数的行为者建造了它，无数的行为者使用它，每个行为者（个体或组织）都基于自己的目的（即他们所认为的善好）来建造和使用。然而，我们都非常清楚在这个庞大复杂的技术之网中不同的行为者相异的目的必然会相互碰撞和冲突，第一，这些相互碰撞的目的善本身可能就是灾难。第二，在某一行为者看来是善好的目的在他者看来可能是全然不可接受的，第三，个体的理性选择并不必然带来集体的理性选择，由于现代技术的高度系统性、复杂性、跨学科整合、汇聚的特点，一个好的或坏的后果的生成往往是无数个体的选择共同促成的，哪怕每一个行为者都是出于审慎的原则，谨守技术的伦理原则和道德要求，所有的行为所共同促成的后果依然是不可控的。第四，人们关于好坏、善恶的观念的认知也存在着分歧，对于技术的好坏善恶的判断是具有一定主观性的价值判断，有赖于行为者的价值观，每一行为者的价值观都会受到他或他们所处的历史、文化、传统、信仰、形而上学的观念等因素的影响，在世界各国、一国之内的各个区域，甚至在不同的个体之间都有差异性。价值观的差异必然带来价值判断的分歧，这种分歧也很难形成共识。因此，客观上不存在善目的的一致性，主观上更难以形成关于善目的的共识，现代技术从本质上来说善恶兼具，善和恶都是内在于技术的一种必然属性，是现代人必须面对和致力于解决的难题。

二 现代技术的复杂性与脆弱性

当技术人工物不再是一个单一的装置，它就逐渐生长为一个体系，这一体系表现在两个方面：一是技术人工物本身是一个体系，随着文明的进步和技术的发展，技术人工物本身不再是由少数几个部件组合起来的具有有限单一功能的简单装置，而是由更多更精细的部件、更复杂的结构、旨在更多元的用途，以不断创新的构造原理制造出来的一个日趋复杂的系统。每一个大系统还包含着数量不等的子系统。更复杂的技术装置还可以涵盖更多层级的子系统。子系统之间、构成子系统的各个部件之间的互动关系有线性的，也有非线性的。杰米·萨斯坎德在《算法的力量》一书中将现代构造的系统称为"数字生活世界"，它是"一个紧实而丰富的系统，它将人类、强大的机器和充足的数据连接在一张相当复杂精密的网中。"① 现代技术装置的复杂性系统性远远超越了过去的简单装置。随着技术的指数级迭代跃迁，这种复杂性也会以指数级增长。复杂性理论的产生和发展从某种意义上也可以说是对技术发展的回应。二是简单装置与设计者、使用者以及环境之间的互动是简洁的，这种互动只涉及有限的人，影响也被限制在特定的时空中。但是，日趋复杂的现代技术装置不仅自身是一个不断生长的、开放的系统，它与环境和人之间也构成了一个打破时空边界的动态系统。海德格尔将现代技术的本质称为"集—置"（Ge-stell），也被译为座架，在德语中 Ge-stell 指的是某种用具，譬如一个书架。也有骨架的意思。"集—置"是能够将包括人在内的各种相关的要素归置到自身之内的东西。海德格尔说："集—置（Ge-stell）意味着那种摆置（Stellen）的聚集者，这种摆置摆置着人，也促逼着人，使人以订置方式把现实当作持存物来解蔽。"② 在海德格尔看来，集—置使人参与到对物的强制的预置中，物也才成为被预置的持存物，不是零部件的装配构成集—置，而是集—置促成装配，促成一切技术的工作。集—置是技术时代的本质，现代技术的本质就是座架。这是现代技术（动力机械技术）区别于手工技术的本质。技术不再纯粹是人的工具，而是一种具有能动性的力量。动力机械技术在 20 世纪末发展为智能技术，技术的危险不仅是摆置或促逼人，而且进一步逼近人，甚至有取代人的趋势。人的智能是这个星球上最复杂的存在，也是技术最后要征服的对象。计算机技术、大数据技术、智能技术、神经认知技术、生物技术等的发展和汇聚最终的目的就是能够制造出模拟人类智能甚至超越人类智能的技术人工物。每一门科学在自己的细分领域内经过了几个世纪的深入系统的发展之后，为了解决共同的问题汇聚在一起，必将激发和碰撞出超乎想象的成果，这种跨学科的技术的汇聚与整合几乎将整个世界都包裹在自身之内，复杂性则是一个不言而喻的事实。同时，技术创新面临着非线性、协同竞争、动态进化和社会合作等复杂性难题。

---

① ［英］杰米·萨斯坎德：《算法的力量：人类如何共同生存？》，李大白译，北京日报出版社 2022 年版，第 1 页。
② ［德］海德格尔：《海德格尔文集·演讲与论文集》，孙周兴译，商务印书馆 2018 年版，第 22 页。

技术创新过程正向综合一体化的、复杂的过程进化。因此,复杂性是现代技术的一个突出特征。

技术的复杂性决定了技术具有一定的脆弱性。脆弱性是复杂性的伴生现象。我们知道,技术史上的"bug"这个概念自爱迪生的时代就开始使用,用来指硬件或后来的软件中乖张的、难以捉摸的故障。技术是人的合目的的活动,也是向人类开放的可能性活动,所以它的发生既遵循自然逻辑的必然性,也具有一定的偶然性和不确定性,同时并不存在一种超自然的存在预先保证技术的完备性。所以,技术人工物的完成一般都需要经历不断的试错才得以可能,而且在使用过程中也可能会出现各种意料之中或意料之外的错误和风险。尽管技术的发展给人类带来了巨大的福祉和自由,但脆弱性始终隐藏在所有的技术之中。

随着技术的复杂性程度的加深,脆弱性也随之增强。爱德华·特纳(Edward Tenner)在《技术的报复》一书中援引了社会学家佩罗(Charles Perrow)关于体系效应的分析,使我们对现代技术的脆弱性有了更好的理解。佩罗认为体系有松散关联的体系和紧密关联的体系两种,松散关联的体系中由于不同要素之间存在一定的空间,问题通常能够被限制在一定范围内。紧密关联的体系若发生了一个问题,就很容易传导和蔓延到整个体系。"佩罗认为,20世纪末的许多体系不仅紧密关联,而且相当复杂。部件间的联系多重化,可发生意料不到的相互影响,譬如,客机上煮咖啡的壶会使隐藏着的电线升温,再使常见的电路短路,从而造成迫降或接近摔机着陆。体系的复杂性,使得任何人都无法推定它会如何动作;由于紧密关联,一旦出现问题,即迅速蔓延开来。"① 佩罗关于紧密关联的体系的分析非常适用于阐释现代技术的复杂性和脆弱性。技术越复杂,就意味着零部件的数量越多,相互关联的环节也越多,涉及的人和环境也更为广泛,出错的概率必然相应增加。在技术的开发和应用中人们当然会尽可能避免出错,如汽车的工程师、制造商、驾驶人、路上的行人以及交通规则等都会尽可能防止错误发生,但美国爱德华兹空军基地的上尉工程师墨菲(Edward Murphy Jr.)告诉我们:"如果做某项工作有多种方法,而其中有一种方法将导致事故,那么一定

---

① [美] 爱德华·特纳:《技术的报复:墨菲法则和事与愿违》,徐俊培、钟季康、姚时宗译,上海科技教育出版社2012年版,第18—19页。

会有人按这种方法做。"① 这一结论后被称为"墨菲定律"（Murphy's Law）或"墨菲法则"，即"如果事情有变坏的可能，不管这种可能性有多小，它总会发生"。墨菲定律主要有四个方面的内容：一是任何事都没有表面看起来那么简单；二是所有的事都会比你预计的时间长；三是会出错的事总会出错；四是如果你担心某种情况发生，那么它就更有可能发生。"墨菲定律"的根本内容是"凡是可能出错的事有很大几率会出错"，指的是任何一个事件，只要具有大于零的概率，就不能够假设它不会发生。紧密关联体系的复杂性叠加墨菲定律是现代技术的脆弱性的最好注解，但我们对现代技术的复杂性和脆弱性的揭示并非要做反对技术进步的"勒德分子"，而是警示人们在技术开发应用方面应该更为审慎，尽力将风险和伤害降到最低。

三 现代技术的自主性

1972 年，物理学家安德森（P. W. Anderson）发表了一篇物理学领域至今都很有影响力的论文——*More is Different*，核心思想是随着复杂性的不断增加，一定会出现新的性质和现象，而这些新的性质和现象绝不能从简单现象作外延得到，而是需要新的解释，蕴含着新的物理学规律的出现。因此，不少学者将这篇论文的题目翻译为"量变引起质变"，但安德森指称的这个"量"是多维度的、有启发性、建设性的量，而非单一层面的量的重复机械堆积，质变是多方面的因素相互作用而非单一因素的量的累加的结果。这一理论也适用于解释现代技术的智能化趋向。

过去，技术仅仅是人和自然之间的中介，是人为了实现自己的目的而使用的工具，完全受人的意图的控制和支配。传统意义上的技术观念认为：

"——人类对他们自己制造的东西最为了解；

——人类制造的东西正处于他们牢固的控制之中；

——技术本质上是中立的，是达成目标的手段；它所带来的利弊取决于人类如何使用它。"②

---

① ［美］爱德华·特纳：《技术的报复：墨菲法则和事与愿违》，徐俊培、钟季康、姚时宗译，上海科技教育出版社 2012 年版，第 21 页。

② ［美］兰登·温纳：《自主性技术：作为政治思想主题的失控技术》，杨海燕译，北京大学出版社 2014 年版，第 21 页。

传统意义上最广为接受的信念就是人类对自己的创造物了解得非常充分，超越了对所有其他事物的认知。霍布斯就曾指出，最高程度的确定性存在于纯粹的人造物之中，即那些人们能组装成一体也能将之拆分的事物。随着技术的复杂性程度进一步加深，人对自己的技术创造物的认知和操控再也不像过去那么有信心了，新的技术实践和技术体验催生了技术的自主性的理念。

随着复杂性程度的加深，以及不同科学技术的汇聚整合，无生命的机械电子的机器出现了类人的智能化趋势和可能，具有理智能力的机器已经区别于传统的手工工具或动力机械工具，可以部分地替代人的记忆、计算、判断、选择和行动的能力，即具有了一定的自主性、能动性和意向性。这就是发生在技术史上的量变引起质变。

所谓技术的自主性就是人们相信技术以某种方式摆脱了控制，独立于人的指导而沿着自身的进程前行。技术的自主性问题早在20世纪就被思想家们敏锐地察觉到了。身处智能社会的当下，每一个普通人从身体到心灵都充分体验到这一技术特征。海德格尔在《论思想》中指出："没人能预测将要到来的剧烈变化。但是技术前进的脚步将会越来越快，并且永远不可阻挡。在其生存的所有领域，人都将比以往更紧密地被技术力量包围。这些力量，它们要求、束缚、逼迫和强制着，将人置于这样或那样的技术发明的控制之下。"[1] 21世纪的当下，技术发展进一步确证了海德格尔的论述，几乎将所有人都置于人工智能和大数据的包围之中和控制之下，不仅是我们的肢体和行动，还包括我们的语言和思维。技术哲学家埃吕尔在《技术社会》中写道："技术在追寻自己的道路时越来越不受人类的影响。这意味着人类对于技术创造的参与越来越不具有主动性，而通过已有因素的自动结合，技术创造成了一件命中注定之事。人类的地位被降低到一个催化剂的水平。"[2] 这是一个令人伤感的结论，表明在技术创造中人沦为只是协助技术实现其自主目标的"催化剂"，意

---

[1] Martin Heidegger, *Discourse on Thinking*, trans. John M. Anderson and E. Hans Freund, New York: Harper & Row, 1966, p. 51.

[2] Jacques Ellul, *The Technological Society*, trans. John Wilkinson, New York: Alfred & Knopf, 1964, p. 134.

味着人不能决定或选择技术的进程,技术的发展有自己的逻辑和路径。《复杂》一书的作者米歇尔·沃尔德罗普(Mitchell Waldrop)描述了技术的这种"自我生长",他说:"技术似乎可以像生物一样发展演化,就像激光打印机产生了桌面排印系统软件,而桌面排印系统软件又为图形处理程序打开了一个天地。阿瑟(Brian Arthur)说:'技术A、B和C也许会引发技术D的可能性,并依此类推下去。这样就形成了可能性技术之网,多种技术在这张网中相互全面渗透,共同发展,产生出越来越多的技术上的可能性。就这样,经济变得越来越复杂。'"①

维贝克(Peter-Paul Verbeek)认为现代技术具有一定的意向性,他认为"技术通过调节人类的经验和实践来调节道德决定和行动。技术帮助我们提出道德问题,帮助我们寻求这些问题的解决之道,并以某种方式导引我们的行动。"② 在人与技术的关系之中,维贝克认为人和非人的技术都具有一定的意向性,首先,维贝克认为"除了人际关系指向人工物以外,在大多数的情况下,人的意向性是被技术装置调节的。人类不是直接体验世界,而是通过一种调节技术来体验的,这种技术促进着人与世界之关系的形成。双筒望远镜、温度计和空调通过提供获取和揭示现实的新方式,或通过创造新的体验环境来帮助人类形成新的体验。这些被调节的体验并不完全属于'人类'——如果没有这些调节装置,人类根本不可能拥有这样的体验。"③ 其次,"技术因其脚本(script)唤起了既定的行为,因其能有助于对构成判断行为的基石之现实的感知与解释,而能促进行动。"④ 技术与人之间的互动以及对人的认知、行为的调节而表现出它的意向性,这种意向性也可以理解为技术的自主性的一种表现。

技术的自主性既表现在技术的发展进程上,也表现在与人的相互关系中。两个方面都不同程度地限制了人的自主性的能力和空间,在人与技术紧密关联的智能时代,以人的视角观之,技术的自主性的持续提升

---

① [美]米歇尔·沃尔德罗普:《复杂:诞生于秩序与混沌边缘的科学》,陈玲译,生活·读书·新知三联书店1997年版,第159页。

② [荷]维贝克:《道德调节》,闫宏秀译,《洛阳师范学院学报》2015年第3期。

③ Peter-Paul Verbeek, *Moralizing Technology: Understanding and Designing the Morality of Things*, Chicago and London: The University of Chicago Press, 2011, p.142.

④ [荷]维贝克:《道德调节》,闫宏秀译,《洛阳师范学院学报》2015年第3期。

也就意味着人的自主性的持续弱化,自主性关涉着人的自由和尊严,所以,现代技术的这一特征对于人类个体来说是一个需要警惕的危险。

四 现代技术的逆生态性

技术从诞生之初就是出于人自身的不完备性和自然对于人的不充分性,或者说技术既是对人类天生不完善的弥补和增强,也是出于自然的馈赠与人的需求之间的落差。因此,技术在原初的意义上就内在具有征服自然的企图,这里的自然既包括生态自然也包括人性自然。正是技术将人从自然中分离出来,在使人成为人的演化过程中,技术是一个不可或缺的因素,技术为人创造了一个通向未来的具有无限可能的世界,人因此逐步摆脱了自然和生命的循环性存在方式。"技术的作用是对人类进行完美化,并对人类天生不完善的'基本条件'进行弥补。技术是器官的替补,器官延长和器官的超能化(Kapp,1978年),它是身体功能的具体化和物体化。技术补充了人类不完善的行动能力,因而它是最广义上对世界的征服……技术发展到极致不仅将成为人的'自我解救',而且将成为神或世界精神(弗里德里希·德绍尔)的表现,以及物质自由的理念。"[①] 在技术和自然之间,技术天生携带着预设的反自然的力量和可能进入人类的生活世界,和人一起建造了人工自然的世界,将人带离原初的自在自然状态。技术既征服外部自然也改造人性自然,使人与自然从和谐相融的一体关系转变为主客体关系,切断了人和自然之间的连续性和相容性。人成了自然的主人,自然成了人认知、实践和征服的对象,最终人自身也成为技术的对象。因此,技术从本真的意义上具有逆生态性,这种逆生态性在现代技术中表现得更为突出。

"现代技术具有两个决定性特征:(1)以征服自然、控制自然的工具面目出现,从此,人类开始了对自然的大规模杀戮;(2)与工业生产方式结合,这种生产方式是一种大量制作人工物的生产方式,从此一个日益庞大的技术圈开始出现和扩展。"[②] 这两个特征使得现代技术和传统技

---

① [德]阿明·格伦瓦尔德:《技术伦理学手册》,吴宁译,社会科学文献出版社2017年版,第25页。

② 张成岗:《"现代技术范式"的生态学转向》,《清华大学学报》(哲学社会科学版)2003年第4期。

术之间有质的不同，传统技术具有一定的自然性，是按照自然本身的状态作出一些改变，或者进行一些简单的制作，如在林地中开辟出一条小径，砍伐树木建造居所，利用风的力量推动的风车等等，这些技术活动都不会从根本上改变自然景观，也不会对自然的生态系统造成大的破坏和侵蚀，相反，是人依自然所提供的材料与情境进行的一些与自然相合的制作和实践，或者说传统的技术活动既受限于自然，也忠诚于自然。海德格尔认为技术的本质是一种解蔽方式，"它揭示那种并非自己产出自己，并且尚未眼前现有的东西，这种东西因而可能一会儿这样一会儿那样地表现出来"[1]。但和传统的手工技术不同的是，现代技术的本质虽然也是解蔽，但"在现代技术中起支配作用的解蔽乃是一种促逼，此种促逼向自然提出蛮横要求，要求自然提供本身能够被开采和贮藏的能量。"[2] 人类自工业革命后，对待自然的态度和方式发生了根本的转变，一种培根主义的土地利用方式先是在欧洲，然后在美国以及全世界展开，通过技术上对自然的征服以及对自然力量的利用，来改善物质的生存环境，这就是现代技术对自然的促逼，造成了对自然的过度改造、侵蚀和污染，生态系统和生态景观均被大规模破坏，自然成了技术和资本所奴役的对象，充分展现了现代技术的逆生态性。张成岗在《"现代技术范式"的生态学转向》一文中将现代技术和自然生态之间的背离归纳为三个方面：

一是在本真逻辑上，自然遵循的是循环性逻辑和整体性逻辑，现代技术则是依循线性逻辑和分割逻辑；二是在实现目标上，现代技术在其自身实现目标上的成功就是其在生态学上的失败。如"核武器技术的目标——使核弹爆炸，已取得成功，成千上万的日本人的坟墓和我们骨骼中的放射物，无论从哪一点都对此做了证实。"而核技术上的成功恰恰是人和自然的巨大灾难。三是在科学基础上，现代技术的科学基础以还原和分析为特征，自然生态系统则是一个高度复杂的有自组织功能的有序系统。[3] 这三个方面

---

[1] ［德］海德格尔：《海德格尔文集·演讲与论文集》，孙周兴译，商务印书馆2018年版，第14页。

[2] ［德］海德格尔：《海德格尔文集·演讲与论文集》，孙周兴译，商务印书馆2018年版，第15页。

[3] 参见张成岗《"现代技术范式"的生态学转向》，《清华大学学报》（哲学社会科学版）2003年第4期。

系统展现了现代技术的逆生态性，这一特征对人与自然的可持续的存在和发展而言都是一个有待解决的问题。

就目的而言，现代技术理论上应该是以善为目的，实际上是善恶兼具；就自身而言，现代技术既是复杂的，又是脆弱的；就与人的关系而言，现代技术既是人征服世界的工具，又具有一定的自主性；就与自然的关系而言，现代技术既如海德格尔所言是一种解蔽的方式，也具有很强的逆生态性。现代技术自身内在的恶的可能性、脆弱性、自主性和逆生态性等特征是人类在拥抱技术带来的自由和福祉的同时不得不警惕的风险因素，只有在理论上对这些风险有清晰的认知判断，实践中对它们作出明智的回应，人类才可能共同抵御现代技术的风险和承诺道德责任。

第二节 现代技术的伦理风险

在人类历史上，人们从来没有像今天这样一方面为持续更新迭代的新技术新发明而惊讶和欢呼，另一方面也从未对伴随技术而来的风险如此忧心和焦虑。技术几乎覆盖了人类生活的所有方面，离开技术人类的生活将无以为继。人类对技术的依赖或者说技术对人类的支持都达到了前所未有的程度，学界对技术的反思、批判和争论达到了前所未有的程度。现代技术的伦理本质展示了现代技术之于人类是个"双刃剑"，我们在拥抱和享受现代技术带来的福祉的同时，也不得不承受它带来的风险和伤害。不伤害原则是人类实践的底线原则，但是当伤害不可避免的时候，尽力将伤害降到最低程度就是人类应尽的道德责任。技术时代的道德责任是基于风险的一种后果主义的前瞻责任，对风险的准确把握是责任承诺的前提。现代技术的风险可以尝试从作为个体的人、作为共同体的社会和人与社会共同栖居的自然三个方面来分析：

一 作为现代技术后果的风险

对现代技术伦理风险的分析主要是基于一种后果主义的视角，正如现代技术自身的复杂性，现代技术的后果也同样是复杂的、多维的，相当部分的后果是难以还原和追溯的。因为技术是善恶兼具的，技术活动中的恶的倾向性和危害性就是我们无法回避的问题。因为技术是复杂的，技术系统和技术实践的脆弱性也需要我们的智慧应对。因为技术发展的自主性，人的自主、自由和尊严某种程度上也成了问题。因为技术的逆生态性，如何实现人类文明的可持续发展的问题就自然进入研究领域。问题之所以是问题，其背后有一个共识性的价值基准——人的安全、健康、自由、繁荣和可持续。相对于这个价值基准，现代技术的后果才能够被称为风险。因此，后果主义的视角也是一种温和的人类中心主义的视角。本课题关于技术伦理风险和道德责任的分析都是基于这一视角和价值立场。

现代技术的伦理特征决定了其后果的表现方式和传统技术也相互区别。首先，传统的技术和技术人造物与后果之间的关系是清晰的，对人、社会和自然的影响也是有限的。如果出了技术故障或者技术活动引发了伤害性的后果，不会发生社会层面、技术层面系统性的链式反应。现代技术生产的最大特征是高效率，这意味着大批量的标准化产品被制造出来被遍及全球的物流系统运到世界的每一个角落，丰田汽车、西门子电器和苹果手机等工业巨头就是最好的佐证，若在制造环节出现了哪怕某个细小的错误，都需要付出巨大的代价，会影响全球范围内的用户。随着人类进入信息时代，计算机、互联网、大数据、算法……将整个世界连接成了一个巨系统，这一系统的复杂程度甚至超越了人类的理智能力，复杂的系统是脆弱的，脆弱性意味着更容易招致风险，一旦某一环节出现问题，就可能有波及整个系统的风险。这种风险甚至是不可预知的、不确定的。

其次，现代技术条件下的风险很多时候并非某一个特定的技术行为引发的，而是无数的技术行为叠加资本的驱动所共同招致的，这是一种整体性的共同风险。没有一个人的技术行为导致了它的发生，是系统中的每一个人的行为叠加累积的结果。退一步说，即使所有的技术专家和消费者都持守审慎的原则，遵循技术伦理的要求去行动，在技术研发和应用中也都尽可能以人类的安全、健康、自由和可持续发展为价值基准，也无法避免技术风险的发生。在汉斯·约纳斯看来，现代技术的风险不是技术失败的结果，相反是技术成功的结果。所有技术专家的善的意图最终也可能耦合生成一个破坏性的后果，如全球气候变暖、人的隐私与控制的问题、持续扩大的贫富差距等。这些风险都无法还原为某个特定个体或组织的主观意愿，属于非主观意愿的后果。

最后，现代技术的风险在约纳斯看来更多是一种指向未来的风险，现代技术的影响力突破了时间和空间的边界，空间上可以影响遥远地方的陌生人、自然和社会，从物质、制度、文化到精神甚至信仰。时间上能够影响尚未出场的未来人，影响他们的生活世界、生命构成和存在方式。空间和时间维度的叠加，现代技术已然成为主导当代人和未来人的生活样态的关键因素之一。因此，人类不能仅仅考虑一时一事的技术后果的风险，或者对已经生成的风险做回溯性的研究，更要着眼于技术发展对未来世代的可能风险，即考虑前瞻性、预测性的后果，这就要求有专业的机构对技术的研发应用做科学预测和伦理评估两个层面的工作，如德国技术哲学家罗波尔（G. Ropohl）所主张的"建立技术的伦理评估机构，主张通过技术评估，有计划地、系统地、有组织地'分析技术发展的可能性'，'估计技术的后果和可能的选择，并根据确定的目标和价值对其进行评判，从而确定继续发展的方向。'"① 也许机构的伦理评估可能会出现失误，错误地估计了技术发展的后果和可能，但是，既然技术发展能够给未来带来风险，这个工作就是必要的，即使可能会存在失误，但一定会比这一机构的缺失所可能造成的失误的概率要小很多。

风险是潜在的危险，随着时间的推进和条件的具备，潜在的危险就可能会演变成现实的灾难。风险意识是首要的，其次要具体分析风险的内容和分类，为人类应对风险（如风险之为风险的价值基准是什么、谁来承担风险、如何公正地分担风险、如何化解风险……）的挑战提供可能实践的智慧。具体来说，现代技术的风险可以从人、社会和自然三个方面来做一个总体性的图景扫描。

二 人的存在论风险

在整个人类文明史上，技术从未像今天这样如此紧密地与每一个人的日常生活相互交织在一起，影响甚至决定着人类生产生活的方方面面；技术也从未像今天这样如此逼近人本身，身体和思维都遭遇技术的介入

---

① 王国豫、胡比希、刘则渊：《社会—技术系统框架下的技术伦理学——论罗波尔的功利主义技术伦理观》，《哲学研究》2007 年第 6 期。

和包围，调节着人的欲求、意图、判断和行为；人类自启蒙运动以来，借助科学和技术从外在的权威（上帝、世俗权威或自然神性）的掌控下获得了解放，被压抑的自然人性重新回归自身的应然状态，人的本质不再是上帝的摹本。通过启蒙运动，人走向了自身的成熟状态，确立了属于人的自主性，过上了自由、尊严和幸福的生活。"自主的生活才是属人的有尊严的生活"某种意义上是一个现代文明的普遍共识。然而，以计算机、互联网、大数据、人工智能、人类增强等技术为代表的现代技术的最新发展正在侵蚀人类的自主性，传统技术增强或替代的是人的肢体器官，现代技术致力于增强或替代人的理智能力。尽管动力机械技术也会造成人的异化、控制甚至奴役，改变或影响人的存在方式，但是人仍可以保持人作为智性存在的自主性和完整性。在现代技术条件下，智能终端设备已经与人的身体建立了恒常的连接，嵌入了人的生活，构成了身体的有机组成部分，也是另一个有理智思维能力的他者，无差别记录着、注视着、协助着，甚至决定着与它相连的个体的一举一动，不区分公共空间和私人空间，所有的信息都以数据的形式被上传和保存在网络平台上，为技术专家、人工智能和大数据算法所使用。人类的隐私和安全就成了一个问题，当个体的隐私信息成为公共的数据，一方面人类的尊严受到了一定程度的伤害，另一方面更重要的是可以通过用户画像生成一个可与实体自我相分离的数据自我，这个被充分解析的自我有可能成为被操控的对象，作为人的自主性在现代技术条件下正在萎缩甚至崩塌。人的理智能力若被技术部分或整体替代，人很可能逐渐走向自身的终结，成为冗余性的存在，为人类的自我进化所抛弃。

技术不仅建构了人类的生活，人自身也成了技术的对象。生物技术、纳米技术、神经认知科学、计算机技术、脑机接口技术等的汇聚整合，基因设计、人类增强、脑机接口等新技术正在逐步成为现实。这些技术的实现正挑战着"人"这个概念，某种意义上可以说技术从根本上危及了人的存在，"人是什么"这个被追问了千年的问题被技术又赋予了新的内涵。数据主义、后人类主义、超人类主义等关于人的存在的新的理论和观点正纷至沓来，与生物保守主义的立场形成鲜明对照。不同的立场代表了对人的概念和人的存在的不同诠释，前者张开双臂拥抱新技术，接受技术的发展对人的改进和增强，追求人自身的完美，认为这是自从猿到人的自然进化后的人类的第二次进化，这是一次"人工进化"，人类正迈入一个新纪元。但迈克尔·桑德尔（Michael Sandel）在《反对完美》一书中则强调自然所给予我们的是足够好的礼物，包括我们的生命、身体和大脑，而随便修改自然之所以是缺乏理由的冒险行为。主张技术对自然的改变应该有一个合适的度。无限发展、无限进步、无限解放的现代神学产生的错误是致命的，技术上的能够不等于应该，当人类将自然（包括外部自然和自身自然）变成了一个可以按照自己的意愿随意改变的对象，那么也就失去了行为的外在标准，因为传统意义上的完美的标准是神或者自然（天），这样对完美的想象和追求就变成了一种无边的自由冒险。所以，桑德尔不断强调人要尊重自然之道、尊重自然的礼物、尊重自然的偶然创造、尊重自然的界限。这两种观点对现代技术的不同立场关键在于对"人是什么"这一问题的回答，前者认为人是未完成的、向未来开放的可能性，经由技术增强或改进的人是人类的自我进化，向更好更完美的人的进化。后者则主张自然进化生成的人本身是有神性的，是一种既成的好，从根本上对人的改进和增强都是毁灭人的行为，或者说技术乐观主义者所设想的人机结合的超人类是人自身的终结。关于什么是人、什么样的生活是好的生活等问题重新回到哲学的视域中，新的技术可能性要求新的共识，这将决定现代技术之于人类是风险还是福祉，也规范技术的伦理目标。

三　现代技术的社会风险

现代技术不仅对人类个体发生直接的影响，在整个社会层面也带来了深刻而全面的改变，既为社会生产、社会治理和社会生活带来了新的可能性，更新颖丰富的设计和产品、更便捷高效的管理和反馈、更个性化多元化的交往与生活、更独特快速的财富增值能力……在技术发展的直接驱动下，现代社会在各个层面以全新的样态取代了传统社会，人类进入了新的世纪，也进入了新的纪元。然而，作为"双刃剑"的现代技术同样给社会共同体带来了挑战和风险，主要表现在以下几个方面。

首先，现代技术增强了社会的分离性。

社会是个体聚集而成的共同体，共同的地域、利益、文化、语言、政治、习俗和信仰是将社会凝聚为一个整体的纽带。社会这个概念本身必然包含团结、整体、和谐、秩序等基本的价值，社会是个体安全的庇护所，也是身份的归属和精神的家园。但是新技术却增强了人的独立性和社会的分离性，在大数据算法、利益和代码的共同作用下，社会被切割成互相不可通约的群体，彼此间持有不同的甚至对立的立场、价值观和视角，各自都相信自己看到了全部事实，相信自己的观点就是真理，这一倾向被技术持续地强化和固化，最终彼此都不接受不同意见的反驳和商榷。这是因为每一个体长期被相对禁锢在算法推送建造的"信息茧房"中。

数字生活世界中看似有海量的、自由的和多元的可及信息，实际上每个人所能够接收的信息都是经过过滤和筛选的，技术为每个人的感知设置了边界。内在的原理是人工智能和大数据算法根据每个人的数据模型进行精准推送，而数据模型是根据每个人自己上传的数据所建构，契合每个人的偏好、兴趣、价值观、知识结构、社会阶层、消费能力，是精准的个性化定制。以往任何世代都无法在全社会大规模地做到这一点，工业文明时代的信息传播是通过特定媒介进行全社会无差别的推送，无法顾及每个个体的理解力、偏好和立场。这种信息传播模式的优势就是人们能够遇到不同的观点和视角，可以相互讨论共同的话题，能够展开理性的公共对话，人们自觉意识到生活在一个多元观点并存的世界里。但这样的信息传播模式决定了很多推送是无效的，要么人们不感兴趣，要么超出了人们理解能力或消费能力，要么因与人们的立场观点相对而被拒绝……这必然会破坏媒介对人的"粘性"和"注意力"，而"粘性"和"注意力"本身就是利益，潜藏着巨大的价值。

当下的网络平台能够做到根据每个人的特质推送个性化的信息，大大提升了有效性，将注意力直接变成利益，技术赋予了这种过去的不可能以可能性。但这种模式的最大缺点就是虚拟世界中使异己立场不可见，固化人们的偏见，因此，每一个人都被限制在看似自由实则有边界的生活世界中。每个人看似在自主地选择、自主地判断和自主地行动，但实则是被一只"看不见的手"操控和调节，实际上这种自主性已经被侵蚀和削弱，技术把个体塑造成它想要你成为的样子，唯其如此，才能实现技术的底层逻辑：控制和利益。

为了实现这一目标，社会被切割为互不相容的群体和互不相容的个体，这已经成为世界的普遍现象。美国的大选和英国的脱欧已经充分证明了这一点，在俄乌战争问题上，支持俄罗斯和支持乌克兰的人都同样坚定地认为自己站在正义的一边……这与以前我们所认为的"文化多元化"有着根本的不同，尽管二者在表现形式上有一定的相似性，但后者为对话、沟通和共识留下了可能空间，或者至少认为他者的观点有其存在的合理性，但前者在情感上理智上都很难理解、认同甚至容忍他者的观点，持有不同观点的人一旦在同一时空中相遇，彼此都极力为自己的观点辩护，拒绝对方的观点，努力说服对方认同自己，如果无法达成目的，就会出现轻蔑、愤怒和非理性的攻击等情绪和行为反应。因为他们都相信自己持有的观点才是正确的，这一信念则是技术造成的。这种现象的普遍化势必造成社会的撕裂和分离，伤害和破坏社会的团结、和谐和秩序，是社会的稳定和持续存在与发展的隐患，这已经成为我们必须正视的一种现实的社会风险。

其次，现代技术带来了社会控制力的增强和对自由的侵蚀。

"对个人来说是真理的东西，也同样适用于社会：关于它们，你知道得越多，就越容易控制它们。"[①] 现代社会的可解读性极大增强，过去人类生命和社会生活中那些不可记录的部分，或者是由于过于复杂而无法窥其全貌的部分，很多都能够借助现代技术成为可解读性的对象。无论是个体、社会还是自然都是如此。通过网络技术、计算机技术、智能技术、大数据技术等各技术门类的整合，几乎已经将整个世界连接到网络世界中。思科系统（Cisco System）上的互联网业务解决方案组预估，世界上99%的物体最终将被连接到网络上，构成庞大复杂的物联网系统，最终实现万维网的发明者蒂姆—伯纳斯·李的愿景——任何事物都有可能与其他事物连接起来。通过日益敏感的智能设备，个体、家庭、社区、道路、城市、乡村等都可以程度不同地连接到网络中，生成可解读的数据，为人类的认知、决策和行动提供资源和材料。

对于个体而言，一个日益量化的社会意味着越来越多的社会活动被捕捉并作为数据信息记录下来，由机器来分类、存储和处理。个体的行

---

① [英]杰米·萨斯坎德：《算法的力量：人类如何共同生存？》，李大白译，北京日报出版社2022年版，第93页。

动、表达、动作、关系、情感和信仰都将以永久或半永久的形式被记录下来。具体来说，在个体的日常生活中，他去哪里、做什么、买什么、吃什么、阅读什么、什么时候睡觉、深度睡眠时间是多少、偏好什么和做什么工作，以及他的计划和野心对于现代技术而言都是可及的、可追踪捕捉、可记录、可分析分享的，大数据技术根据用户主动上传或自动生成的数据能够进行用户画像，生成一个数据自我。一个被充分解析的自我就演变为一个能够被利用和操控的具有商业价值的商品。可以说，人类个体的生活处于无处不在的技术的凝视之下。他不仅被技术凝视，而且还被技术规训、引导甚至塑造。

当技术窥测到个体的心理、习惯、偏好、收入、职业、关系、感受性等各方面的数据，个体就几乎成为一个透明或半透明的存在，失去了对自己隐私的控制和保护，对隐私的僭越就是对尊严的冒犯，但技术并不止于此，数据收集和分析的目的在于利益，根据个体的行为模型，各平台的算法以迎合你的需求的方式争取你的注意力，注意力就是流量，流量就是利润，因此，你阅读的是你想看的新闻，听到的是你喜欢的音乐，买到的是你想要的商品，吃到的是你偏好的食物……这几乎是你的全世界，这个世界的一切都令你愉快，快乐的感受性使每一个人都沉溺于大数据算法营造的"世界"，智能技术营造的世界如一张大网，困住了每一个人，被解析的、透明的且被困住的人很容易被控制、引导和调节，正如萨斯坎德所言："数字技术在与人类互动的过程中，通过定义人类可以做/不可以做的事情来监控人类，通过控制人类对外界事物的感知来向人施加权力。在数字生活世界中，这样的技术将无处不在。激活这些技术的代码将具备高度适应性和'智能性'，能够以一种灵活而集中的方式约束人类的行动。"[1] 甚至被塑造成资本和利润所需要的对象，成为被资本和权力所宰制的对象。

社会亦是如此。技术的进步是如此之快，给社会的治理和控制提供了强大的工具，以前不可能掌控的信息如今通过手机应用就可以轻易获取。智慧城市、智能家居等概念已经说明了技术的广泛应用，人们拥有

---

[1] ［英］杰米·萨斯坎德：《算法的力量：人类如何共同生存？》，李大白译，北京日报出版社2022年版，第67页。

越来越多与物理世界互动的设备，从而实现更充分的了解、更精准的掌控、更大的便利和利益。如自动车牌识别技术可以追踪车辆，对其违反交通规则的行为处以罚金，在城市中安装的传感器可以测量噪声、温度、光照水平、污染物的浓度以及可用的停车位等。越来越多的人和物及其状态被数字化，社会可知性的盲点正在大幅减少，技术系统覆盖并嵌入了社会的每一个方面，留给个体的自主决定、自主行动的空间已经大大压缩。福柯把边沁设计的"全景敞视监狱"看作现代社会权力机制的隐喻，技术将这个隐喻几乎变成了现实，从而实现对人的规训和塑造。这种权力既可见又不可见，既可知又不可知，以隐形的方式真实地存在。这样人类最重要的价值之一——自由——要么重新定义，要么不得不承认它已经受到了来自技术的威胁。

最后，现代技术对民主和正义的挑战。

民主（democracy）源自希腊语 demokratia，这个词由两个希腊语词根 demos（人民）和 kratos（统治）构成，既是一种集体的决策程序，也是一种社会理想。尽管在实践中存在不少问题和缺陷，但自 19 世纪末期以来就被看作一种最不坏的政治制度。这一制度的合理性主要在于人们相信，只有生活在自己制定的法律之下，才享有真正的自由，而且，如果每个人的生命都具有同等的道德价值，每个人就应该有同等的机会表达自己的想法，政治决策应该平等关注每个人的利益和偏好，这样的决策会产生最好的后果，或者说会防止出现坏的决策，从而有效地保护了人民的利益，防止他们遭受暴力和腐败的伤害。

现代技术的出现对民主的影响是多元的，有的人乐观地认为互联网为民主政治的实现提供了更好的技术支持，人们可以快速地获取信息，信息不仅来自传统的主流媒体，也来自大量的自媒体，人们不仅被动地接受信息，也积极参与讨论、辩论和协商，认为互联网为公民参与提供了最便捷的途径。然而，数字生活世界的现实几乎击碎了这种乐观的期望。萨斯坎德指出，感知控制、碎片化的现实、在线匿名和来自机器人日益严重的威胁使得公民参与和政治协商的质量进一步下降。[①] 具体来

[①] ［英］杰米·萨斯坎德：《算法的力量：人类如何共同生存？》，李大白译，北京日报出版社 2022 年版，第 184 页。

说，第一，数字系统决定着我们的所知、所感，决定着我们想要什么和做什么，拥有和运营这些系统的人将有能力塑造我们的政治偏好，这意味着如果我们能够自主地判断，我们将作出不同的选择；第二，数字世界里的碎片化现实将会使得我们拥有的共同参照系和共同经历越来越少，理性的协商和达成共识也将会越来越困难；第三，网络平台的匿名参与决定了言论和行为不被问责和追究，政治协商不再是一种严格的公共行为；第四，人工智能机器人加入协商机制，人类的声音可能会被排挤出公共领域。[①] 确实，在智能技术的条件下，作为一种有效的协商机制的民主制度既得到了加强，也遭遇着威胁，人类必须探索一种在新的技术条件下民主的协商和参与模式。

正义是人类永恒的议题，与人类社会的存在相始终，一个大家都认可的合理的正义理念和制度安排是任何社会或共同体的秩序、和谐以及可持续发展的基石。一个社会若在正义的问题上无法达成共识，就意味着抽离了社会的基石，社会就会陷入无序混乱以致崩塌。罗尔斯在《正义论》开篇指出："正义是社会制度的首要价值，正像真理是思想体系的首要价值一样。一种理论，无论它多么精致和简洁，只要它不真实，就必须加以拒绝或修正；同样，某些法律和制度，不管它如何有效率和条理，只要它们不正义，就必须加以改造或废除。"[②] 尽管不同的国家、不同的时代关于正义的理念和制度安排有差异性，但一个共同体存续与否的关键就在于是否在社会公正问题上取得共识。所以关于公正问题的探究既源远流长，也经久不息。一个公正的社会就是每个人都得到他应得的东西的社会，然而，关于"应得"，因人们立场和利益的不同而分歧和争论众多，因此，自古以来的公正也是充满张力和冲突的。在现代技术条件下，社会公正又受到了来自技术的影响，无论是分配的正义，还是承认的正义。

分配的正义一直以来都是由市场和国家来决定社会中的利益和负担

---

① [英]杰米·萨斯坎德：《算法的力量：人类如何共同生存？》，李大白译，北京日报出版社 2022 年版，第 184—189 页。
② [美]约翰·罗尔斯：《正义论》，何怀宏、何包钢、廖申白译，中国社会科学出版社 2001 年版，第 1 页。

的分配。承认的正义则受到社会的文化、传统、习俗、法律等的影响。在新技术，特别是数字技术条件下，算法开始介入社会生活，成为新的、重要的分配正义的机制。算法和代码的结合显然可能会消除或减少一些人为的不公正，也可能产生新的不公正。这些可能的不公正主要包括：

首先，机器是根据已有的数据来学习和训练，将人类过往的判断、行为、偏好和价值观的倾向性作为准则，作为机器处理数据、作出判断和形成指令的依据。因此，人类过往的偏见就自然成了机器的偏见。或者供训练的数据是选择不当的、不完整的或过时的，那么机器也会得出有偏差的结论，就会出现将黑人的照片标记为"动物""猿猴"或"黑猩猩"的情况，也可能发展出对白种人特征的偏好等等，这就是常见的"算法歧视"，算法歧视进一步强化了原有的社会不公正，造成了对特定人群的伤害。其次，算法还会在设计中应用不公正的规则，这些规则不合理地对人群进行区分，如某简历处理系统被输入了拒绝女性申请的程序，只是因为对方是女性，如某招聘程序被写入了不接受非985、211高校的毕业生，这样双非高校的学生即使很优秀能够胜任工作也没有机会入职，如某打车软件被写入了对使用iOS系统的手机用户收取更高的费用，给安卓手机用户则收取合理的费用等等，若这种不合理的区分被写入代码和程序中，算法运算的结果必然会导致不公正的和伤害性的后果。另外，现代技术还会导致权力上的不对等，即拥有运营数据和系统的组织（如大型科技公司和政府等）和系统的用户之间权力的不对等，前者因掌控着庞大复杂的系统而拥有强大的控制、规训和宰制的力量，而后者只能被动地接受系统的指令和安排，这是一种不对等的相互关系。今天大型科技公司正发展出遍及全球的网络，超越了国家的边界，拥有巨量的财富，形成了有史以来最大的贫富差距。世界上1%的最富有的人控制着人类一半的资产，技术和资本都是权力的载体，二者的密切结合将构成撬动整个世界的力量，成为地球上的无可争议的强者，强者和弱者之间权力上的严重不对等也是人类值得警惕的问题。

当大数据技术越来越多地进入人们的日常生活，算法不公正的风险也在增加。我们关于社会公正的思考和研究就需要警惕算法可能引发的新的社会不公正问题，这是我们在新的技术条件下不得不承诺的新的道德责任。

四 现代技术的生态风险

关于现代技术的生态风险在第一部分第三点"现代技术的逆生态性"中已经述及，此处不再赘述。总之，从人类文明史的角度来看，虽然人类一直生活在自然环境中，与自然之间展开着复杂的互动，共生共存，相互塑造。但显而易见的是，人类的历史就是一部人类借助技术的力量不断离开自然的过程。

在人类诞生之初的狩猎和采集时期的自然，可以被称为"第一自然"，第一自然是自组织、原生态的自在存在，人类也是自然的一部分，与自然共生共在，依赖自然的供给而艰难生存，被动承受着自然的严酷，如酷热、严寒、风雨、疾病、饥饿和死亡……作为一种生成中的智性存在，对于自然力量的抵御是非常有限的，但必然会产生改变自然的愿望。

当人类进入农业文明时代，借助农作物的耕种、饲养家畜、制造铁器、建造房屋等生产生活技术，第一自然就演进为第二自然，也就是从自在自然演进为人化自然。在这一阶段人类开始了对自然的干预和改造，但这种改造的广度和深度都是有限的，仅是在依循自然自身的节律的基础上，将野生的种子和动物驯化为人可以控制和管理的对象，以满足生存的需要。人们聚居在适合动植物生存、有水且气候温和的地区，第一自然和第二自然并存。到了17—18世纪，工业革命之后，机器生产普遍代替了手工劳动，能源从蒸汽发展为电力，巨大的生产能力被激发出来，机器生产和社会分工叠加，大量的商品被源源不断地制造出来。机器生产带来了资本的原始积累，人们开始从乡村移居到城市。与乡村生活相比，城市生活进一步远离了自然，工业生产对四季、气候、土地等的依赖较之农业文明时期大大减少。人类惊讶于理性和科技迸发出的巨大的生产力和创造力，人类可以按照自己的意愿设计、建造自己的生存空间，这一时期人类工业文明对自然的征服改造和自然对人类的反噬并存的时期，无节制的工业生产开始耗竭自然资源、改变地表的面貌、污染山川河湖……但城市依然建造在自然空间中，自然的冷暖旱涝、植被的多少好坏、河流的洁净与否等对人类的生活仍有重大影响，人类也切身感受和经历了自然的反扑和报复。自莱切尔·卡逊的《寂静的春天》一书出版后，人类在高歌猛进了两个多世纪之后开始认真反思人与自然的关系，开始了环境哲学、生态伦理的研究。可见第二自然包含农业文明和工业文明两个阶段，随着文明的向前推进，人类生活与自然之间的距离逐渐被拉大，但这还不是终章，人类在进入 21 世纪之后，现代技术的发展迅速构建了"第三自然"——虚拟世界。

"第三自然"是人类应用计算机、网络、大数据、人工智能等技术构建的一个虚拟的人工世界。仅在短短的二三十年前，第三自然都是不可思议的，只存在于科幻电影或科幻小说中的。但随着技术的持续更迭，基础设施和智能终端在全世界的迅速普及并被大众接受，技术专家和所有的网络用户共同构建了一个全新的生存空间和生活样态，人类也从工业文明过渡到信息文明，数据成为资本的主要载体。人们来往穿梭于第二自然和第三自然之间，与原初自然之间的距离越来越大。基于现代技术的逆生态性，虚拟世界和工业生产形成更强大的合力进一步侵蚀、挤压和榨取自然的资源和环境承载力。这一时期，地球上的第一自然几乎消失殆尽，人类的技术活动抵达并干预了地球的每一个角落。

第三自然并非纯粹的、封闭的真空存在，而是与物理空间里的第二自然密切相关，人同时生活在两个空间中，正如导论中所指出的，虚拟空间充满了诱惑，全时空的意义和符号营销、大数据算法的模型建构和定向推送打开了每个用户的欲望之门，导致了超大规模的生产和无节制的消费和浪费，制造满足欲望的大部分商品的原材料都来自自然，消费后的废弃物也被抛进了自然。自然资源被大量消耗的同时堆积着人类的各种垃圾废弃物，不堪重负。在工业文明时期流行的消费主义和无所不在的广告营销已然激发起人的欲望，而信息时代的精准定位和个性化定制的推送，个体更是无法抵挡这切身的诱惑，技术手段能够激发且创造欲望和需求。于是超大规模的生产在利益和权力的驱使下就不可避免。这对于自然来说也许是另一场灾难的开始。特定条件下，自然资源是有限的，自然对废弃物、污染物的承载力也是有限的，如果不加节制地生产和消费，后果也许对人和自然都是致命的。

作为"双刃剑"的现代技术，一方面给人类带来了福利、自由和繁荣，另一方面也制造了对人、社会和自然的诸多风险和问题。技术发展到今天，无论它会带来什么问题，人类都不可能放弃技术，回到过去，所能做的只能是直面风险和问题，在重叠共识的基础上尽可能为人、自然和社会承担相应的道德责任，在新技术的研发和应用上，有所为有所不为，为着人类的安全、尊严、自由和可持续发展。

第三节 技术风险下的道德责任

与传统技术一样，现代技术的发展既增进人类的福祉，也给人类社会带来了一些伤害和难题。但区别于传统技术的是，以智能技术为代表的现代技术对人（包括当代人和未来人）、自然和社会都带来了值得深思的风险和难题，人类似乎走到了一个十字路口，根据技术的发展需要对人类的未来作出一个决定，机器对人的存在本质发出了追问，人是要继续保持自然性、生物性，还是可以顺其自然地进化为超人类？一种好的、适宜的人类生活应该是怎样的？处理人与技术、人与自然、当代人和未来人关系的基本伦理原则是什么？不同的立场代表了不同的技术伦理和发展进路，哲学伦理学的思考应该成为技术发展的边界，技术的发展也呼吁人类的责任。最早对技术的责任进行系统思考的学者是德国哲学家汉斯·约纳斯，然后伦克（H. Lenk）、罗波尔、胡比希（C. Hubig）等思想家都对这一问题从不同角度给出了回应。

一 汉斯·约纳斯的责任原理

约纳斯敏感地意识到即使是和平的、建设性的技术力量的应用，这种应用通过不断增加的产品、消费品、人口的绝对增长等会演变为一种真正的难以抵御的危险。技术可能朝着某个方向达到了极限，再也没有回头路，因此，由人类自己发展的技术最终将由于自身的驱动力而背离人类，奔向灾难。

在约纳斯写作《责任原理》这本书的年代，计算机技术尚处在起步阶段，还没有引起作者的注意，即便如此，他已经意识到了技术的应用会带来一种慢性的、长期的和日积月累的问题，可能给人类的未来、自然带来不可逆的风险，意识到了人类的活动的性质引起了新的道德问题，人类行为的领域突破了当下时空的边界而波及未来的世界。从行为的因果性上来看，新的力量就催生了新的责任，人必须承担起对未来的世代和自然的责任，传统的伦理学只在狭窄的时空领域里直接处理人和同胞之间的关系，所以应该建构一种新的责任伦理学，来回应技术发展所提出的挑战。显然，这种责任是非对称性的，只有责任的主体，对象或客体尚未在场，这意味着主体不能从责任行为中获益，尽管如此，基于人类必须继续存在以及自然的权益和价值，这一责任对于人类而言就是绝对命令（imperative）。然而这种前瞻性的、对未来的责任是困难的，约纳斯指出："这种来自目前可用资料的推断即使处在最佳状态，在预测的确定性和完整性的意义上讲，也还总做不到对技术行为的因果性把握。"[①]技术发展的不确定性和复杂性有可能无法精准预测其可能的风险。对此，约纳斯提出了关于人类责任的绝对命令——你的行为的后果必须与地球上的真正的人的生命的持续存在相一致。这种面向未来的责任模式是一种类似父母和子女之间的关系模型，是一种非对称的、无条件的和非契约的自然责任，前者不以后者的回报作为责任承诺的前提，而且对子女的责任是整体性、持续性和面向未来的。于是约纳斯提出面向未来的责任是指向人类的持续存在。在他的时代，还没有出现人工智能挑战人类存在的问题，但面对技术的不确定性，他提出了"恐惧启迪法"和整体利益优先的方法和原则。一是为了避免不可挽回的后果，我们需要优先考虑坏的预测。二是为了整体利益的实现可以放弃局部的利益。

约纳斯基于对技术风险的考虑，将责任概念置于伦理学的中心舞台，提出了关于责任的绝对命令，是对当代伦理学理论的一个重要的发展，也为技术的发展设置了伦理底线和方向，此后很多哲学家都开始关注技术风险与道德责任的关系问题。

二 罗波尔的机制责任

罗波尔是德国当代著名的技术哲学家，他从社会—技术系统论的视角提出了应对技术风险的"机制责任"的思想。罗波尔认为，技术的发展不仅取决于技术本身的内在特征，还取决于社会、政治、经济和文化等因素的影响。同时，科技的发展也会对社会环境产生深远的影响。

在社会—技术系统论中，罗波尔主张将社会和技术视为一个相互作

---

① Hans Jonas, *The Imperative of Responsibility: In Search of an Ethics for the Technological Age*, Chicago: The University of Chicago Press, 1984.

用的系统。这个系统由技术和社会两个主要要素构成，两者之间相互影响，相互制约。其中，技术要素主要包括技术产品、技术过程、技术规范和技术知识等；社会要素主要包括社会制度、政治文化、经济发展和价值观念等。两者的相互作用不仅决定了技术的发展，同时也对社会生活产生重大影响。社会—技术系统论强调了技术的社会性质，主张将技术发展放在社会和文化的背景下来理解。技术的发展改变了人类生活的方方面面，改变了人们的生产、生活、交流方式等。技术还影响社会的制度、结构、文化等方面，进而影响社会的发展和变革。同时，社会和文化因素影响着技术的创新、采纳、应用和发展。不同社会、不同文化对技术的态度、需求和应用也不同，这直接影响着技术的发展方向和成果。因此，技术风险就不能归为某一个特定的个体或组织，而是一个整体性、机制性和系统性的问题。传统的个体责任思想不足以应对这样的技术风险，而应该代之以机制责任（mechanism responsibility）。

罗波尔的机制责任理论是他在技术伦理方面的一个重要贡献。该理论强调技术的责任是由技术制度和技术组织所承担的。在罗波尔看来，技术制度和技术组织是一种社会机制，它们对技术开发和应用的方向及结果有着决定性的影响，因此应当对技术伦理问题承担责任。

具体来说，罗波尔的机制责任理论包含以下要点。

第一，技术制度和技术组织应当承担技术伦理责任。罗波尔认为，技术制度和技术组织是技术伦理责任的承担者，他们应当对技术开发和应用的方向和结果负责。

第二，技术制度和技术组织应当具备一定的伦理素养。罗波尔主张技术制度和技术组织应当具备一定的伦理素养，包括尊重人类尊严、关注环境和社会公正等方面的价值观。

第三，技术制度和技术组织应当加强社会参与和反馈。罗波尔认为，技术制度和技术组织应当加强社会参与和反馈，充分考虑社会和环境的需求和反馈，避免对社会和环境造成不良影响。

第四，技术制度和技术组织应当加强伦理监管和自我约束。罗波尔主张，技术制度和技术组织应当加强伦理监管和自我约束，建立一套有效的伦理规范和评估体系，确保技术开发和应用符合社会伦理要求。

和约纳斯的责任伦理不同，机制责任理论并没有试图预测未来技术的发展，而是通过建立一套有效的伦理规范和评估体系，以及加强社会参与和反馈，加强伦理监管和自我约束的方式来应对未来技术发展的不确定性。

罗波尔的机制责任理论是技术伦理学领域的一个重要贡献，该理论强调技术伦理责任是由技术制度和技术组织所承担的。该理论的出发点是技术伦理责任不应该仅仅由个体或者团队承担，而是应该由整个技术制度和技术组织来承担，这种责任才能更加全面、系统、合理地反映出技术伦理的本质。从理论上来说，机制责任理论提出了新的视角，强调了技术制度和技术组织对于技术伦理的重要作用，这对于完善技术伦理规范，促进技术伦理的实践具有积极意义。但是，机制责任理论在实践中也存在一些问题。首先，技术制度和技术组织的责任界定比较模糊，责任承担的实际效果难以评估。其次，期待技术制度和技术组织的伦理素养、自我约束可能是一种美好的愿望，其实践可能性和有效性是有限的，而且在不同的伦理立场之间的分歧也可能带来技术实践的不一致。

上述理论都是从不同的视角为应对现代技术的风险而给出了自己的伦理方案，约纳斯是道义论的，罗波尔是消极功利主义的。每一种方案都对今天的技术实践和技术制度有理论价值和实践意义，也为未来的技术发展提供了伦理框架。但是以智能技术为代表的现代技术对人类的生存和可持续发展提出了区别于动力机械技术更大的挑战，这对新的道德智慧和伦理理论的研究与思考提出了进一步的要求。

第 四 章

人工智能的风险、伦理原则与超越机制

人工智能在半个多世纪以来的快速发展与全面应用催生了人类历史上的"第四次技术革命",标志着人类从信息时代进入智能时代。和传统的工具性技术不同,作为人工智能的技术人工物第一次具有了人类智能的一些特征和功能,如感知与言说、理解与分析、决策与行动等,可以说,人工智能是人类文明发展史上一项了不起的成就。但是站在智能时代"入口处"的人类既兴奋又担心,兴奋的是人工智能展示了人的类神性,人类不用预设上帝存在,经由自身的能力就可以创造出智能性的存在物。担心的是人工智能的类人类智能特征可能引发各种无法预见的风险,其中伦理风险是最为切身性和挑战性的问题。因为人工智能的内在本质和发展趋势已经且将会进一步削弱人的自主性、隐私权,模糊道德责任的归属,消解人的存在意义等。因此,从哲学伦理学视角对人工智能技术的开发和应用进行认知性和规范性研究是技术时代的重要论题。

第一节 人工智能：概念、范式与特征

人工智能（Artificial Intelligence）是指研究、开发用于模拟、延伸和扩展人的智能的理论、方法、技术及应用的一门新的技术科学。它以探究人类智能的实现机制和计算机科学为基础,试图开发出一种能够模拟甚至超越人类智能的技术系统。这一设想最早可追溯到电子计算机的奠基人阿兰·图灵（Alan Turing）1950年在《思想》（Mind）杂志上发表

的一篇题为"计算机的机器和智能"的论文,文中提出了一种验证机器有无智能的判别方法,即著名的"图灵测试"①,但图灵在论文中并没有阐明机器怎样才能获得智能,也没有提出任何解决智能问题的方法。此后计算机的研究就是力图通过各种方法去实现机器智能。1956年在美国达特茅斯学院举行了由约翰·麦卡锡(J. McCarthy)、马文·明斯基(M. L. Minsky)、克劳德·香农(C. E. Shannon)和赫伯特·西蒙(H. A. Simon)等科学家参加的"人工智能夏季会议",会上讨论了包括人工智能、自然语言处理和神经网络等问题,第一次提出了人工智能的说法。此后的人工智能研究主要发展出两种范式:符号主义和连接主义,对应着人类智能的逻辑演绎和归纳总结这两种学习与知识习得模式。符号主义范式是应用逻辑推理法则,从公理出发推理出整个理论体系。这种范式的实质就是通过研究人类认知系统的功能机理,用某种符号来描述人类的认知过程,并把这种符号输入能处理符号的计算机,模拟人类的认知过程,从而实现人工智能。连接主义范式是一种基于神经网络及网络间的连接机制与学习算法的智能模拟方法,是模拟发生在人类神经系统中的认知过程,主张认知是相互连接的神经元的相互作用。这两种范式在发展和实践中都形成了自身特有的问题解决方法,也都经历了跌宕曲折的发展过程,直至2005年才取得了突破性的进展。这一突破主要是得益于电子计算机计算能力的空前增强、互联网的发展、智能算法的不断优化和海量数据的积累。首先是GPU的迅猛发展,为深度学习提供了强有力的硬件保障。其次是数据的积累、互联网的大规模普及、智能手机的广泛使用使得规模庞大的数据能够被采集,上传到云端,集中存储和处理。最后,智能算法也从早期的"感知器"模型、支持向量机算法(SVW)、反向传播算法发展到深度学习算法,使得人工智能的运算和学习能力极大增强。2016年谷歌公司开发的AlphaGo战胜了世界围棋冠军李世石的事件是人工智能发展史上一个重要的里程碑。如今,人工智能在图像识别、语音识别、文本处理、软件设计、游戏博弈、艺术美学等方面都有较大

---

① 图灵测试(Turing Test)是指让一台机器和一个人坐在幕后,让一个裁判同时和幕后的人和机器进行交流,如果这个裁判无法判断自己交流的对象是人还是机器,就说明这台机器有了和人同等的智能。

的进展。随着人工智能与大数据、云平台、机器人、移动互联网及物联网的深度融合，人工智能技术与产业开始全面进入人类的日常生活，并将在医学、金融、制造、服务、零售、教育和交通等领域引发深刻的变革。

按智能水平的高低，人工智能可以区分为弱人工智能、强人工智能和超人工智能。弱人工智能（Artificial Narrow Intelligence/ANI），只专注于完成某个特定的任务，例如语音识别、图像识别和翻译，是擅长于单一任务的人工智能。强人工智能（Artificial General Intelligence/AGI，即通用人工智能）是人类级别的人工智能，能够进行思考、计划、解决问题、抽象思维、理解复杂理念、快速学习和从经验中学习等操作，其目标在于使人工智能在非监督学习的情况下处理前所未见的细节，并同时与人类开展交互式学习。超人工智能（Artificial Superintelligence/ASI）是指"在几乎所有领域都比最聪明的人类大脑都聪明很多，包括科学创新、通识和社交技能"[1]，这已超越了人类的认知范围。其中弱人工智能是本文的主要研究对象，因为对以预测为基础的未来人工智能的研究有太多的不确定性。现阶段的人工智能具有以下三个方面的特征。

一 系统性

人工智能的系统性主要表现为以下三个方面：（1）任何单个的智能终端自身都不能实现智能化，每一个看似独立的智能终端的背后都有一个复杂又庞大的技术支持和追踪系统，所有的智能终端之间以及智能终端与支持系统之间经由互联网构筑了一个超乎想象的全球性人工智能系统。（2）人工智能的技术、产品、服务和理念已不再局限于工具性存在，而是以人类的整个生活世界为对象，将整个世界纳入自身并与之融合一体，由此催生了一个嵌入了人工智能的世界存在系统。从此，自然世界系统除了受到来自人类智能的认知和建构，还要接受人工智能的分析和改造，这深刻地改变了原有自然世界的存在样态和运行方式，即人工智能与原生世界相融合建构了一个新的世界系统。（3）人工智能还是一个"动在"的系统，随着时间的推移和技术的持续推进，既可能发生构成要

---

[1] 牛津大学哲学家、知名人工智能思想家 Nick Bostrom 的定义。

素和子系统的局部突破，也可能发生系统层级的整体跃迁，如从弱人工智能系统跃迁为强人工智能系统。尤瓦尔·赫拉利在《今日简史》中指出，人工智能具有的连接性和可更新性的能力决定了计算机并不是彼此相异的独立个体，因此很容易把计算机集成为一个单一、灵活的网络。①这决定了人工智能从一开始就是一种系统性的技术人工物。

二　拟自主性

不少技术哲学家都直接使用"自主性"（autonomy）范畴来表示技术的这一规定性，如埃吕尔（Jacques Ellul）、温纳（Langdon Winner）、西蒙东（Gilbert Simondon）等，但"自主性"在康德哲学的意义上是指称作为理性存在者——人的内在规定性，指人能够出于自己的自由意志而行动，自主地选择、自主地行动、自主地规定自己的目的。人工智能与人类智能之间尚存在本质上的区别，并无自主意志，因此人工智能仅具有类似人类智能的拟自主性，这种拟自主性主要体现在：（1）人工智能技术的发展遵循着技术发展的内在逻辑，人的评价、选择、决定和行动实际上只能在该技术的内在结构和系统框架内获得相对的和有限的自由。（2）人工智能在协助人达成目标的进程中实现着技术自身的意向性，或者说将人的目的纳入自身的技术系统中来处理，凡是不愿意或不能够进入该系统的人、组织或要素会被挤压、边缘化而终遭淘汰，最终人工智能将"驯服"整个社会和整个世界。（3）人工智能的发展会引导人的行动、调节人的道德、影响公共政策、构建新的政治秩序和法律制度等等。兰登·温纳认为，技术在三种意义上可以理解为自主的。首先，它可看作一切社会变化的根本原因，它逐渐改变和覆盖着整个社会；其次，大规模的技术系统似乎可以自行运转，无需人的介入；最后，个人似乎被技术的复杂性所征服和吞没。人工智能技术的拟自主性完全符合甚至超越了温纳规定的三种意义。

三　无目的性

传统意义上的技术都是为了解决某一问题，满足某种需求，或使人

---

① ［以］尤瓦尔·赫拉利：《今日简史：人类命运大议题》，林俊宏译，中信出版社2018年版，第19页。

摆脱必然性的束缚而通向自由。技术的目的源于人的意图和欲求，技术和技术产品既有解决特定问题的具体目的，同时又服膺于人类总体的目的——好的生活。人的目的引导着技术发展的方向，也是技术发展的边界。埃吕尔认为技术专家虽然可以设置目标，但技术人员设置技术的目标只能在先前获得的技术定向中根据可得到的手段做出。他说："如果技术与人类的目标不太相符，如果一个人企图让技术去适合自己的目标的话，一般可以立刻看到，修改的只是目标，而不是技术。"① 现代技术在其发展进程中越来越成为一种相对独立的自主性力量，人的身体与心灵、生活与工作、理想与道德都在技术的框架中获得规定性。人工智能是现代技术最典型的代表，其逐渐发展为一种无目的性的技术。所谓技术的无目的性是指技术的未来发展并不指向一个由人类预设的、明确的目的，作为一种革命性的力量，技术越来越不顾及人类的意图而自我生长，以技术的方式奔向无尽的未来。诚然，就特定的技术或技术人工物而言，从表象上看仍是服膺于人的特定意图，但实际上人类的意图已被技术所驯化和规定，人工智能在帮助人类实现其意图的过程中强势地践行自己的发展逻辑，这种发展逻辑有诱导、限制和生成人的意图。所以，从总体和未来发展来看，以人工智能为代表的现代技术在自我内在逻辑的引导下走向了一种无目的性状态，人工智能的发展正向着未来无限敞开，试图建构一个抽离了人类目的由技术所设定的未来。未来唯一确定的是不确定性，人类从此开始了无边的冒险。

　　人工智能的突破性发展是基于大数据海量积累和智能算法的持续迭代，系统性、拟自主性和无目的性的三大特征决定了人类在拥抱人工智能的同时又满怀忧虑，忧虑的是人工智能的发展和应用给人类已经或可能造成的各种风险，如反复性疲劳伤害、职业性机能失调等健康风险，如权力的转移、社会不公正的加剧等政治风险，如贫富差距扩大、工作机会的丧失、人的技术分层等社会风险……在诸多显见的风险背后还隐藏着隐性的伦理风险，关涉人的存在、尊严、自由、责任、意义等重要的人类价值，对这些伦理风险的揭示、厘清、反思和超越是人类与人工

---

① Jacques Ellul, *The Technological Society*, trans. John Wilkinson, New York: Alfred A. knopf, 1964, p. 141.

智能并行必须考虑的核心问题之一。

第二节 人工智能的伦理风险

在技术和道德之间，存在着两种不同的观点，一种是以维贝克、拉图尔和温纳为代表的"技术的道德相关性理论"，认为技术可以更好地规范人们的行为，具有行为导向和道德调节功能，能够由外而内规范人的行为、塑造人的德性，且技术与人的结合还可以产生超人类的道德意向。另一种是以约纳斯、哈贝马斯、桑德尔等为代表的伦理学家，认为技术的发展侵蚀了人的自主性、自由、平等和尊严，威胁着人的生活意义与价值。他们担心技术的最终发展，特别是人工智能的发展可能会导致人类自身成为冗余的存在而最终被抹消，技术从存在和伦理的意义上挑战了人类最珍贵的价值，这不能不引起人类的警惕和深思。二者的分歧在于技术发展是否要保持本真的人性。前者为技术进步主义，支持人类向后人类和超人类进化，后者为生物保守主义，拒绝以人性和人的身心完整性为代价的技术进步。人工智能技术的内在本质和发展趋势预示着人性的蜕变和向后人类的过渡，若人的本真性存在是人尚未准备好要放弃的东西，不受约束的人工智能必然会背离人本主义伦理学，带来需要引起我们重视的伦理风险。

一 人工智能技术构成了对个人隐私的最大威胁

个人隐私的观念是在传统的熟人社会向现代的陌生人社会转型的过程中产生的，传统社会个体从属于特定的熟人共同体，彼此间关于身份、地位、家庭、财产、性格、品质、社会关系等信息的掌握都较为对称、透明，且社会流动性小，因此每个人并无多少不为人知的私密信息，人都是共同体的成员，人与人之间并无清晰的边界，因此没有产生隐私观念的外在社会环境和内在心理需求。但是，当世界开始进入以市场经济为主要经济运行模式的现代社会，熟人社会走向解体，催生了社会的流动性，人们在生活中遭遇的都是来自不同文化背景的异乡人，相较于过去人与人之间交往的稳定性和经常性，现代社会中的人际交往呈现出匿名性、偶然性，彼此间对对方身份信息的全面的、对称性的了解既无必要也无可能，所以，人脱离了熟人共同体，以个体的形式去面对一个陌生的世界，实现了个体性、主体性和隐私观念的觉醒，认识到自己是一个独立自主的存在，认识到自己有不被他人打扰和侵犯的自我空间，因此，个人隐私逐渐发展为人的一种道德权利和法律权利。

进入智能时代，大数据和智能算法是人工智能发展的两个"引擎"，在这两个"引擎"的无差别"碾压"之下，个人的隐私在技术应用中被追踪、利用和支离，我们逐渐失去了曾经所珍视的隐私的控制能力，无所不在的智能技术时刻追踪和记录着每个人的所言所行、所思所想，这些信息都转化为数据被搜集、存储、上传、分析和应用，服务于技术、资本和人持续生长的需求。身处智能时代人们已经很难拒绝"在线"的生活方式，正如黑文斯（J. C. Havens）在《失控的未来》一书中所指出的，"每一次同步，都意味着是一次沦陷"[1]。个体主动上传和被动追踪的数据经由特定的算法可以还原出一个人大致的行动轨迹、消费习惯、收入来源、社会身份、人际关系，甚至兴趣爱好、思维方式、价值观念……简言之，人工智能技术可实现对个体的"全景式"扫描、记录和分析，生成一个可与实体自我相分离的数据自我。数据自我包含了我们的公共信息和隐私信息，隐私数据是一些我们不愿意为他人或组织所知悉和利用的信息，它与实体自我的可分离性是智能时代隐私问题的主要原因。同时，人工智能的快速迭代、资本追求增殖的天然冲动、人的数据隐私观念的尚未觉醒和人的自我数据控制能力的薄弱等诸多因素，进一步加剧了人的隐私信息的流失，而流失的隐私则反过来成为数据拥有者消费和控制自己的筹码。因此，黑文斯说："当前推动人工智能技术发展的不是帮助我们成为更好的人，而是成为更好的消费者。我们的个人数据就是促进短期利润上涨的燃油。"[2] 可见，个人的隐私数据具有技术价值，是人工智能技术发展的基石，具有经济价值，是商家实现利润最大化的利器，还具有道德价值，因为它关涉着人的尊严、自由等基本道德权利。

技术和资本从自身的利益出发渴求获取尽可能多的个人数据，但个

---

[1] [美] 约翰·C. 黑文斯：《失控的未来》，仝琳译，中信出版社2017年版，第50页。
[2] [美] 约翰·C. 黑文斯：《失控的未来》，仝琳译，中信出版社2017年版，第108页。

人隐私则要求个人能够有效保护自己的数据，二者之间存在着天然的冲突。但弱势的个体隐私诉求根本无力抗衡由技术与资本的联姻所产生的强大力量，力量的悬殊决定了个体隐私的数据化和工具化在人工智能的技术背景下已变得无法避免。若对两类价值进行排序，何种价值具有优先性是我们必须要慎思的问题。在笔者看来，若以人为价值主体，隐私所关涉的自由与尊严是人根本性的内在价值，资本的增殖和技术的发展是对人而言的外在价值。外在价值之所以具有价值是因其可以增益内在价值，若外在价值的实现是以内在价值为代价，则外在价值本身就失去了价值。因此，相较于技术与资本，隐私具有价值优先性，如何在人工智能发展的大数据需求与个体的隐私需求之间的矛盾求得平衡是我们必须要回答的时代课题。

二 技术拟自主性的生长与人的自主性的弱化

人工智能在其技术发展路径和与人的交互关系中表现出了一定的拟自主性特征，如自动搜集和处理信息、提供选择方案、推荐最优决策、引导规范行动。诚然，人工智能的拟自主性特征能够指导人做出更合理更有效的行动决策，约束和限制行为的不道德冲动，甚至影响经济运行方式、政府的公共决策以及政治法律制度等，总之，人工智能正在塑造一种新的人类生活方式。以大数据和智能算法为基础的人工智能的数据分析和行动决策能力在某些方面远远超越了人类自主能力的边界，为人类的生活世界带来了更多的可能性。埃吕尔和温纳的"技术的自主性"、拉图尔（B. Latour）的"技术的能动性"和维贝克（P. P. Verbeek）的"技术的意向性"等都是"技术的拟自主性"的相近表述。在埃吕尔看来，在现代技术背景下，人虽然可以自我判断、选择、决定和评价，但人的所有这些意图和行动都被技术系统所限制。他说："人能选择，但总是在技术过程所建立的选项系统里选择。人能够指引，但总是根据技术给定去指引。"[①] 技术经由人的行动不仅操纵物质世界，而且操纵着人类普遍的意向，不断地将异己的世界纳入自身的系统之内予以改造、重构

---

① Jacques Ellul, *The Technological System*, trans. Joachim Neugroschel, New York: Continuum, 1980, p. 325.

或毁灭。人工智能作为现代技术发展最新和最重要的成果之一，比其他技术或技术人工物表现出更强的拟自主性及与人类生活的相关性。作为共时性存在的人工智能的拟自主性遭遇人的自主性，是增强了人的自主性还是削弱了人的自主性就成了一个颇具争议性的问题。

在康德看来，自主性是人的本质，如果一个道德行为者的意志不受外界因素的干扰、支配或决定，能够依据自身的理性为自己立法并能够遵守自己的法，那么，他就是自主的。自主意味着个体的自由、独立和理性，意味着他能够不屈从于任何外在的力量，自由地决定关涉自己的事务。日本学者 Sangkyu Shin 在《人类增强与生物政治学》一文中区分了人的自主性概念的两种含义：一是作为权利的自主性，即"因自己的选择而受到尊重，并且不会遭到他人的干涉。"二是作为能力的自主性，"这种意义上的自主性意味着过自己选择的生活的能力，而非出于服从他人的控制"[1]。前者是由法律所保护的消极权利，与人工智能的关联性不强。后者是与能力相关的积极价值，该能力能否自由、独立、不受外在干预地运用与人工智能的拟自主性之间会存在较为密切的关系。一个人的能力自主性的发挥除了 Sangkyu Shin 所言的可能会为他人控制外，在传统意义上，一些组织、制度、社会习俗、道德系统、宗教信仰等也可能成为制约或压制的力量。但是，进入智能时代，人工智能会成为诸多外在力量中较为强大的影响因素，而且这种外在的力量正逐渐与人自主性能力相融合，直接引导人的意图，参与人的选择、决策和行动。因此，人的自主性遭遇了具有家族相似性的人工智能的拟自主性，后者在未来会发展为一种支配、操纵和控制的力量，社会的智能化和人的智能化生存都将无可避免，人的自主性只得在智能技术既有的框架和结构中去选择和决策，任何抵御或反抗人工智能的人类自主性都终将被边缘化而没有成功的机会。所以，从表象上看，在人工智能的技术背景下，以大数据和智能算法为基础的决策更高效、更合理、更少犯错，似乎有更多的选择机会。然而，人类正在失去不受算法限制的自主反思的机会，我们自愿地把过去负责做决定的部分自我让渡给技术，其结果就是人工智能

---

[1] ［日］Sangkyu Shi：《人类增强与生物政治学》，第 24 届世界哲学大会论文，北京，2018年8月。

将逐渐替代人类的选择、决策、部分行动,以至于意图。黑文斯说:"如今,算法变得如此先进,以至于人们可能再也没有时间形成自己最纯真的偏好。"①

温纳认为技术是一系列结构,技术的运行要求重新构建自己的环境,因为技术之间的相互依赖形成了一种链式结构,在这种链式结构中,一项特定的技术操作的各个方面都相互需要,相互交织。人工智能不仅建构起新的技术环境,而且将人的身体和心灵都纳入自身之内,技术与身体的相互融合介入模糊了人与技术之间的边界,形成了被称为"赛博格"(Cyborg)的人机复合型实体,该实体的意图是人的意志和机器智能共同生成的,机器智能每一次进步都意味着人的自主性的一次抑制与后退,机器智能的持续生长是一个没有任何争议的事实,如果不对技术进行积极的干预,那么人类自主性的持续弱化将是一个必然的结果。自主性的弱化又会进一步引发人自身反思力的衰退、认知力的钝化、感受力的下降和创新力的萎缩,这些对人的主体性能力的侵蚀和威胁都是人类不能接受的事实。

三 技术的复杂性与责任归属的不确定性

汉斯·约纳斯在《责任原理》一书中指出承担责任有三个必要条件,"责任的首要和最基本的条件是因果力量,即行为影响世界;其次是这种行为要受行为者的控制;第三,行为者在一定的程度上能预见行为的后果。有了这些必要的条件才能有'责任'"②。这三个条件分别是:责任是在道德主体的行为与后果的因果关系中发生的;道德行为者的行动是自由和自愿的,没有受到外来强制、欺骗或操控;道德行为者是理性的。同时符合这三个条件,行为者才能够和应该为自己的行为负责。但是,在智能时代,因为人工智能技术的复杂性和人工智能对人的意图、选择、决策和行为的介入使得这三个条件都呈现出不完备性,因此在约纳斯看来应成为技术时代伦理学核心范畴的"责任"的归属变得不确定,或者

---

① [美]约翰·C. 黑文斯:《失控的未来》,仝琳译,中信出版社2017年版,第43页。
② Hans Jonas, *The Imperative of Responsibility: In Search of an Ethics for the Technological Age*, Chicago: The University of Chicago Press, 1984, p.90.

说无法追溯、不可还原。具体来说，智能技术的复杂性、行为与后果的远距离、意图和决策的非人化以及行为的技术化等因素是责任不确定的主要原因。

曾经，人类对任何事物的了解都不如对他们自己的创造物的了解那样充分，正如霍布斯所言，最高程度的确定性存在于纯粹的人造产物之中。① 但人类的这种乐观情绪随着技术的不断突破而逐渐消散，因其自身的复杂性，现代技术条件下的人类的创造物对于大多数人而言就是一个个无法打开的"黑箱"。温纳说："如果衡量物质的标准是个体或群体性的'认知者'所不理解的可用知识的数量，那么你必须承认，无知亦即相对的无知的程度正在生长。"② 阿瑟·凯斯特勒（Arthur Koestler）指出人"由于完全依赖于科学但却对之漠不关心，他因此就过着一种城市中的野蛮人的生活"③。埃吕尔甚至认为现代技术整体表现出了一种内在的精神、性格和灵魂。面对日益复杂、难以理解的技术系统，除了少数的专家分别对系统某些构成部分有知识外，大部分人都无法认知和理解关于这些技术人工物的工作原理，我们在庞大复杂的技术系统中生存，除了依赖和顺从我们能做的不多。人工智能的系统性和复杂性更是超过了以前所有的技术，但其应用却易于上手，人们毫无质疑地使用人工智能实现更多、更快和更远的目标，而实际上人们对自己每日使用的智能技术却毫无知识，因此，人为自己创造的技术人工物的机理或程序所限定，选择和决策的自主性都非常有限。维贝克指出，"当技术被使用时，道德决定并非由人类自动做出的，也不是技术强迫人去做出具体的决定的。而是道德能动性被分散到了人与非人之中；道德行动和决定是人—技术关联的产物"④。受限的自主性限制了人的自由，技术的复杂性挑战了人的理性，因果关系也在错综复杂的技术系统中模糊了。既然行为的后果

---

① ［美］兰登·温纳：《自主性技术：作为政治思想主题的失控技术》，杨海燕译，北京大学出版社2014年版，第238页。
② ［美］兰登·温纳：《自主性技术：作为政治思想主题的失控技术》，杨海燕译，北京大学出版社2014年版，第241页。
③ ［美］兰登·温纳：《自主性技术：作为政治思想主题的失控技术》，杨海燕译，北京大学出版社2014年版，第242页。
④ ［荷］维贝克：《道德调节》，闫宏秀译，《洛阳师范学院学报》2015年第3期。

无法还原为人的意图,那么行动产生的道德责任完全由人来承担对人来说就是一个过分的要求。

更为重要的是,有人工智能参与的人类行为与行为后果之间不一定是共时性的存在,因为现代技术所影响和辐射的范围突破了时间和空间的边界,其后果可能指向遥远的时空。当特定的坏的后果发生时,它的原因或者已经消失在历史中,或者不知来自哪里,这使得责任的追溯和还原成了一个问题。所以,约纳斯称现代技术下的责任是远距离的、非对称的,这些都是技术的发展所带来的伦理风险。

此外,人工智能的大量应用带来的失业问题还会侵蚀人的生活价值和意义。劳动并不意味着是为了生存而不得不承受的痛苦,而是人的生命意义的来源。赵汀阳指出,"与事物和人物打交道的经验充满复杂的语境、情节、细节、故事和感受,经验的复杂性和特殊性正是生活意义的构成成分,也是生活值得言说、交流和分享而且永远说不完的缘由,是生活之所以构成值得反复思考的问题的理由。假如失去了劳动,生活就失去了大部分内容,甚至无可言说"[1]。人工智能技术的应用对人类许多职业工作的取代正威胁着大量的劳动者。对智能技术的深度依赖还会进一步切割和支离人与人之间的交往关系,智能技术的魔力使人自愿被"禁锢"在技术所构造的世界之内,沉溺于虚拟空间的忙碌,遗忘或丢失与他人在客观世界中的真实关系。因此,随着人工智能技术的不断逼近,不为劳动需要、不为他人需要的人逐渐成为冗余性的存在,这是人工智能的发展和应用中隐藏的存在论意义上的伦理风险。

从道德的视角分析,以大数据和算法为基础的人工智能的发展和应用存在侵犯个体的隐私权、限制人的自主性、模糊人的道德责任、消解人存在的意义和价值等伦理风险,而这些都是人类所珍视的人之为人的根本性价值,对这些价值的侵犯意味着从根本上挑战了人类存在的基础,因此,人类需要寻求抵御和超越这些伦理风险的原则、方法或机制,在与人工智能并行时保护人的自由、尊严和价值。

---

[1] 赵汀阳:《人工智能"革命"的"近忧"和"远虑"——一种伦理学和存在论的分析》,《哲学动态》2018年第4期。

第三节　应对人工智能风险的伦理原则

人工智能的伦理风险并非来自形而上学的假设或者某一伦理学理论的偏见，而是伴随着技术的发展进入人类生活世界的真切的、现实的风险和难题，是人类必须在理论上慎思和在实践中行动来抵御的风险。从消费者、技术专家、哲学伦理学学者、大型技术公司、非营利组织到各国政府对都基于不同的立场和价值对这一问题给出了回答，现列举一些有重要影响力的应对人工智能设计、开发、应用中的风险的伦理原则。

一　阿西洛马人工智能原则①

2017年1月，未来生命研究院（FLI）召开主题为"有益的人工智能（Beneficial AI）"的阿西洛马会议。法律、伦理、哲学、经济、机器人、人工智能等众多学科和领域的专家，共同达成了23条人工智能原则，被称为"阿西洛马人工智能原则"（Asilomar AI Principles）（以下简称"阿西洛马原则"）。阿西洛马原则共分为三大类，分别是科研问题（Research Issues）、伦理和价值（Ethics and Values）、更长期的问题（Longer-term Issues），呼吁全世界在发展人工智能的时候严格遵守这些原则，共同保障人类未来的利益和安全。其中伦理和价值部分共有以下13条：

（1）安全性：人工智能系统应当在运行全周期均是安全可靠的，并在适用且可行的情况下可验证其安全性。

（2）故障透明：如果一个人工智能系统引起损害，应该有办法查明原因。

（3）审判透明：在司法裁决中，但凡涉及自主研制系统，都应提供一个有说服力的解释，并由一个有能力胜任的人员进行审计。

（4）职责：高级人工智能系统的设计者和建设者是系统利用、滥用和行动的权益方，他们有责任和机会塑造这些道德含义。

（5）价值观一致：对于高度自主人工智能系统的设计，应确保其目

---

① 《阿西洛马人工智能原则》，2017年5月15日，https：//futureoflife.org/open-letter/ai-principles-chinese/，2023年2月22日。

标和行为在整个运行过程中与人类价值观相一致。

（6）人类价值观：人工智能系统的设计和运作应符合人类对尊严、权利、自由和文化多样性的理想。

（7）个人隐私：既然人工智能系统能分析和利用数据，人们应该有权利获取、管理和控制他们产生的数据。

（8）自由与隐私：人工智能对个人数据的应用不能不合理地削减人们实际或感知的自由。

（9）共享利益：人工智能技术应使尽可能多的人受益和赋能。

（10）共享繁荣：人工智能创造的经济繁荣应该广泛地共享，造福全人类。

（11）人类控制：为实现人为目标，人类应该选择如何以及是否由人工智能代做决策。

（12）非颠覆：通过控制高级人工智能系统所实现的权力，应尊重和改善健康社会所基于的社会和公民进程，而不是颠覆它。

（13）人工智能军备竞赛：应该避免一个使用致命自主武器的军备竞赛。

二　人工智能负责任发展蒙特利尔宣言[①]

Abhishek Gupta 是加拿大麦吉尔大学人工智能领域道德的研究人员，作为"蒙特利尔人工智能道德聚会"的发起人，Gupta 注意到，谷歌、微软、脸书、加拿大皇家银行等巨头都宣布在蒙特利尔注资，开发人工智能实验室，这推动了蒙特利尔在人工智能研究上不断向前。Gupta 和其他一些研究人员都希望，蒙特利尔不仅在 AI 研究上要走在前面，而且还应该顾及社会责任。2017 年 11 月，Gupta 和蒙特利尔大学的研究人员协助撰写了《人工智能负责任发展蒙特利尔宣言》（*Montréal Declaration for a Responsible Development of Artificial Intelligence*，以下简称"蒙特利尔宣言"）。该宣言为人工智能将如何尊重幸福、自主、正义、隐私、团结、

[①] Université de Montréal, "Montreal Declaration for a Responsible Development of Artificial Intelligence", https：//monoskop. org/images/d/d2/Montreal_Declaration_for_a_Responsible_Development_of_Artificial_Intelligence_2018. pdf.

民主和自身责任发展提供了明确的原则，主要内容如下：

（1）幸福原则：人工智能系统（AIS）的开发和使用必须有利于人类的共同福祉。

（2）尊重自主性：AIS 的开发和使用必须建立在尊重个人自主权的基础上，以加强人们对生活和周边环境的控制为目标。

（3）保护隐私和亲密关系原则：必须保护隐私和亲密关系，使其免受 AIS 入侵以及数据采集和归档系统（DAAS）影响。

（4）团结原则：AIS 的开发必须与维护人类各代间的团结相辅相成。

（5）民主参与原则：AIS 必须符合可理解性、合理性和可访问性标准，并且必须接受民主监督、辩论和控制。

（6）平等原则：AIS 的开发和使用必须有助于建立一个公正和公平的社会。

（7）多样性包容原则：AIS 的开发和使用必须与维护社会和文化多样性相辅相成，并且不得限制生活方式的选择范围和个人经验。

（8）谨慎原则：参与 AI 开发的每个人都必须谨慎行事，尽可能预测 AIS 使用的潜在不利后果，并采取适当的措施来避免这些后果。

（9）责任原则：AIS 的开发和使用不得用于减少人类在必须做出决策时所承担的责任。

（10）可持续发展原则：AIS 的开发和使用应用必须能够确保地球的环境保持强可持续性发展。

三　新一代人工智能治理原则——发展负责任的人工智能[①]

2019 年 6 月，中国"国家新一代人工智能治理专业委员会"发布了《新一代人工智能治理原则——发展负责任的人工智能》（以下简称"中国原则"），提出了人工智能治理的框架和行动指南。为促进新一代人工智能健康发展，更好协调发展与治理的关系，确保人工智能安全可靠可控，推动经济、社会及生态可持续发展，共建人类命运共同体，人工智

[①] 国家新一代人工智能治理专业委员会：《新一代人工智能治理原则——发展负责任的人工智能》，2019 年 6 月 17 日，https://www.most.gov.cn/kjbgz/201906/t20190617_147107.html，2023 年 2 月 22 日。

能发展相关各方应遵循以下原则：

（1）和谐友好。人工智能发展应以增进人类共同福祉为目标；应符合人类的价值观和伦理道德，促进人机和谐，服务人类文明进步；应以保障社会安全、尊重人类权益为前提，避免误用，禁止滥用、恶用。

（2）公平公正。人工智能发展应促进公平公正，保障利益相关者的权益，促进机会均等。通过持续提高技术水平、改善管理方式，在数据获取、算法设计、技术开发、产品研发和应用过程中消除偏见和歧视。

（3）包容共享。人工智能应促进绿色发展，符合环境友好、资源节约的要求；应促进协调发展，推动各行各业转型升级，缩小区域差距；应促进包容发展，加强人工智能教育及科普，提升弱势群体适应性，努力消除数字鸿沟；应促进共享发展，避免数据与平台垄断，鼓励开放有序竞争。

（4）尊重隐私。人工智能发展应尊重和保护个人隐私，充分保障个人的知情权和选择权。在个人信息的收集、存储、处理、使用等各环节应设置边界，建立规范。完善个人数据授权撤销机制，反对任何窃取、篡改、泄露和其他非法收集利用个人信息的行为。

（5）安全可控。人工智能系统应不断提升透明性、可解释性、可靠性、可控性，逐步实现可审核、可监督、可追溯、可信赖。高度关注人工智能系统的安全，提高人工智能鲁棒性及抗干扰性，形成人工智能安全评估和管控能力。

（6）共担责任。人工智能研发者、使用者及其他相关方应具有高度的社会责任感和自律意识，严格遵守法律法规、伦理道德和标准规范。建立人工智能问责机制，明确研发者、使用者和受用者等的责任。人工智能应用过程中应确保人类知情权，告知可能产生的风险和影响。防范利用人工智能进行非法活动。

（7）开放协作。鼓励跨学科、跨领域、跨地区、跨国界的交流合作，推动国际组织、政府部门、科研机构、教育机构、企业、社会组织、公众在人工智能发展与治理中的协调互动。开展国际对话与合作，在充分尊重各国人工智能治理原则和实践的前提下，推动形成具有广泛共识的国际人工智能治理框架和标准规范。

（8）敏捷治理。尊重人工智能发展规律，在推动人工智能创新发展、有序发展的同时，及时发现和解决可能引发的风险。不断提升智能化技术手段，优化管理机制，完善治理体系，推动治理原则贯穿人工智能产品和服务的全生命周期。对未来更高级人工智能的潜在风险持续开展研究和预判，确保人工智能始终朝着有利于人类的方向发展。

四 IEEE 人工智能设计的伦理准则[①]

电气电子工程师协会（IEEE）旗下的自主与智能系统伦理全球倡议项目于 2017 年正式在全球发布了《人工智能设计的伦理准则》（以下简称"IEEE 准则"）白皮书。该白皮书旨在为全球的人工智能领域的专家学者乃至决策者提供指南，确保人工智能系统以人为本，并服务于人类价值和伦理准则。强调自主与智能系统不应只是实现功能性目标和解决技术问题，而且应造福人类。"IEEE 准则"指出合乎伦理地设计开发和应用这些技术，应遵循以下一般原则：

（1）人权：确保它们不侵犯国际公认的人权。
（2）福祉：在它们的设计和使用中优先考虑人类福祉的指标。
（3）问责：确保它们的设计者和操作者负责任且可问责。
（4）透明：确保它们以透明的方式运行。
（5）慎用：将滥用的风险降到最低。
……

在世界上还有不少关于开发和应用人工智能的伦理原则，这里就不一一列举了。伦理学是研究人的学问，技术伦理也不例外，可以看出，上述所有的规范人工智能发展的伦理原则都是以"人"为核心而制定的，不难看出，人类已有的共识性的价值，如安全、平等、自由、公正、尊严、责任、权利等都没有因为技术的发展而被侵蚀或放弃，相反，当人工智能技术可能对这些价值构成威胁的时候，捍卫和增强这些人类价值观几乎是整个世界的共识，无论是企业还是政府，无论是技术专家还是哲学伦理专家。

上述四份人工智能的伦理原则的文件分别从两个向度捍卫了现代文

---

① IEEE：《人工智能设计的伦理准则》，2017 年 11 月，https：//standards.ieee.org/industry-connections/ec/autonomous-systems.html，2023 年 2 月 22 日。

明的人类价值观，一个消极向度，一个积极向度。消极向度就是不伤害，就是人工智能系统的开发应用不可以伤害人类的安全、隐私、平等、尊严，也不能够侵蚀人的自由、文化多样性等。如"阿西洛马原则"提出的安全性、隐私、价值观一致、人类价值观、自由与隐私、非颠覆等原则，"蒙特利尔宣言"倡导的尊重自主性、保护隐私、民主参与和多元包容等原则，"中国原则"中的公平公正、包容共享、安全可控、尊重隐私等原则，以及"IEEE准则"中的人权、问责和慎用原则。积极向度的原则要求人工智能系统的研发和应用应致力于增进人类（或有情生物）的福祉，这一点在四份文件中都有所体现，人类的福祉至少在目前来看依然是我们为技术发展设计的边界和目的。至于在未来的发展过程中，是否具有一定智能的人工智能也可以纳入人类范畴，或者人机结合的超人类或后人类是否为人类的新形态，这可以留待以后再去研究和讨论。总之，这两方面原则的核心都表达了人工智能系统的开发和应用的目的是指向人类的好生活，意图以人类的好生活为代价的人工智能技术都应该被限制或禁止，技术应服务于人类的目的，而不应该背离人的福祉和尊严去追求技术的目的、资本的目的或权力的目的。

这是一种理想的期待，也是人类基于当下的人工智能与人类的关系而达成的一种伦理共识，事实上，人工智能的发展已经给人类的价值观和人类的好生活造成了一定的侵害，也构成了一定的危险，面对伤害和危险，人类必须积极行动起来去共同抵御。技术永远处在变化之中，而且更新迭代的速度越来越快，一定会出现更多的人类始料未及的风险。人类为技术设置的边界在特定条件下很可能被突破和颠覆。人类也许不得不接受技术伦理的原则仅是动态的共识，而非固定的教条。这样，生成伦理共识的机制就很重要，我们必须找到一种合理的伦理共识的生成机制，这对于人类未来的包括人工智能技术在内的技术发展有着举足轻重的作用。

第四节 人工智能伦理风险的超越机制

为了捍卫人的隐私、自主性和价值，将人工智能的风险尽可能降到最低，学术界也试图从不同的视角研究超越人工智能的伦理风险的可能原则与方法。

第一是技术的视角，主张技术的问题还应用技术的方法来解决。如《智能时代》的作者吴军就主张"解决一种技术带来的漏洞最好的方法是采用另一种技术"①。他提出了保护个人隐私的两种方法：一是在搜集信息时对信息进行一些预处理，预处理后的数据保留了原来的特性，科学家和数据工程师能够处理数据，却"读不懂"数据的内容。二是双向监视技术，即使用者必须输入自己的真实信息才可以读取他人的信息，以确保数据的采集和使用保持双向知情。②

第二是伦理的视角，主张为人工智能的研发和应用设置伦理准则，如著名的阿西莫夫法则。该法则要求机器人不得伤害人类，或目睹人类个体将遭受危险而袖手不管；机器人必须服从人给予他的命令，当该命令与第一法则冲突时例外；机器人在不违反第一、第二法则的情况下要尽可能保障自己的生存。

第三是政治的视角，即吁求政治和法律的介入。人工智能的伦理风险有整体性、系统性、复杂性的特征，任何个体或组织都无法单独应对，只有从国家和国际的宏观层面上进行管理、干预和协调才有可能。

第四是整合伦理、政治与技术的综合视角。面对技术自主性的挑战，温纳提出需要开始寻求新的技术形式，这些技术形式的开发要在那些关心其日常应用和后果的人的直接参与下进行。具体的原则有：（1）作为基本原理，技术应被赋予一种规模和结构，使非专业人员能够直接理解。（2）技术应被构建得具有高度的可塑性和可变性。（3）应按照技术倾向于促成的依赖程度来对之作出评价，那些造成了更大依赖性的技术被认为是较差的。③赵汀阳指出唯有天下体系才能控制世界的技术冒险，他一方面要求给人工智能从程序上做有利于人的设置，另一方面提出建立一部世界宪法，以及运行世界宪法的世界政治体系，否则无法解决人类的

---

① 吴军：《智能时代：大数据与智能革命重新定义未来》，中信出版社2016年版，第268页。

② 吴军：《智能时代：大数据与智能革命重新定义未来》，中信出版社2016年版，第267—268页。

③ ［美］兰登·温纳：《自主性技术：作为政治思想主题的失控技术》，杨海燕译，北京大学出版社2014年版，第280页。

集体理性问题。①

以上四种应对人工智能伦理风险的策略都是将人类优先的价值观作为默认前提和实践目标。无论是技术专家、哲学家还是终端用户都不愿意人工智能技术的发展和应用威胁人和人的价值，这些来自不同视角的策略都是很好的建议，但是在具体的实践中都存在程度不同的困难，或者说有些措施基本上不具备实践可能性，如世界宪法以及与之相配的世界政治体系等。人工智能的伦理风险业已是一个既成事实的问题，在未来的技术图景中还会衍生出更多可预测和不可预测的风险，问题的迫切性吁求可操作性、有效性和现实性的应对策略。因此，提出一个大家都能接受的推进问题解决的机制或方法或许比具体但不太具有可行性的措施或原则更有价值。笔者尝试提出一个"蓄水池式"的民主协商机制作为超越人工智能伦理风险的决策机制，旨在整合所有利益相关者的知识和洞见，在充分协商的基础上达成智能技术发展和应用的伦理共识，以确保人工智能的未来发展是基于人的真实意图和理性慎思。

如果要抵御和超越人工智能的伦理风险，一个融贯性的行动策略是必要的，该行动策略的科学性、合理性、可行性也是必须考虑的因素。因此，行动策略的生成机制就得要顾及以上的诸多要求。一个"蓄水池"式的公共决策空间和相互博弈机制或许是通向一个相对完备的行动策略的最好方式。正如蓄水池都是由水、水池、进水口、过滤系统、排水口所构成的相对封闭又兼具流动性的空间，其建造是源于人的需要，其目的是满足人的需求。面对人工智能给人类带来的伦理风险，有必要在国家层面构建一个"蓄水池式"的民主的公共决策空间，允许并鼓励包括政府技术管理部门、计算机科学家、人工智能工程师、智能产品的研发和制造的企业、终端用户、技术哲学家、伦理学家等主体基于不同的视角和知识背景进入这一空间，犹如蓄水池被注入了不同性质的水，所有的想法在这里汇聚、碰撞、博弈、融合。政府部门构建各主体相互对话的平台、组织不同身份的主体进入决策空间，最终能够整合不同的价值诉求进行顶层设计、以基本共识为前提制定恰当的法律、政策并付诸实

---

① 赵汀阳：《人工智能"革命"的"近忧"和"远虑"——一种伦理学和存在论的分析》，《哲学动态》2018 年第 4 期。

践；科学家、工程师和企业负责报告可理解性的智能技术现状、可能问题和未来发展愿景；终端用户反馈智能产品使用的感受和改进建议；技术哲学家和伦理学家基于各类真实信息进行哲学伦理学层面的反思，指出人工智能发展所隐含的深层风险，并将结论反馈给"蓄水池"中的其他主体；在此基础上进行民主式商谈、博弈，以人的自由、尊严和价值为基点，形成共识性的策略来指导人工智能技术的研发和应用。在此基础上还可以进一步开展国际合作，形成全球性的人工智能发展战略，让人工智能的发展和应用尽可能置放在人的意图和掌控之下。

这是一个政府主导的民主、开放、平等的公共决策空间，所有主体的想法都是"蓄水池"的"源头活水"，没有科层制的烦琐和压抑，同时拒绝企业来自资本的傲慢、拒绝科学家工程师来自知识和技术的傲慢、拒绝政府来自权力的傲慢、也拒绝哲学家来自思想的傲慢，所有参与的主体都是基于平等的身份、专业的知识、合作的态度，以解决问题为指向，按照民主的商谈程序阐述自己的立场，听取他者的观点，共同研究如何在保护人的自由、尊严和价值的前提下发展和应用人工智能。正如蓄水池中的水不是由任何一个入水口流入的水，而是来自所有入水口的水汇聚、混合后生成的，经过充分博弈和协商后形成的融贯性的策略既不是任何参与主体的意志，又包含着所有参与主体的意志。观念性的策略见之于实践，指导人工智能的研发、制造和应用，一如蓄水池中的水流出排水口助益人的生活。但是，基于人的认知能力的有限性、人工智能系统的复杂多变以及超出设计者意图的应用方式等因素要求"蓄水池式"的决策机制是一个常态化的机制，同时保持参与主体和思想的流动性，以抵御思想的固化和新的权力阶层的生成，与智能技术的发展同步，对新问题保持敏感性，不断调整先前形成的原则、规范和策略，持续生成新的共识以应对不断发生的新问题。"蓄水池"式的生成机制类似胡比希提出的"帐篷伦理"和权宜道德，但它不预设或承诺任何价值，一切都是在时间和境遇中动态生成的，都是基于对技术、文化、社会、传统等因素的审慎考虑基础上的共同决策，建立在人类的共同智慧基础上的共识即使带来糟糕的后果，那也意味着是人类共同的命运和共同的责任。因此，审慎应成为未来人类的共同美德。

人类或许无法拒绝一个智能化未来和技术化生存的命运，人类也不能一劳永逸地超越人工智能带来的各种伦理风险。我们所能够做的就是在与人工智能同行时，不断地探索和反思，回应人工智能的伦理风险，尽可能规训技术的发展方向，保护人类不至于任由技术的盲目发展而失去人性的完整性，失去人的自由、尊严和价值。这是人与技术的角力，也是人与人自身的角力。也许人能做的不多，也许所做的亦是徒劳，"蓄水池隐喻"只是一种可能的人工智能伦理风险的超越机制，但是至少人类不能在技术的强势发展面前放弃自省和努力，不屈从于任何外在力量正是人性的高贵之处。

第 五 章

大数据、数据权利和信息隐私

人类的生活世界在计算机、互联网、人工智能等新技术的合力驱动下进入了大数据时代。大数据给所有的个体和共同体带来了新的福祉、自由和价值，释放出前所未有的经济价值与社会效应，人类的价值和权利列表上也增加了"数据主体权利"和"信息自由"等新的条目。但自"剑桥分析"事件之后，人们已经意识到大数据技术构成了对个体的隐私安全、自主性、社会公正等的威胁，也造成了人和人之间的紧张和分离，这种矛盾从虚拟空间延伸到物理空间。数据是信息时代和智能经济的"燃油"，这决定了对数据的过分保护和限制会伤害技术的发展和经济的活力；但任由数据被不加限制地收集、储存、传播和使用又伤害了数据主体的权利。在数据权利和信息自由之间，人们必须做出一个决定，不同的立场意味着不同的技术发展方向，也带来不同的经济、政治和文化后果。

每一个国家和地区的决策者都看到了数据的价值，也意识到了数据自由给人和社会带来的问题，都试着用法律和制度来平衡二者之间的关系，既保证信息的自由流动，又尽可能保护用户的隐私、自由，并保障社会公平，承诺对技术和资本构成的强大且复杂的力量负责。

这里以欧盟在2018年5月25日生效的《一般数据保护条例》(General Data Protection Regulation，以下简称GDPR）为例来说明大型政府组织是如何保护数据主体权利的，欧盟在这一问题上走在世界的前沿，致力于以保护数据主体权利和规制内部统一市场为目标。美国、中国和日本等国也制定了相应的政策和法律，在保护数据主体权利的前提下，更强调数据的自由流动和数据的经济价值。

第一节　数据主体与数据主体权利

一　什么是数据主体？

大数据技术赋予了人类个体一个新的身份——数据主体。所谓数据就是以数字的方式对事物、现象或事件的记录和描述，这些记录和描述大多是关于对象的客观、真实的反映，也可能存在一些偏差和错误。在互联网、云计算、算法和人工智能等技术的支持下，世界万物都快速实现了数据化，这些数据被收集、存储、挖掘和分析，可以转化为有价值的信息和资源，为个体或组织的决策与行动提供坚实可靠的依据。本书中所讨论的数据主体是指"一个可识别的自然人"，即"一个能够被直接或间接识别的个体，特别是通过诸如姓名、身份编号、地址数据、网上标识或者自然人所特有的一项或多项的身体性、生理性、遗传性、精神性、经济性、文化性或社会性身份而识别个体。"[1] 每一个直接或间接与智能终端连接的自然人都是一个数据主体，数据记录着他们的所言、所思和所行，记录了他们的过去和现在，这些数据经过算法分析可以对数据主体进行分类并贴上相应的标签，形成对数据主体的性格、偏好、能力等各种特质的认知判断，为数据的控制者的个性化、差异化数据服务提供依据。

数据主体既生活在现实的物理世界中，也生活在虚拟的数据世界中，物理世界中经历的事件都可以转化为数据，数据世界中的信息又可以转化为物理世界中的决策和行动，数据主体在两个世界中穿梭往返成为大数据时代的特有图景。显然，数据主体享有了大数据带来的便利、自由与福祉，生活的世界和视野突破了原先狭窄的时空范围，人们拥有了更多、更快、更合理的选择与机会。但是，与此同时，数据主体也感受到了随之而来的风险和问题。第一是数据的永久记忆（储存）替代遗忘成为常态。第二是数据的滥用将数据主体从目的性存在降格为资本增殖的工具。第三，数据的泄露、盗取或其他不正当的获取方式对数据主体的利益、隐私、自由、尊严等价值可能造成伤害。第四，大数据技术使

---

[1] 欧盟：《一般数据保护条例》，2018 年 5 月，http://wenku.baidu.com/view/cccdb04615791711cc7931b765ce05087732757e.html，2018 年 9 月 14 日。

得数据画像成为可能,一个可能与实体自我相分离的数据自我成了个体隐私的最大威胁。第五,个性化算法中的偏见和歧视会造成某些数据主体遭遇不公正的对待。因此,在数据主体拥抱大数据,创造新价值的同时,如何保护数据主体的隐私、自主、尊严和平等等基本权利是大数据时代提出的新课题。

二 数据主体权利

在世界范围内,抵御和破解大数据风险的方式大致有三种:行业自律、法律规制和技术赋权,①欧盟的 GDPR 是法律规制的典型代表。GDPR 第一章第一条就明确规定了制定本条例的目的——保护自然人的基本权利与自由,特别是自然人享有的个人数据保护的权利,以及促进欧盟内部个人数据的自由流动。GDPR 旨在诉诸数据主体权利来尽可能保护每一个数据主体的利益(如隐私、自决等)不受伤害。

GDPR 所指称的数据主体权利是大数据时代每一个直接或间接与互联网连接的自然人为了保护自己的正当利益而对控制和处理其数据的机构或个人所主张的一种法律权利。这是人类权利清单上的新条目,主要是源自数据技术的发展对人的利益和权利的侵蚀与破坏,这种侵蚀和破坏可能会导致数据主体的身体和心灵的伤害、自主能力的弱化以及受到不公正的对待等。该权利的载体是欧盟范围内所有的数据主体,该权利的应答者或责任者是所有为欧盟公民提供数据服务的机构和个人,包括数据的控制者、处理者、接受者和第三方。该权利主张的目的是保护数据主体的正当利益,保护的方式是刚性的法律保障,任何机构或个人若违反了 GDPR 的规定将面临处罚。作为一种新的权利条目,GDPR 框架内的数据主体权利有以下几个方面的特征:

第一,数据主体权利是一种基本的人权。GDPR 规定数据主体权利包含知情权、访问权、更正权、被遗忘权、反对权、限制处理权和数据可携带权,这些细分的权利条目主要是针对大数据的可能风险而做出的相应规定。所有这些权利都指向尊重数据主体的自主性和隐私权,或者说

---

① 赵康:《数据泄露折射隐私权保护问题》,2018 年 11 月 8 日,http://www.cass.cn/xueshuchengguo/shehuizhengfaxuebu/201811/t20181108_4772153.shtml,2018 年 12 月 3 日。

数据主体享有的诸权利是自主性和隐私权的具体化。对数据主体的自主和隐私的尊重则意味着对其尊严的承诺。尊严是一种基本的人权，这就诠释了 GDPR 第一条——"本条例保护自然人的基本权利与自由"——所宣称的宗旨。

第二，数据主体权利是一种普遍性的权利。数据主体权利并非囿于特定群体或个人基于特定理由而享有的权利，而是在大数据技术背景下生成的一种具有普遍性的基本权利。首先，大数据技术使得绝大部分人类个体都程度不同地与数据世界直接或间接相连，都是一个数据源，他（她）所有的日常生活都可以转换成数据，通过智能终端与大数据连接而汇入数据的海洋。其次，更重要的是，个体作为数据主体并不以特别的能力和资源为条件，个体的存在、言说、交往、行动、经历的事件甚至情绪等所有日常的生活状态都可以自动转化为数据被记录下来。这两个因素使得数据主体权利成为一种普遍性权利，与生命权、自由权和财产权具有一定的相似性。

第三，数据主体权利是一种非绝对性的权利。在 GDPR 的框架中，数据主体权利只是相对于数据控制者、处理者或者第三方的利益有相对的价值优先性。在具体的情境中，该权利的行使会受到来自他人的自然权利、信息自由、欧盟和各成员国的法律、公共利益等因素的约束，这集中体现在被遗忘权和反对权的规定中。另外，在美国和日本等国家，政府将保护和促进大数据技术发展和信息的自由流动放在优先的地位，数据主体的权利（如隐私权）的维护主要是依靠行业自律或事后的法律救济。所以，数据主体权利是一种可协商的非绝对性权利。

第四，数据主体权利是一种可扩展性的权利。现代技术最大的特征就是不确定性。当下的数据权利只是基于大数据技术与自然人的相关性所设定，然而技术的本质及其自主性决定了大数据技术正指向一个无限的、不确定的未来，未来会发生什么，未来的大数据与自然人之间会发生什么关系，产生哪些新的风险对于现时代的我们而言是一个未知的"X"。这决定了 GDPR 的法律条款会在时间流中不断扩展和变化，会随着大数据技术环境的变迁与开发利用的需求，不断产生新的个人对其数据的处置与分配权利。

欧盟用法律规制的方式保护数据主体权利为其他区域和国家制定相

关的法律提供了范例，同时激发了人们深入思考大数据的内在矛盾与风险，也让技术精英与科技公司明白了一个道理："能够不等于可以"，在大数据技术的开发应用中应该"有所为有所不为"。技术在服膺于自身的逻辑和资本的驱使之前，首先必须接受"伦理审计"，在利用所收集的数据获利的同时必须顾及数据主体的权利。

第二节 GDPR 规定数据主体拥有哪些权利？

日常生活的可数据化、数据的可还原性创造了难以估量的经济价值和商业机会，数据成为价值和意义之源，断开与数据世界的连接，个体的生命似乎就失去了意义。但是，人类个体的这种新的存在方式决定了个体失去了控制自身数据的能力和可能，决定了个体生活在数据技术的"凝视"甚至操控之下，个体的隐私、自由甚至尊严等我们所珍视的价值处在危险之中，直接造成了人的"被工具化"。GDPR 就是欧盟为了平衡数据自由和数据主体权利之间的内在冲突而设计的法律条例。

一 GDPR 框架内的数据主体权利

GDPR 的第三章第 13—22 条详细规定了数据主体所拥有的权利：知情权、访问权、更正和删除权（被遗忘权）、限制处理权、反对权、数据可携带权。各项数据主体的权利所对应的条款如表 5-1 所示：

表 5-1　　　　　　GDPR 数据主体权利一览表

数据主体权利	《条例》
知情权	第 12、13、14 条
访问权	第 15 条
更正、删除权（被遗忘权）	第 16、17、19 条
限制处理权	第 18、19 条
反对权	第 21、23 条
数据可携带权	第 20 条

资料来源：欧盟：《一般数据保护条例》，2018 年 5 月，http://wenku.baidu.com/view/cccdb04615791711cc7931b765ce05087732757e.html，2018 年 9 月 4 日。

具体的规定如下。

（1）知情权：GDPR第12、13、14条规定了数据主体对于关涉自我的数据被收集、处理、存储或转移等相关操作的知情权。第12条要求数据控制者应该以一种简洁、透明、易懂和容易获取的形式，以清晰、平白的语言向数据主体提供他（她）需要知悉的所有的信息。第13条规定数据主体在数据采集时必须被告知数据控制者的详细身份信息和联系方式、数据采集的目的、存储期限、数据处理的法律基础和可能的后果以及数据主体的所有权利。第14条则要求控制者在收集数据前要告知数据主体第13条所规定的所有信息。GDPR首先确保数据主体能够知晓和理解关涉自身的数据是被谁收集、用于何种目的、是否合法、可能的后果、存储多久等信息，然后再决定自己的数据是否允许被收集以换取来自数据控制者提供的服务。可以说知情权最大限度地尊重了数据主体的自主意志，支持数据主体经由自主的权衡、判断、选择，然后根据自己的意愿自由地作出决定。

（2）访问权：数据主体应当有权从控制者那里得知关于其个人数据是否正在被处理，如果正在被处理的话，其应当有权访问个人数据和与此相关的所有信息。若数据主体有要求，控制者必须为他（她）免费提供一个备份。

（3）更正权和删除权：《条例》认为，当数据主体的个人数据不准确时，有权要求控制者纠正这些数据，并且不得拖延。考虑到处理的目的，数据主体还有权使其不完整的个人数据变得完整化。

删除权也被称为"被遗忘权"，被遗忘权赋予了数据主体可以要求数据控制者删除他们的个人数据，停止数据的进一步传播，并同时有权利要求控制者通知第三方机构停止处理数据，删除其个人数据。条例规定了删除权行使的6种情形：如数据的目的不再必要、数据主体撤回先前的同意或行使反对权、数据被非法处理、为了遵守欧盟或成员国的法律而需要删除等。同时也规定了限制这一权利的5种情形：为了信息自由或言论自由，为了遵守欧盟或成员国的法律，为了公共利益或被委托行使公权力时，为了公共卫生领域的公共利益，出于公共利益的存档目的、科学或历史研究目的或统计目的。若删除数据会导致这些目的无法实现或阻碍它们的实现，删除权就会被限制或取消。

(4）限制处理权：GDPR 规定了 4 种情形，即数据主体对数据的准确性有疑义、非法地处理但数据主体不要求删除、目的不再需要但为了数据主体的合法权利、在确认控制者的数据处理行为是否有优先于数据主体的正当理由前，数据主体有权要求控制者对处理进行限制。当数据处理受到限制时，除存储之外不能再进行其他的处理行为，除非数据主体同意，或为设立、行使或捍卫合法权利，或为保护其他自然人或法人的权利，或为了维护联盟或成员国规定的重要公共利益而被处理。当数据处理的限制被取消时，控制者应当通知数据主体。

（5）反对权：指数据主体随时有权反对关乎其自身数据的处理，包括根据这些条款进行的"用户画像"①，数据主体应当有权随时反对。此时，控制者须立即停止针对这部分个人数据的处理行为，除非控制者证明，相比数据主体的利益、权利和自由，具有压倒性的正当理由需要进行处理。

（6）数据可携带权：这是欧盟赋予数据主体的一个新的权利，指的是在特定情形下，数据主体有权获得其提供给控制者的相关个人数据，且其获得个人数据应当是经过整理的、普遍使用的和机器可读的，数据主体有权无障碍地将此类数据从其提供的控制者那里传输给另一个控制者，条件是这样做不会伤害公共利益或对其他人的权利和自由产生负面影响。数据可携带权一定程度上支持了两种自由：数据主体的自由权利和数据的自由流动权。

在数据价值和数据主体权利之间，GDPR 倾向于后者，选择了有条件地优先保护数据主体的权利。从 GDPR 对数据权利的规定及其相关约束条款中可以看出，其一，欧盟用法律的形式明确了数据主体拥有自我数据的控制权和所有权，这是基于主体的自主性和自决权的尊重，或者说是在大数据时代将被技术褫夺的权利归还数据主体。其二，尽可能尊重数据主体的隐私。大数据构成了对数据主体隐私的威胁，但数据本身具有巨大的价值。在隐私和价值之间，GDPR 选择了用法律去尽可能保护个

---

① GDPR 指称的"用户画像"是为了评估自然人的某些条件而对个人数据进行的任何自动化处理，特别是为了评估自然人的工作表现、经济状况、健康、个人偏好、兴趣、可靠性、行为方式、位置或行踪而进行的处理。

体的隐私。其中被遗忘权、反对权、反对用户画像和禁止处理敏感数据等规定都是保护个体隐私的条款，这些条款是大数据时代个体隐私的外壳，可以相对有效地阻抑个体的数据在互联网上被任意传播和任性挖掘，赋予了个体一定的权利去阻止自己被异化为资本逐利的工具和他者围观的对象。其三，坚持公共利益优先。在 GDPR 所列举的可以超越数据主体权利的限制条件中，公共利益是一个重要的考量因素。公共利益可以在设置了恰当保护措施的前提下对数据主体的删除权、反对权、可携带权、限制处理权等进行克减和限制。第 89 条明确规定"对于为了实现公共利益、科学或历史研究或统计目的处理，成员国的法律可以按照本条第 1 段所规定的情形与防护措施（匿名化——作者注）对第 15、16、18、21 条所规定的权利进行克减——如果此类权利可能彻底阻碍或严重阻碍实现上述目的，而此类克减对于实现上诉目的是必要的。"[①] 可见，GDPR 主张合理的公共利益是数据主体权利的边界。

二 中国、美国和日本的主张

GDPR 是对欧盟的公民和为欧盟公民提供数据服务的公司具有有效性和约束力，但大数据的风险是一个世界性的问题，在欧盟之外，其他的国家和地区对于这一问题也有较为清晰的认知和系统的研究，并试着应用技术、法律和行业自律等方法来保护数据主体的权利。然而，在数据价值和数据风险的相互关系问题上，以中国、美国和日本为代表的其他国家在价值立场上与欧盟存在一定的差异。

作为世界上大数据技术最先进的美国，2014 年 5 月，总统执行办公室发布 2014 年全球"大数据"白皮书——《大数据：把握机遇，守护价值》（*Big Data: Seize Opportunities, Preserving Values*，以下简称《白皮书》），这份报告是美国官方对大数据价值与大数据风险之间关系价值取向的一个全景呈现。美国作为掌握引领大数据技术的发达国家，深谙大数据的价值，同时也敏锐地意识到大数据对公民的隐私、自决和公正等基本价值造成了威胁。一方面，《白皮书》指出，"大数据技术能够将大

[①] 欧盟：《一般数据保护条例》，2018 年 5 月，http://wenku.baidu.com/view/cccdb04615791711cc7931b765ce05087732757e.html，2018 年 9 月 14 日。

量的数据集以从前不可能的方式分析出有价值的东西"。"若使用得当,大数据分析能够提高经济生产率,改善客户与政府服务体验、挫败恐怖分子并且拯救生命。"另一方面,白皮书也详细分析了大数据可能带来的问题:"从技术角度讲,这(采集尽可能多的数据——作者注)促使了数据具有功能性上的永恒性和普及性,使我们留下的数字痕迹被采集、分析、组合,揭示出关乎我们自身与生活的数量惊人的事物。这些发展挑战了人们长期以来的隐私观念。"不仅如此,"大数据技术能够从意识形态或文化上把人隔离开来,就像泡沫过滤器一样,有效地防止他们接触到一些对他们的偏见与假设构成挑战的信息"。[1] 同时指出,即使在并非有意歧视的情况下,大数据的使用仍然可能导致有失公正的结果。在数据的价值与风险之间,美国政府更看重大数据为经济社会发展所带来的创新动力,对于可能与隐私权或其他权利产生的冲突,则以解决问题的态度来处理。法律上诉诸宪法第四修正案、《隐私法》、《消费者隐私权法案》和公平信息实务法则[2],技术上诉诸个人身份信息的"模糊化"(de-identity)、"请勿追踪"的隐私设置以及行业认证等对侵权行为进行预防和处理。但是,《白皮书》明确指出,"无论大数据所带来的问题是多么的严重与重要,政府依然会支持相关电子经济的发展并提供免费的数据流来激发大数据的创造力"。旨在寻求"如何将风险最小化的同时,实现数据价值最大化"。[3] 总之,和欧盟不同,美国在数据价值和数据权利之间更偏向于前者。

中国关于数据主体权利的《个人信息保护法》于2021年8月20日十三届全国人大常委会第三十次会议通过,并于2021年11月1日起正式生效。《个人信息保护法》共8章74条,明确了个人信息处理活动应遵

---

[1] Executive Office of the President, "Big Data: Seize Opportunities, Preserving Value", https://obamawhitehouse.archives.gov/sites/default/files/docs/big_data_privacy_report_may_1_2014.pdf.

[2] 公平信息实务法则规定个人有权知道他人收集了关于他的哪些信息,以及这些信息是如何被使用的。进一步说,个人有权拒绝某些信息使用并更正不准确的信息。信息收集组织有义务保证信息的可靠性并保护信息安全。

[3] Executive Office of the President, "Big Data: Seize Opportunities, Preserving Value", https://obamawhitehouse.archives.gov/sites/default/files/docs/big_data_privacy_report_may_1_2014.pdf.

循的原则，构建了以"告知—同意"为核心的个人信息处理规则，保障个人在个人信息处理活动中的各项权利，强化个人信息处理者的义务，明确个人信息保护的监管职责，并设置严格的法律责任。这部法律的颁布实施对于规范中国关于个人信息的收集、储存、使用、传播和保护等都具有重要的意义。其中第四章明确规定了数据主体拥有知情同意权、访问权、携带权、修改权、删除权等具体权利，并在第二章第二节对个人敏感信息的处理作出了明确规定。敏感信息包括生物识别、宗教信仰、特定身份、医疗健康、金融账户、行踪轨迹等信息，以及不满十四周岁未成年人的个人信息。法律规定信息处理者在处理这类信息时应取得个人的单独同意，并告知信息处理可能的影响，未成年人的信息处理应取得其父母或其他监护人的同意。可以说个人的敏感信息在法律上获得了较为严格的保护，同时对违反法律规定的信息处理和传播行为给出了明确的惩罚措施。

另外，《中华人民共和国宪法》第 38 条规定了公民的人格尊严不受侵犯，第 40 条规定了公民的通信自由和通信秘密受法律保护。《中华人民共和国民法通则》将侵犯隐私视为侵犯名誉权来加以对待。另外，《计算机信息网络国际联网管理暂行规定实施办法》第 18 条规定，不得擅自进入未经许可的计算机系统，篡改他人信息；不得在网络上散发恶意信息，冒用他人名义发出信息，侵犯他人隐私。《网络安全法》第 44 条规定，任何个人和组织不得窃取或者以其他非法方式获取个人信息，不得非法出售或者非法向他人提供个人信息。

日本的《个人信息保护法》则"主张过强的数据排他权制度设计不利于数据产业的战略发展，并提出建议即在保障数据安全的基础上，以推动数据开放流动、开发应用为主要目的，不适宜对数据设置过多的私权制度障碍。"[①]

和其他国家相比，GDPR 被称为"史上最严的数据保护条例"，对大数据技术的研究和应用给出了明确的法律边界和价值立场，该条例生效后，从世界各国为欧盟各成员国提供数据服务的科技公司积极调整他们

---

① 李慧敏、王忠：《日本对个人数据权属的处理方式及其启示》，《科技与法律》2019 年第 4 期。

的数据政策和英、法等国对各科技公司开出的巨额罚单都证明了 GDPR 的可操作性和欧盟保护数据主体权利的决心。即便如此，也不意味着 GDPR 成功化解了数据主体权利的风险，仍然存在不少未决问题等待人们去进一步思考和研究。

第三节 数据主体权利的未决问题

GDPR 在推进数据主体权利保护的立法方面卓有成效，它的高额罚款设定促使所有为欧盟各国公民提供数据服务的公司或者关闭服务，或者转变数据收集和处理方式。然而，这种运用法律规制大数据技术的方法在很多技术精英看来很可能是无效的举措，或者即使有效也是微乎其微，因为笨拙和滞后的法律条文根本无法跟上并能前瞻性地规制快如闪电的技术迭代。大数据专家维克托·迈尔—舍恩伯格认为为保障个人的信息安全而建立的庞大的规则体系都是无用的马其诺防线而已。[①]《智能时代》作者吴军说："既然我们不能指望我们的隐私靠一些公司的善意来保护，那么是否有希望通过立法的手段来解决保护隐私的问题，答案基本上是否定的。"[②] 尤瓦尔·赫拉利也认为，"等到笨重的政府终于下定决心进行网络监管，互联网早已又演进了 10 次。政府这只乌龟，永远赶不上科技这只兔子，就这样被数据压得无法动弹"[③]。也许这些表述有些过分低估了政府和法律的效用，但明确传递出的信号就是通过法律规制来保护大数据时代的数据主体的权利可能是不充分的，对 GDPR 的未决问题的探究将会有益于法律的完善和权利的保护。

一 数据权利还是信息自由？

GDPR 第 17 条关于数据主体的删除权（被遗忘权）规定"数据主体有权要求控制者删除关于其个人数据的权利。如果控制者已经公开个人

---

① ［英］维克托·迈尔—舍恩伯格、［英］肯尼斯·库克耶：《大数据时代：生活、工作与思维的大变革》，盛杨燕、周涛译，浙江人民出版社 2013 年版，第 21 页。
② 吴军：《智能时代：大数据与智能革命重新定义未来》，中信出版社 2016 年版，第 334 页。
③ ［以］尤瓦尔·赫拉利：《未来简史：从智人到神人》，林俊宏译，中信出版社 2017 年版，第 339 页。

数据，他应该告知其他正在处理个人数据的控制者们，数据主体已经要求他们删除那些和个人数据相关的链接、备份或复制。"被遗忘权是GDPR新增的数据权利，体现了对数据主体的自主性和隐私的充分尊重。但是，被遗忘权并非绝对权利，有些特定情形能够限制该权利的行使，第17条第3款（a）——"为了行使表达自由和信息自由的权利"就是一个重要的限制因素。在欧洲，个体隐私和信息自由是两个同等重要的权利，在具体的诉讼案件中，它们可以视具体情形而互相反对，而并非简单的后者压倒前者。因此，GDPR的第一个未决问题就是如何处理数据权利和信息自由之间关系。

《欧洲联盟基本权利宪章》第10条诠释了信息自由，主张人人享有表达自由的权利。此项权利包括持有意见的自由，接受和传播信息与思想的自由，而不受公共权力机构和地域的限制。信息自由是公民自由权的一个重要组成部分，欧盟规定该权利包括表达的自由、接受信息的自由和传播信息的自由，只有当该权利的行使可能会危害公共的安全、利益、健康、道德、司法公正或者他人的名誉与权利时才会受到限制。信息自由和数据主体的权利（特别是被遗忘权）之间的冲突在大数据的技术背景下开始凸显出来。一方面如果没有信息自由，大数据技术、人工智能等现代技术根本不能发展起来，公民的自由权利也会受到伤害。甚至在数据主义者看来，"信息自由是最高的善"。他们相信"一切的善（包括经济增长）都来自信息自由……如果想要一个更美好的世界，关键就是要释放数据，给它们自由"[①]。另一方面，如果不尊重和保护数据主体的被遗忘权，信息的滥用则可能会对主体的名誉、身体、心灵和生活构成持久的伤害，甚至会左右社会的政治、经济和舆论的方向。"剑桥分析事件"就是一个典型的例证。

GDPR在数据权利和信息自由之间的内在紧张关系的处理原则较为简单，只是表明信息自由是数据主体权利的一个制约因素，但是当二者发生了冲突究竟应该如何抉择并没有给出可操作性的意见。实际上，欧洲法院在审理这类相关案件时，遵循的是具体案例具体分析（case-by-case

---

[①] ［以］尤瓦尔·赫拉利：《未来简史：从智人到神人》，林俊宏译，中信出版社2017年版，第346—347页。

的原则。该原则在 2012 年德国的斯普林格（Springer）案[①]和 2014 冈萨雷斯诉西班牙 Google 案[②]中得到了体现。前者，欧洲人权法院支持了新闻报道的信息自由权和公众的知情权；后者，欧洲法院则支持了冈萨雷斯的被遗忘权和隐私权。这两个案子若想要在 GDPR 中寻找答案则可能是徒劳，但这一问题是在大数据时代会频繁遭遇的难题，也是 GDPR 在数据主体权利方面的第一个未决问题。

二 永久性删除抑或是技术性隔离？

数据技术彻底改变了人类记忆与遗忘的曲线。曾经遗忘是人性的缺陷，人们为了对抗遗忘，"人类不断地尝试用本能、语言、绘画、文本、媒体、介质来记住我们的知识。千年以来，遗忘始终比记忆简单，成本也更低"[③]。但是，大数据技术使得巨量数据的永久记忆成为可能，遗忘成了例外。人与智能终端共存的在线生活模式决定了几乎所有的生活内容都可以用 0 和 1 的数字方式进行记录与还原。"数字技术已经让社会丧失了遗忘的能力，取而代之的则是完善的记忆。"[④] 然而，对于人而言，有些过去的事他希望永久被记忆，而有些过去的事则希望尽快被遗忘，

[①] 在汉堡高院 2006 年审理的（Sachen Springer Verlag）案件中，某位在电视剧中饰演警局局长的演员，在慕尼黑啤酒节上被拍到吸食和携带可卡因，媒体对其指名道姓地进行了图文报道，并指其曾有携带麻醉品之违法行为的前科，并报道其受审情况，汉堡法院以涉及人格权侵权为由禁止该期报纸出版。此案最终提交到欧洲人权法院，后者于 2012 年 2 月 7 日对此案作出判决，判定该禁令不应适用，因为在该演员的拘捕和审判一事上存在公众的信息利益，媒体获取信息的方式与渠道完全合法。

[②] 2010 年 2 月西班牙公民冈萨雷斯（González）向西班牙数据保护局（Spanish Data Protection Agency）提出对西班牙报纸发行商 La Vanguardia 以及谷歌公司及其西班牙分支机构（Google Spain SL）的申诉。申请人的房产因进入追缴社保欠费的扣押程序曾被公告要强制拍卖，该等公告刊载于 1998 年 1 月和 3 月发行的报纸，且因此为谷歌搜索引擎所收录。申请人认为上述扣押程序早在很多年前已被彻底解决，要求发行商删除该处或修改有关页面，以便与他有关的个人资料不再出现，或者使用任何可能改变搜索结果的办法以便保护其隐私，并要求谷歌公司及谷歌西班牙删除或屏蔽与之有关的个人信息，以便这些资料不再出现在搜索结果之中。2014 年 5 月 13 日欧洲法院作出裁决，确认数据主体享有被遗忘权，互联网搜索服务提供商有义务删除过时的、不相关的信息。

[③] ［英］维克托·迈尔—舍恩伯格：《删除——大数据取舍之道》，袁杰译，浙江人民出版社 2013 年版，第 23 页。

[④] ［英］维克托·迈尔—舍恩伯格：《删除——大数据取舍之道》，袁杰译，浙江人民出版社 2013 年版，第 9 页。

这些希望尽快被他人和社会所遗忘的记忆是那些令他不愉快、痛苦、愤怒、尴尬、羞愧甚至屈辱的事件或任何可能会对当下和未来的生活造成困扰的事件。但是，数字技术无差别地记录和存储着你的信息，人们想记住的和想忘记的信息都被完整地记录、永久地保存和处理。记忆常态化和遗忘成为例外的数据时代彻底颠覆了记忆与遗忘的自然特征。没有人能够预测哪些数据可能会给未来生活投下阴影和成为障碍。在永久记忆成为可能的当下，遗忘从缺陷变成了美德。

GDPR第17条赋予了数据主体一个新的权利——删除权（被遗忘权），就是为了保障个体的数据可以根据数据主体的愿望被保留或删除，该权利将删除数据的主动权赋予了数据主体，数据主体可以根据自己的愿望要求数据控制者删除自己想要删除的关涉自身的数据，只要不违背GDPR第17条第3款的规定就可以。这一规定确实在一定程度上尊重了数据主体的自决权和自主性，保护了数据主体的权利。但是，数据的删除意味着破坏了数据的完整性。随着数据主体权利意识的觉醒，若出现大量删除数据的要求则会导致数据的残缺和不完整。大数据的特征是"全样本"，残缺的数据可能造成计算结果的偏差，依赖大数据进行决策的主体则可能做出错误的判断与选择，造成不可预测的行动后果。大数据时代人们的行动对算法和数据的依赖决定了数据的不完整有着不可预知的风险。

更重要的是，数据的价值并不仅限于特定的用途，它可以为了同一目的而被多次使用，也可以用于其他目的。舍恩伯格说："数据就像一个神奇的钻石矿，当它的首要价值被发掘后仍能不断给予，它的真实价值就像漂浮在海洋中的冰山，第一眼只能看到冰山的一角，而绝大部分都隐藏在表面之下。"[1] 如谷歌公司就曾在2008年利用检索的词条获得了甲型HINI流感暴发的非常有价值的数据信息。若大量的数据被删除，数据的价值就会打折扣。GDPR第17条第1款（a）规定，若个人数据对于实现其被收集和处理的目的不再必要，控制者有责任及时删除个人数据。这意味着GDPR只允许被收集的个人数据用于特定目的，目的实现就必

---

[1] ［英］维克托·迈尔—舍恩伯格：《删除——大数据取舍之道》，袁杰译，浙江人民出版社2013年版，第127页。

须删除，这必然会阻碍数据其他潜在价值的实现。被收集的数据可以在哪些方面有价值，数据的相关性信息并不会向拥有者全部打开，而是一个逐步"敞现"的过程。数据的删除则会阻抑其价值的"敞现"。

被遗忘权的实践首先在具体操作上比较困难，其次也不符合大数据可再利用和价值多维的特征。美国、日本等国所主张的对数据进行"匿名化""模糊化"的技术处理以限制数据的用户识别是一个可以考虑的替代性策略。但是，《白皮书》告诉我们，"对数据进行加密、删除独特标识符、打乱数据使其无法识别个人，或者在其个人资料的控制上给予使用者更多的权限是目前采用的几种技术解决方案。但是有目的的模糊化处理可能使数据丧失其实用性与确保其出处及相应责任的能力"[1]。而且，数据整合技术仍然可以把经过模糊化处理的碎片链接复原，并重新确定相应的个人或设备信息。所以，模糊化或匿名化对于数据主体权利也只是一种有限的保护。采用技术性隔离以祛除数据的可获得性，同时保持数据的完整性也许是另一条可以考虑的路径。一旦数据被技术性隔离则无法在互联网上被直接获取，祛除了其公共性。当公共利益、科学研究或者法律要求等需要使用且使用具有正当性和必要性时，数据控制者或第三方可以通过申请、评估且经由数据主体同意后可重新利用，这样既可以保护数据主体的信息不被轻易地公开获取，有效保护了数据主体的隐私权，又不会妨碍数据的完整性和重复利用。这是 GDPR 在数据主体权利方面第二个需要进一步考虑的未决问题。

三　原生数据的保护与衍生数据的无为

GDPR 所指称的"个人数据"是任何已识别或可识别的自然人（"数据主体"）相关的信息。这些信息包括姓名、身份、地址、网上标识或者自然人所特有的一项或多项的身体性、生理性、遗传性、精神性、经济性、文化性或社会性身份等信息。数据控制者和处理者可以将这些数据根据特定目的进行运算和挖掘，然后输出结果。我们将处理前的数据称

---

[1] Executive Office of the President, "Big Data: Seize Opportunities, Preserving Value", https://obamawhitehouse.archives.gov/sites/default/files/docs/big_data_privacy_report_may_1_2014.pdf.

为原生数据，运算和处理后的数据称为衍生数据。GDPR所保护的显然是原生数据，数据个体对原生数据和相关的处理拥有知情权、访问权、反对权、限制处理权、删除权等权利。但我们不能简单地认为掌握了原生数据也就控制了衍生数据。虽然原生数据的保护确实会影响衍生数据的生成，但这种影响是有限的。GDPR第13条第2款（c）点规定：当处理是根据第6（1）条或第9（2）条的（a）点而进行的，数据主体拥有随时撤回——这种撤回不会影响撤回之前根据同意而进行处理的合法性——同意的权利。[①] 这意味着GDPR并不干预撤回之前基于个体数据的处理而生成的衍生数据。即使数据主体删除了原生数据，但处理后的数据依然保留在数据系统中，前述的"再识别技术"可以进行数据还原而重新确定相应的数据主体，为其提供个性化的数据服务或为其他个体和组织所利用。GDPR在衍生数据方面并没有作出具体的规定。

个体要获得大数据服务的便利和好处，一般都需要以自身的数据去交换，个体自身的数据为数据的个性化服务提供了标签或索引。智能算法会根据个体数据的特征和类别对其进行信息推送。这种类型化、个性化的信息推送（如广告、新闻、音乐、视频、文章等）会窄化和固化个体的信息接收，强化个体在某一个方面或某一个视角的认知。"如果所谓'事实'就是满足了'恰当证据'的事务，而恰当证据的标准又是视角所创立的，那么'没有独立于视角的真实世界'意味着，'事实'在一定意义上是视角所制造的。"[②] 信息的个性化服务实际上为数据主体创设了一个特定的个性化视角，虽然满足了个体不被大量无用信息干扰，事实上限制了个体的信息完整性，形成了衍生信息的"茧房效应"。同类型的信息铺满个体的生命时间和生活空间，若个体没有意识到这一点，则很难突破信息的包裹。但是如果你主动转换了所关注的信息主题，智能算法又即刻用同类相关信息重新包围你。最终大数据时代的个体生活要么沉溺在一个信息茧房中，要么在不同的信息茧房中辗转，永远不能突围。

可以看出，数据世界的开放性与个体信息的获取相对封闭性之间并

---

① 欧盟：《一般数据保护条例》，2018年5月，http://wenku.baidu.com/view/cccdb04615791711cc7931b765ce05087732757e.html，2018年9月14日。

② 刘擎：《共享视角的瓦解与后真相政治的困境》，《探索与争鸣》2017年第4期。

不矛盾。数据技术使得每一个体都被包裹在一个信息场中，这决定了个体可能将偏差性的观点当成真理，最终的后果是人与人之间的疏离和孤立，从而撕裂和分离我们共同的生存世界。2016年的美国大选和英国脱欧公投就是明证。GDPR虽然规定了数据处理的原则，但并未涉及衍生数据的治理，这些由原生数据派生的数据可能会对主体的自主性和自决权构成伤害。因此，GDPR对数据权利的保护是有限的，并不能充分抵御大数据对人的生活世界的重新建构和对人的道德权利的侵蚀。这是GDPR在数据主体权利上的第三个未决问题。

欧盟的数据立法确实在保护数据主体的隐私、尊严和自主等方面进行了有益的探索，在数据主体权利与大数据价值之间明确承诺前者的价值优先性，并且设计了较为可行和完备的措施来保护和尊重数据主体权利。但大数据的问题和风险是如此的复杂和深远，还有待在法律、技术和哲学等多维视角进一步的研究和探索。

第四节 数据、信息和信息隐私问题

各国关于数据权利的立法在不同程度上保护了数据主体的权利、尊严和自由，然而数据主体享有数据权利的道德要求还需要从理论上予以进一步分析和澄清，即诠释法律权利或道德权利要求背后的道德基础，为数据权利的正当性提供充分的道德理由。其中个体数据的产生、收集、处理和应用中所发生的信息隐私问题是最值得关注的焦点，信息隐私的可及性、脆弱性、私密性以及永久记忆等特征可以说重新定义了数据主体，人类的持续在线生活还可以享有隐私权吗？大数据技术仅是单向度地侵蚀了人类隐私吗？工业文明时代的信息隐私和信息文明时代的隐私概念有区别吗？信息隐私在何种意义上是重要的？对这些问题的回答首先要从数据和信息的定义开始。

一 数据与信息

在有些研究和表述中，作者并不严格区分数据和信息这两个概念。但隐私与个体或个体构成的群体或组织之间存在有意义的互动和关联，在大数据技术背景下，如果个体的隐私是重要的，那就必须从逻辑上阐明个体的隐私的生成机制、特征和价值，这就需要说明隐私是由数据表征的，还是信息承载的？

数据是原始的事实和数字，通常以未经处理的形式存在。它可以是一串数字、文字、图片、声音或其他任何可以量化的信息。数据本身没有上下文，也没有明确的含义或目的。数据是对客观对象的原始描述，是未经解释和组织的符号。数据本身没有内在的意义，它的价值在于它的潜在用途和解释。

信息是从数据中提取的有意义的内容。它是对数据进行解释、组织和处理后得到的结果，具有明确的上下文和可以传达给接收者的意义。信息能够回答"谁""什么""何时""哪里""为什么"和"如何"的问题。信息是数据经过处理、解释和组织后获得的意义结构。信息提供了理解世界的方式，它是知识的基础，对于决策和行动至关重要。哲学上，信息是数据经过处理、解释和组织后获得的意义结构。信息提供了理解世界和人的方式，对于决策和行动至关重要。因此，信息的可及性和准确性很重要。错误或误导性的信息可能导致错误的决策和不良后果。因此，确保信息的质量是伦理责任的一部分。

在数据和信息之间，数据是没有"上下文"和语境的碎片化符号，需要通过处理和添加"上下文"并进一步分析才能转化为有用的信息。因此，数据是信息的原料和基础，信息是数据中衍生出的更高层次的概念。数据在被处理和诠释之前是没有目的的，信息通常带有特定的目的，可以被用来做出决策和解决问题，一般意义上，信息比原始的数据更有价值。

从数据到信息的转化机制是由以下的六个步骤构成的。

第一，数据收集：这是转化过程的第一步，涉及从各种来源收集原始数据。数据可以通过调查、传感器、在线活动、交易记录、实验观测等方式收集；第二，数据清洗：收集到的数据可能包含错误、重复或缺失的值，数据清洗是识别并纠正这些问题的过程，包括缺失值处理、错误纠正、重复数据的删除、异常值处理以及数据验证等以确保数据的质量和准确性；第三，数据整合：数据可能来自不同的来源和格式。数据整合是将这些不同来源和格式的数据合并成一个统一视图的过程，以便于进一步分析；第四，数据分析：在这一步，数据分析师使用统计方法、数据挖掘技术或机器学习算法来探索数据，发现数据中的模式、趋势和关联，以便发现有用的信息、做出结论和辅助决策的过程；第五，数据解释：分析的结果需要被解释，以转化为可理解的信息。这通常涉及将技术性较强的分析结果转化为非技术背景人员也能理解的术语；第六，信息呈现：信息以视觉或文字形式呈现，以便决策者和利益相关者能够理解并据此做出决策。这个转化机制是一个系统工程，经由这个过程将收集到的数据转化为有价值的信息，作为后续决策和行动的依据，这个转化机制是一个迭代的过程，每个步骤都可能影响后续步骤的结果。因此，确保每一步的准确性和有效性对于从数据中提取高质量的信息至关重要。因此，数据和信息是两个不同层次的概念，数据是信息的"原料"，信息是从数据中生成的"产品"。

数据需要经过翻译、解读和建构才能够成为可理解和可利用的信息。数据和信息的关系类似于康德哲学中感性经验和知识的关系。康德说："我们的知识来自内心的两个基本来源，其中第一个是感受表象的能力（对印象的接受性），第二个是通过这些表象来认识一个对象的能力（概念的自发性）；通过第一个来源，一个对象被给予我们，通过第二个来源，对象在与那个（作为内心的单纯规定的）表象的关系中被思维。所以直观和概念构成我们一切知识的要素，以至于概念没有以某种方式与之相应的直观，或直观没有概念，都不能产生知识。"[①] 感性经验是知识的质料，知识赋予了经验以结构和意义。经验是感性杂多，知识是系统的、可理解的，感性的经验必须经由心灵中的种种先验的观念或范畴（如时间、空间、因果关系等）的组织和约束，才可能生成知识。

从感性经验到知识的过程是人的认知生成机制，从数据到信息的过程是机器和人合作共同生成认知的机制。数据提供了对现实世界的直接观测和记录，类似于感性直观对外部世界的直接感知。它们都是原始的、未加工的材料，是所有进一步分析和理解的基础。就像感性直观需要通过理性和理解力转化为知识，数据也需要通过处理和分析转化为信息。这个过程涉及对数据进行整理、分类、分析和解释，使其能够为决策和理解提供有价值的见解。信息是对数据进行理解和解释后的结果，

[①] ［德］康德：《纯粹理性批判》，邓晓芒译，人民出版社2017年版，第41页。

类似于知识是对感性直观进行结构化和意义赋予后的结果。通过算法对数据的分析和解释，我们将其转化为有用的信息。对于个体数据的解析和运算生成的信息可以还原和打开个体的身体、心理、活动、情绪、偏好等特征，生成一个可以与主体相分离的信息化的实体，这是自我的另一种身份，弗洛里迪（L. Floridi）将数据与通信技术背景下的个体诠释为"信息化的实体"，提出人的本质在新的技术文明下实现了一个根本的转换。虽然并不完全同意这个观点，但不失为一种对人的新的认知视角。

基于大数据技术的大规模研发和普遍应用，能够被收集的数据相较于之前呈现出巨量增长的趋势。因为智能终端设备与个体之间几乎是恒常的连接，持续的在线生活和"万物互联"的新的人类生存模式逐渐将整个世界数据化，数据技术记录并储存着网络上的每一个"痕迹"，并通过转化机制生成可用的、有价值的信息。显见的是，个体的生活被卷入了数据的世界，个体的身体信息、心理信息、活动信息以及决策信息等被程度不同地解读和利用，公共生活和私人生活之间的边界趋向模糊，隐私问题自然就成了伦理研究关注的焦点。

二　隐私与信息隐私

大数据技术、人工智能技术、互联网技术、生命科学技术等的快速发展应用和跨学科汇聚使得个体的行动和思想被凝视、追踪、解读和预测成为可能，个体的生活进入一种几乎透明的状态，隐私的问题就成了需要重新诠释和定义的新问题。

隐私概念的研究和定义最早是沃伦与布兰代斯（Warren and Brandeis）在他们的文章《隐私权》中提出的，沃伦与布兰代斯提出隐私权（the right to privacy）的概念，并将其定义为"被独处的权利"（the right to be let alone）。隐私权要求个人自主权、保护个人空间和防止不必要的打扰，即首先每个人都有权决定自己的生活细节和行为不被外界干涉，这种自主权包括选择何时、如何以及在何种程度上与他人分享个人信息；其次不仅指物理空间上的独处，也包括心理和情感上的独处。另外，这一权利还保护个人免受来自媒体、政府、他人的不必要和不想要的干扰，主张对私人生活、个人通信和个人信息的保护。[①] 阿兰·韦斯廷（A. Westin）在《隐私与自由》一书中将"隐私"定义为个人、群体或机构自行决定何时、如何以及在何种程度上将其信息传递给他人的权利。韦斯廷认为，隐私的核心在于个人对其信息的控制权，这意味着个人有权决定哪些信息可以公开、何时公开以及以何种方式公开。使得个体能够管理和控制自己信息的流动，避免不必要的曝光和侵扰，从而可以保持个体的独立性和自主性，同时也可以保护自己的心理和情感空间，通过隐私信息对不同他者开放程度来控制与他人的亲密度和互动方式，自主建立健康的人际关系。鲁思·加维森（R. Gavison）则将隐私定义为一种对个人的有限访问状态，包括保密（Secrecy）、匿名（Anonymity）和独处（Solitude）三个维度。[②]保密是指某些信息仅限于被个人或有限的群体所知晓，不被公众或外界所知。匿名是指隐私包含个人行为和身份的匿名性，个人可以选择在某些情况下不被识别或跟踪。独处是指隐私包括个人在物理和心理上的独处权，享有不被打扰的私人空间和时间。加维森敏感于技术的发展与隐私之间的关系，提出了隐私需求随着时间和情境的变化而变化，隐私保护应具有灵活性和适应性。随着信息和通信技术的普遍应用和快速迭代，个体所有的外在活动和内在心理和思想活动都可以转化为数据，个体隐私所要求的对自我信息的控制、限制接近、保密、不受干扰等都会成为问题。当数据技术全面植入了人类的生活，在隐私问题上我们陷入了两难的困境之中，一方面个体生活、企业经营、社会管理和国家治理都因数据的自由流动而带来了更多的便利、自由和福祉，另一方面个体的生活失去了私密性，不能有效控制自己的信息，甚至对于智能终端里的各应用平台所收集的自我信息的内容、目的、分析、应用都是无知的。因此，基于技术发展带来的挑战，我们关注的焦点应从隐私问题转向信息隐私的问题。

进入大数据时代，新技术正在从根本上不可逆地改变和重新塑造人

[①] S. D. Warren and L. D. Brandeis, "The Right to Privacy", *Harvard Law Review*, Vol. 4, No. 5, Dec. 1890, pp. 193–220.

[②] R. Gavison, "Privacy and the Limits of Law", *Yale Law Journal*, Vol. 89, No. 3, Jan. 1980, p. 428.

类的生活世界,人们发现要保护私人生活比以往任何时候都困难得多,因为每个人的私人生活被接入了公共的虚拟空间,转化为可以共享、传播和分析的数据,技术打开了私人生活的缺口,让每一个人都生活在它的"追光灯"下,这与我们业已形成的拥有私人生活的隐私观念不可避免地产生冲突。于是,我们需要考虑一个问题——如何能够既享有信息和通信技术带来的福祉,同时还可以保护我们的信息隐私?信息隐私与个体的独立性、自主性、尊严、情感的完整性、自由等密切相关,这些都是我们珍视的价值,没有人愿意这些珍贵的价值被侵蚀和受到损害。然而,置身于新的技术语境中的人类都非常清楚地知道,过去的生活世界已经永远回不去了,技术文明的发展是单向度的,任何伦理上的顾虑都不会改变历史的进程。因此,关于隐私,从理论上和实践中我们所能够做的仅是在现有的技术环境中重新诠释和界定这一概念。

在弗洛里迪看来,隐私可以区分为身体隐私(个体不受感官上的干预和侵害的自由)、心理隐私(个体不受心理上的干涉和侵害的自由)、决策隐私(个体不受决策程序上的干涉和侵害的自由)和信息隐私(个体不受认识上的干涉和侵害的自由,这样一种自由因他人在知悉关于他的某些事实上受到的限制而得以实现)。信息隐私之所以成为当下关注的焦点,主要是因为数据技术"戏剧性增长的信息处理能力:这一能力使它们具有数据处理的高速度,并且能够以巨大的数量和极高的质量收集、记录、管理数据。"[①] 数据技术带来了数据的巨量增长和数据的超级处理能力,在工业文明时代,技术无法介入人类的全部生活,技术的识别和解析能力也是有限的,因此包括人的身体、心理、活动在内的大部分内容都无法被数据化,更谈不上传播和共享。可以说,现代技术对人和世界的解析能力极大提升,原来无法被"阅读"或可及的生命和实践活动,如跑步时脚的触地时间和实时心率、每日的深度睡眠时间、基因缺陷、行动轨迹、消费习惯、心理偏好、审美倾向等等,都在新技术背景下转化为可以被收集、共享和分析处理的数据,个体的隐私信息相较于工业文明时代获得了极大的增长,技术的触角遍及生活的每一个角落,个体

---

① [意] 卢西亚诺·弗洛里迪:《信息伦理学》,薛平译,上海译文出版社2018年版,第338页。

被技术持续访问、不断追踪、实时运算，生成的数据经过处理后转化为有价值的信息，这是一个人被技术持续"打开""解读"和"使用"的过程，个体的信息隐私一方面急剧增长，另一方面失去控制，这是信息隐私成为关注的焦点的主要原因。

三 尊重信息隐私的道德理由

当信息和通信技术对数据的大规模收集、存储和处理应用，对信息隐私失控的担忧已经成为普遍的共识。然而，在数据自由流动带来的社会福祉与数据主体的信息隐私保护之间我们陷入了某种程度的困境。人类从未如此被精准地追踪、凝视和解析，随身携带的屏幕既是日常生活的助手，也是一个监视器，我们无法在享有技术福祉的同时还保有隐私的完整性。这一实践困境使得我们不得不思考一个问题：信息隐私在何种意义上是重要的？如果它的价值和重要性有充分的道德理由，那么我们就必须从技术上、法律上和伦理上探究在当下技术条件下尽可能保护信息隐私的方法。如果信息隐私并没有充分的道德基础，那么数据的自由流动就具有正当性和合理性。

对信息隐私道德价值的理论诠释大致有三个思路，后果主义进路、所有权进路和本体论进路。后果主义进路顾名思义是从信息隐私的失控对个体可能造成各种伤害性后果的视角来确证它的正当性。首先，隐私信息为公共网络所收集和传播，可能会造成个体的困窘、被羞辱或威胁、不受欢迎、被嘲笑或者其他伤害性的后果，信息隐私是对私人生活完整和安全的一种保护和关怀。其次，信息隐私的泄露或滥用会侵蚀个体决策和行动的自主性，自主性是指个人能够自我决定、自我管理，而不受外界力量干预的能力。数据技术对信息隐私的持续收集和实时运算使得"用户画像"成为可能，为大数据的预测和决策提供了信息基础，个体在获益的同时产生了对技术的依赖性，从而让渡出自己的自主选择、决策和行动的能力和权利，在"技进人退"中人逐渐放弃了自主性。最后，信息隐私的泄露或滥用也侵蚀了人的尊严，增强了人的脆弱性和依赖性。自启蒙运动以来，人作为具有内在价值的有尊严的理性存在者是一个基本的共识，但数据技术的普遍应用将人本身作为对象乃至工具，在人不知情的情况下用技术手段侵入他内在的思想和情感生活，由此改变了他与自身的关系，从而深层次地侵犯了人的尊严。另外，信息隐私侵害导致的信息不对称会破坏社会公正和社会信任，侵蚀社会互动和合作的基础。可以说，安全、宁静、完整、自主、有尊严、公正和相互信任的生活是现代社会中每一个个体都向往和珍视的好生活的构成要素，信息隐私的失控对这些价值都可能造成不同程度的侵害，因此从后果主义的视角为信息隐私的价值和重要性提供了道德辩护。

所有权进路是从道德权利或法律权利的视角对尊重和保护信息隐私进行论证。所有权进路不是从伤害性后果的角度去论证信息隐私对于个体价值，而是主张即使他者对我的信息隐私的收集和处理并没有对我造成直接的或者实质性的伤害，依然是错误的和不正当的。这一错误的原因并不在于其后果，而是侵犯了个体的基本权利，缺乏对个体信息所有权的承认和尊重。因为一个人对自己的身体安全和财产都拥有权利，一个人被认为对他的信息拥有排他性的权利，就像对他的房屋和笔记本电脑拥有的权利一样。有学者将信息隐私视为个体财产权的一部分。财产权通常被定义为个人对其财产的合法控制权和使用权，包括对物质财产（如土地、房屋）和无形财产（如知识产权、专利、商标）的权利。相应地，个人信息被视为一种具有经济价值的无形资产。因此，将信息隐私作为财产权的一部分是权利的合理扩展。所有权进路将尊重个体的信息隐私作为他者的义务，是一种为信息隐私设置硬边界的强论证。欧盟的 GDPR 和美国的《加州消费者隐私法案》（CCPA）都是这一观点的支持性文件。

本体论进路是弗洛里迪提出的一种激进的观点，他将每个人视为由其信息构成的信息实体，因此，侵犯人们的信息隐私就视同为对他们的个人身份认同的侵犯，保护信息隐私就是对他们个人身份认同的保护。在他看来，在信息时代，个体的本质是一个信息实体，因此信息隐私权就是人们根本的和不可异化的权利，所以应该受到尊重。[1] 这是从新的本体论的视角去诠释隐私权，信息隐私不再是人们的所有物或财产，而是个体本身，个人信息与个体身份认同具有同一性，他说，"'你就是你的信息'，所以，对你的信息所（做）的事情就是对你——而不是你的所有

---

[1] ［意］卢西亚诺·弗洛里迪：《信息伦理学》，薛平译，上海译文出版社 2018 年版，第 355—356 页。

物——所做的事情"①。虽然所有权进路也强调隐私权是个体的基本权利，应该得到尊重和保护，但是它将信息隐私视作个体的附属物，而弗洛里迪则是直接将个体的信息视作了个体本身，因此他说"收集、梳理、再生、管控以及诸如此类的涉及人们的信息的活动已经等同于窃取、克隆、产生某个他人的个人身份认同"②，"侵犯个人的信息隐私权……是对于受害者建构其自身作为一个在这世界之内独立的、完整的、独特的、自主的实体的努力的损害。这一侵扰是瓦解性的，这不仅是因为它败坏了环境的氛围，还因为我们的信息是我们自己不可分割的部分，而且，任何人拥有了我们的信息也就拥有了我们自己的一部分，因而败坏了环境也就损害了我们对于世界的独特性与自主性"③。这是比所有权进路更强的论证，也是一种相当激进的观点，当然他也并非主张信息隐私是绝对不可商榷的，而是认为个人身份认同不能在他并不知晓，或并不愿意，或没有这种意向的情况下受到改变。

　　三个进路都为尊重和保护个体的信息隐私进行了充分的论证，但每一个论证也存在一些可以讨论的问题，如后果主义进路中信息隐私的后果可以被更为重要和迫切的优先事项超越，如商业利益、社会安全等；所有权进路中公共空间的被动隐私并不涉及侵权，个体并不因他人获得了他的隐私信息而失去了对这些信息的所有权等；本体论进路将人诠释为信息实体，但并非人的所有特征都可以数据化，我和我的信息之间的同一性是存疑的，如果将人的存在等同于一个信息包裹，那么这些信息在何种意义上拥有尊严而配享尊重与关怀……尽管每条进路都存在这样那样的问题，但都从特定的角度为信息隐私的价值和重要性提供了较为充分的道德理由，理论上的证成为数据技术的发展和应用设置了边界，尊重和保护个体的信息隐私就是尊重和关怀个体的尊严、权利和身份认同，也是保护他的完整性、独特性和自主性。数据和信息并非单纯的可以用来运算的机器符号，同时也是人类个体的另一种表征方式，从某种程度上说，处理隐私信息的方式就是对待人的方式，因此信息隐私的收

---

① ［意］卢西亚诺·弗洛里迪：《信息伦理学》，薛平译，上海译文出版社2018年版，第357页。
② ［意］卢西亚诺·弗洛里迪：《信息伦理学》，薛平译，上海译文出版社2018年版，第357页。
③ ［意］卢西亚诺·弗洛里迪：《信息伦理学》，薛平译，上海译文出版社2018年版，第380页。

集、储存、分析和应用都应遵循相应的伦理原则，以防止信息隐私的非法获取、传播和滥用。

四　信息隐私的伦理原则

对于人类个体而言，信息隐私是否能够得到保护和尊重关涉着他的安全、自主性、尊严、权利甚至他的身份认同，然而大数据技术"嵌入"生活世界的一个突出的特征就是个体生活的"透明化"，我们在享有大数据技术带来的福祉同时，又深深地为自身信息隐私的失控而焦虑不安。技术的福祉依赖个体持续的数据生产，个体生产的数据中又隐藏着个体的隐私。如何平衡和兼顾技术发展与隐私保护之间的张力是一个现实的课题。大部分研究者都认为大数据技术的发展进一步扩展和增强了信息隐私问题，但弗洛里迪提出了不同的见解，他认为"在被再本体论化的信息圈中，任何信息能动者不但拥有不断增长的收集与处理信息的能力，还拥有控制与保护信息的能力……它不但导致被记录、处理以及利用的个人信息的泛滥，也导致了能动者对于个人数据的控制的类型和层次的巨大增长。"[1] 他进一步从产生、储存和利用三个方面论证了技术对个人数据的保护。他实际上是阐明了信息隐私保护的技术可行性。在隐私保护问题上，有的学者强调技术自律，有的学者注重法律规制，有的学者关注伦理原则，还有的学者将三者整合融合在一起建构一个整全的方案。然而，三者之中，伦理原则是道德基础，法律规制是刚性约束，伦理和法律的要求最终都要通过技术实现出来，伦理原则既是法律规制的道德基础，也是技术发展的边界和方向。从伦理学视角对该问题的研究应专注于隐私保护的伦理原则，旨在为进一步的法律规制和技术实现提供实践智慧和价值指引。

（一）安全性原则

安全性原则是信息隐私保护的底线原则，强调收集到的个人数据在整个生命周期内免受各种安全威胁。这些威胁可能包括未经授权的访问、拷贝、数据泄露、篡改、丢失和破坏，旨在确保数据的机密性、完整性和可用性。这里的数据某种程度上是个体的数字分身，对于数据的任何

---

[1] ［意］卢西亚诺·弗洛里迪：《信息伦理学》，薛平译，上海译文出版社2018年版，第346页。

安全风险都有可能返回到个体本身，产生不可预知的伤害和风险。因此，安全性原则要求持续改善和提升数据平台的技术能力，并在数据的共享或交易中进行审慎的评估和限制，用户的数据安全在价值上优先于任何其他的利益考虑，因为数据安全保护的不仅仅是数据符号，而是一个个真实的、具体的人类个体，他们是大数据技术的目的，不是任何组织或个人获利的手段。因此，安全性原则是不接受商榷的刚性原则。

（二）数据最小化原则

数据最小化原则是信息隐私保护的核心原则之一，旨在确保仅收集、处理和保留为实现特定目的所必需的个人数据。通过减少不必要的数据收集和处理，可以降低隐私风险，增强数据安全。最小化原则要求数据的收集要遵循必要性、相关性和适当性的要求，只收集和处理为实现明确目的所必需的数据、确保所收集和处理的数据与实现目的直接相关，确保数据的收集和处理方式适当且不过度。欧盟的 GDPR 的第 5 条（1）（c）规定，个人数据必须"适当、相关且限于为实现处理目的所必要的范围"，我国的《个人信息保护法》第六条就明确规定"处理个人信息应当具有明确、合理的目的，并应当与处理目的直接相关，采取对个人权益影响最小的方式。收集个人信息，应当限于实现处理目的的最小范围，不得过度收集个人信息。"[①] 这要求明确数据收集的目的，并获得数据主体的知情同意，确定与目的相关最小数据要求，在数据处理中尽量采用匿名化技术，减少身份识别风险，同时设置访问限制和储存时间，之后完全删除或者匿名化，在数据的收集和储存上都遵循最小化的原则，以尽量减少信息隐私被阅读、利用或攻击的可能性。

（三）公正和非歧视原则

在由算法所构造的数字世界中，如何公正平等地对待所有的数据主体是一个难题。即使设计者尽可能克服了自身的价值偏见，在程序设计中做到同等地对待所有人，但算法本身就是要对数据进行分类、标注、排序、过滤等，实际上就是对不同的个体进行区分和选择，在此基础上对他们进行个性化处理和智能化推荐，所以差别对待是不可避免的，问

[①]《中华人民共和国个人信息保护法》，2021 年 8 月 20 日，https：//www.gov.cn/xinwen/2021-08/20/content_5632486.htm，2024 年 6 月 17 日。

题的关键在于如何做到公正的差别对待，不因数据主体的种族、性别、宗教、年龄、地域、性取向或其他个人特征进行歧视性处理，确保所有数据主体在数据处理过程中享有平等的权利和待遇。这要求在开发和使用数据分析算法和模型时，进行公平性审查，若输入的训练数据通过机器学习产生了偏见或歧视，需要进行人工修正。如某公司在招聘过程中使用自动化筛选简历的算法，结果发现算法倾向于优先选择男性候选人，这是由于算法在训练过程中使用了历史招聘数据，这些数据本身就存在性别偏见。事后该公司放弃了自动化筛选简历的方法。某金融机构使用大数据分析进行信用评分，输出的结果发现对少数族裔群体的评分普遍偏低。经过分析，发现这是由于算法在训练过程中使用的数据集中存在种族偏见。该机构采取了措施，对算法进行重新设计，祛除偏见因素，并引入了多样性和包容性的数据样本，确保信用评分的公平性。因此，散见在历史和社会中的结构性偏见会在算法训练中被总结为进一步数据分析的应然准则，从而放大和强化了这一偏见，结合特定个体的隐私信息，就会对具有某些特征的个体造成不公正的伤害。

（四）自主性原则

个体之所以根据与不同他者的亲密关系程度选择开放不同内容和数量的隐私信息，一个很重要的原因就是自身隐私信息一旦为他者掌握，个体相对于他者就产生了依赖性和脆弱性，所以，一般而言，个体会向他自己信任的家人和朋友开放更多的隐私信息，而尚不熟悉的陌生人则选择关闭。但是大数据技术则打破了信息隐私的空间壁垒和时间边界。随着智能终端的便携和普及，个体几乎失去了私密性的私人空间，离线生活成为例外状态，个体的状态和轨迹可以被持续追踪和获取。在时间维度上，隐私信息被持久地保存在网络数据中不被遗忘，大数据使用者既能够深度挖掘公民的过往信息，也可以精准预测公民的未来行动。

当我在写下以上文字的时候，我的手机收到一条短信提醒，告知我的汽车蓄电池电量不足。我打开我的汽车的App，它的位置、车窗、车门是否锁止、轮胎压力、油箱中剩余油量等信息都显示在手机上，更不用说我开着它去过哪里、停留多长时间、行驶的公里数、我的工作单位地址、我的家庭地址、我经常去的地点、我喜欢听的音乐等，另外行车记录仪会录下所有沿途的视频，地图软件会根据我的要求和实时的路况为我推荐最佳的行车路线……在和它长期交互中，我的自主选择能力就会逐渐让渡给它，由它来设计、判断、选择和实施与它相关的活动。它收集的数据越多，越能够做出优化的选择，我也会更加依赖它的决策和建议，随着时间的推移我的思考力和自主性会逐渐弱化。自主性的弱化不仅仅体现在出行选择上，因数据技术与我们的生活全面接轨互嵌，技术越来越多地参与了我们的生活，包括学习、研究、工作、交往等等，我们被技术"阅读"和"理解"得越多，依赖性和脆弱性就会增强，自主思考、选择和建构的能力则会相应弱化。自主性是人的核心特征，是自由、尊严和价值的基础，因此，人的隐私不能成为公开可及的信息，特别是敏感信息，应该得到技术上、法律上严格的保护和尊重。这要求个人有权自主决定如何处理与其自身相关的信息，收集和使用个人信息前，应征得信息主体的知情同意，且个人应有权选择是否提供信息以及如何使用其信息。这包括随时撤回同意的权利，以及控制其信息的访问和使用等。

第六章

数据正义问题与分布式责任

随着大数据技术的研发和普遍应用,每一个人类个体被赋予了更多的自由、福祉与可能性,同时也被大数据"追踪"、"凝视"、映射、标注、分类、引导甚至支配。"持续在线"的生活方式将个体转变为数据世界中为技术和资本精准操作的一个"节点",产生了数字鸿沟、数字隐私、算法歧视以及数据殖民主义等一系列新的与数据应用相关的社会正义问题。区别于传统的正义问题,数据正义问题具有因果关系的复杂性、归责的非还原性和多元主体性等特征,超出了以行为者的意向性、个体行动与后果之间较为明确的因果关系为特征的传统规范伦理学能够回应的边界,这决定了智能时代的数据正义问题呼吁一种新的伦理学范式。本文第一部分阐明数据正义问题及其特征,第二部分论证传统的责任伦理在数据正义问题上的"失效",第三部分援引弗洛里迪的分布式道德和分布式责任作为回应该问题可行的新伦理范式,第四部分尝试将分布式责任方法应用于数据正义问题的分析和解决。

第一节 信息时代的数据正义问题

正义问题是与人类相始终的重要论题,关涉每一个社会成员如何被正当地对待,以及他如何正当地对待他人和社会。正义是社会秩序和个体尊严的必要条件。罗尔斯认为,"正义是社会制度的首要价值……每个人都有拥有一种基于正义的不可侵犯性"[1] 这一自古代社会以来就被持续

---

[1] [美]约翰·罗尔斯:《正义论》,何怀宏、何包钢、廖申白译,中国社会科学出版社1988年版,第3页。

思考的问题随着大数据技术在人类生活世界中的普遍应用而发展出了新的问题，主要表现为以下几个方面。

一　数字可行能力的不平等

"可行能力"是阿马蒂亚·森（A. Sen）和纳斯鲍姆（C. Nussbaum）共同阐发的概念，森提出"一个人的'可行能力'（capability）指的是此人有可能实现的、各种可能的功能性活动的组合。"[①] 通过可行能力，一个人能够选择有理由珍视的生活的实质自由。纳斯鲍姆认为如果一个人不能发展出一定的可行能力——人们实际上能够做什么或者能够成为什么样的人——那么他就难以过上体面的有尊严的生活。纳斯鲍姆明确提出了最低限度的十项核心能力，即生命、身体健康、身体完整、感觉、想象和思考、情感、实践理性、依存、其他物种、玩耍和对自身环境的控制，[②] 她使用了一种能力门槛（threshold level of each capability）的概念，若低于这个门槛，公民便无法实现真正的人的活动，因此社会目标应该以让公民高于这一能力门槛的方式来理解。可见，一个人可行能力的不充分或者缺失决定了他在社会中处于不利地位，无法实现自由和有尊严的生活。从这个视角而言，可行能力的不平等是社会正义的重要内容，每一个人都有资格享有基本的可行能力。

随着人类进入智能时代，大数据成为社会运转的底层逻辑和"神经系统"，包括人、社会、自然在内的整个世界都经历了或正在经历着数据化的过程，人类的日常生活也越来越依赖大数据技术，数据成了世界正常运转的决定性要素，尤瓦尔·赫拉利甚至指出，"随着全球数据处理系统变得全知全能，'连接到这个系统'也就成了所有意义的来源"[③]。当数据变得如此重要，数字可行能力——特定主体（个体、组织、机构甚至国家）运用程序和算法采集、挖掘数据的能力、数据认知和分析的能

---

① ［印］阿马蒂亚·森：《以自由看待发展》，任赜、于真译，中国人民大学出版社 2002 年版，第 62 页。

② ［美］玛莎·C. 纳斯鲍姆：《正义的前沿》，朱慧玲、谢惠媛、陈文娟译，中国人民大学出版社 2016 年版，第 53—55 页。

③ ［以］尤瓦尔·赫拉利：《未来简史：从智人到神人》，林俊宏译，中信出版社 2017 年版，第 349 页。

力以及数据决策和应用的能力——的差异在物理世界中就造成了"数字鸿沟"。根据数字可行能力的不同，权力和财富被重新分配，工业文明社会的游戏规则被颠覆，生成了新的社会结构和秩序。大型科技公司、科技精英因拥有超强数字可行能力而站在了金字塔的顶端，接入了数据系统的芸芸众生都是在时间中行走的数据的生产者和使用者，也是数据"凝视""追踪"和消费的对象，而尚未接入系统的少部分人的生活被则被挤压到了社会的边缘，对这个新的世界充满了困惑与无奈。数字可行能力的不同在某种程度上决定了主体在当代社会中的位置和境遇。因此，该能力应被加入纳斯鲍姆的核心能力清单，因为数字可行能力的有无和强弱决定了主体在智能时代能否过上有尊严的好生活，能否拥有实质的自由和发展的机会。正如每个人都应拥有基本的读写计算的能力一样，生活在智能时代的每个个体也应配享基本的数字可行能力以抵御伴随着大数据技术的研发和应用而来的社会不公正。

二 算法歧视

杰米·萨斯坎德（Jamie Susskind）认为分配和承认作为社会正义的实质，将来会被逐渐托付给代码。在数字生活世界中，正义在很大程度上取决于其所使用的算法及应用算法的公式。[①] 然而应用算法进行的自动化决策中产生了大量的"算法歧视"（algorithmic discrimination）现象。歧视（discrimination）在剑桥英语字典中被诠释为"由于种族、性别、性取向等原因，以不同的方式对待一个人或特定群体，尤其是以比对待其他人的方式更糟糕的方式。"算法歧视则是在人工智能的自动化决策中，基于设计者的偏见、算法与大数据的互动而自动生成的对特定个体或群体的不公正对待。

算法歧视的发生主要来自三个方面：基于设计者的偏见、基于输入的数据、基于算法本身。首先，算法在本质上是"以数学方式或者计算机代码表达的意见"，软件工程师自构建和初始化模型始就是从自己的视角进行设计和预设目的，不可避免地将自己的前见或偏见嵌入算法系统

[①] ［美］杰米·萨斯坎德：《算法的力量：人类如何共同生存?》，李大白译，北京日报出版社 2022 年版，第 231 页。

中，为系统输出歧视性的结果预置了可能性。其次，更为重要的原因是输入的训练数据中隐藏的歧视。训练数据本身可能是不准确的、不完整的、过时的甚至直接是歧视性的，带来所谓的"垃圾进，垃圾出"（garbage in, garbage out）的效应（"GIGO"效应）。算法还会进一步将歧视固化和放大，使歧视持续存在于算法系统里。因为算法决策是运用过去的数据来预测未来，而散落在社会中的偏见和歧视性的观点会经由算法运算归纳为进一步决策和行动的准则，使得过去的偏见在未来得到加强，形成一个"自我实现的歧视性反馈循环"。因为在算法中输入有偏见的数据，输出的结果肯定也是有偏见的；然后再用这一输出产生的新数据对系统进行反馈，就会使偏见得到巩固，最终可能让算法来创造现实。这就解释了包括预测性警务、犯罪风险在内的预测系统中的错误的发生原理。最后是算法本身的偏见。孟令宇在论文中提到 Diakopoulos 从算法的原理角度提出使用算法本身就可能是一种歧视。算法的按优先级排序、归类处理、关联选择、过滤排除等特征本身就是一种差别对待系统。[①] 也就是说算法这个处理数据的工具本身就是通过对数据的区分，给不同类型的对象贴上标签而区别对待。这是算法系统自身固有的特征，所以，这个系统输出的结果对贴有不同标签的人差别对待也就无法避免，这种差别对待中有可能包含着不正当的歧视对待。设计者的主观偏见、数据中隐含的错误、偏见或歧视叠加算法系统的固有特征，特定主体在数字世界里遭遇不公正的差别对待在大数据技术背景下已然是一种普遍的现象。

三 数据殖民主义

这一概念是由英国伦敦政治经济学院的媒体与传播系教授尼克·库德里（Nick Couldry）在《连接的代价：数据如何殖民人类生活并为资本主义所用》一书中提出的。库德里认为历史上的殖民主义以对土地、身体和自然资源的不公平占有为特征。而今天数据关系使得全球各地的社会生活成为一种"开放的资源"，数据在全球范围内的流动与曾经的殖民主义对土地、资源和人力的侵占范围一样的广泛，且不是以可见的暴力

---

① 孟令宇：《从算法偏见到算法歧视：算法歧视的责任问题探究》，《东北大学学报》2022年第1期。

或强制的方式，而采用的是一种主体隐身的、弥散的、非暴力甚至令人愉悦的方式，看起来占有的仅是在人类活动中同步产生的各种量化数据，对特定个体短时间内也不会产生什么后果。然而"最深刻的技术是那些消失的技术。他们将自己编织到日常生活的结构中，直到与日常生活无法区分。"① 数据技术的广泛应用将个体的整个生活卷入数据世界，或者说数据技术全面嵌入了个体的日常生活，这模糊了公共空间和私人空间的边界，个体在获得数据服务的同时个体的隐私信息也被上传到公共平台，被算法捕捉分析成为获取利润的重要资源，数据成为数据时代的"石油"。在库德里看来，这是对人的日常生活的占有和深度商品化，造成了一种新的殖民和新的不正义。

在数据殖民主义之下，库德里认为，资本吞并日常生活的第一种形式是社交媒体平台将捕获的数据商品化，从中提取价值以获得利润；第二种形式是数据驱动的物流在各种人类生产领域的大幅增长；第三种形式是，通过自己跟踪自己的日常活动来提取数据，这个过程有时是出于自愿的，但通常是出于本人劳动合同或承诺的要求，如保险或社会保障。他认为这种对个人数据的收集形式无形中增加了歧视和不平等出现的可能性。② 对个体而言，库德里认为"'自我'成了一种被交易的代理形式……资本主义侵蚀了我们所珍视的自我延续性（和变化）的核心要素。在个人空间里安装自动化的监控设备让人们渐渐失去了这种'自我'"③。肖莎娜·祖博夫（S. Zuboff）教授将数字化时代的产物称为"监控资本主义"，其"依赖于无处不在的数字工具并通过数字技术运作渗透（实际上就是监视）到用户本身及其生活等方方面面。诸如谷歌、Facebook 等监控资本主义企业，主要是通过把收集来的用户无意识行为的数据以及预测用户未来行为能力的数据作为商品，并出售给定向平台的广告商获利的。"④

---

① ［美］肖莎娜·祖博夫：《监控资本主义与集体行动的挑战》，杨清译，《国外社会科学前沿》2023 年第 5 期。
② Nick Couldry and Ulises A. Mejias, "Data colonialism: Rethinking Big Data's Relation to the Contemporary Subject", *Television & New Media*, Vol. 20, No. 4, May 2019, pp. 341–342.
③ Nick Couldry and Ulises A. Mejias, "Data colonialism: Rethinking Big Data's Relation to the Contemporary Subject", *Television & New Media*, Vol. 20, No. 4, May 2019, p. 345.
④ ［美］肖莎娜·祖博夫：《监控资本主义与集体行动的挑战》，杨清译，《国外社会科学前沿》2023 年第 5 期。

在以预测用户未来行为为特征的数据技术下，用户在失去隐私的同时，相应地也失去了自主决策权。在数据构造的市场中，用户沦为了"天然的免费的原材料，这些原材料为旨在制造新型预测型产品提供原料"①。

库德里和祖博夫都揭示了数据运作背后的深层目的是获取利润以及对用户的占有、支配与控制，发现了经由数据的搜集、分析、利用在经济和社会领域所催生的数据殖民主义和监控资本主义，指出了其对自我的完整性和自主性、自由市场和社会民主构成了不同程度的威胁，造成了新的剥夺、歧视和不平等。这是人类在数字化时代的生存境遇和正义诘问。

数字时代的个体，在分享了大数据技术带来的数字福祉的同时，也承受着技术可行能力的不平等、算法歧视以及数据殖民主义等社会不公的问题，人们或者被贴标签、归类而被差别对待，或者被"凝视""追踪"、支配甚至控制，沦为技术和资本殖民的对象，或者因失语而被边缘化，失去发展的机会和自由。因大数据技术而来的社会正义问题呈现出复杂因果性、长链条、多元主体性等区别于传统正义问题的特征，上述新的特征共同指向一个新的问题，即责任主体的不确定性，这造成了既有的道德责任理论在数据正义问题上的"失效"。要实施有效的伦理治理，首先需要厘清谁应该负责任和责任如何分配的问题。

第二节　传统的责任理论之于数据正义问题的"失效"

道德责任有身份责任和因果责任两种类型，前者是指在特定的文化和传统中一个特定身份的个体在其道德系统中被赋予的责任，后者是因源自行为者意图的行动与其后果之间的因果关系而生成的对行为者提出的道德要求。数据正义关涉的责任类型主要与后者相关，在因果责任问题上，传统责任理论要求意向性、因果性和同一性三个必要条件，其中任一条件的缺失都不能合理地要求行为者承担相应的道德责任。但在数据正义问题上，意向性被抽离了，因果性趋向复杂化，同一性被模糊化，

---

① ［美］肖莎娜·祖博夫：《监控资本主义与集体行动的挑战》，杨清译，《国外社会科学前沿》2023 年第 5 期。

导致了传统责任理论在数据正义问题上的"失效"。

一 传统因果责任理论的必要条件

传统的规范伦理学理论（如义务论和后果主义）在道德责任的问题上大多讨论的是以个体为责任主体的行为。要求一个行为者对某一后果承担责任，一般而言需要具备以下三个必要条件。

第一是意向性，即带来一定后果的行动是出自行为者真实的自主意志的选择，不是出于无知、强迫或操纵，而且有替代选择的可能性。这意味着至少有两种可能的选项向行为者开放，且行为者能够经由理性的权衡和对后果的预期作出选择。如果行为者没有其他可替代的选择，或者是基于错误或虚假的信息，抑或是出于外在的强制或操纵，抑或没有一定的认知和行为能力（即行为者不能与环境之间发生适当的互动），我们就不应认为，行为者对他所采取的行动负有道德责任。

第二是因果性，即出于行为者意向性的行动与所产生的后果之间存在明确的因果必然性，若 a→b，b→c，那么，如果行动 a 是出于行动者的真实意图，那么我们认为行为者应该对 b 负有道德责任，但要求行为者对 c 也负有道德责任是不公正的，除非 b 与 c 之间存在着绝对的必然性。当然，行动和结果之间的关系较为复杂，结果一般不能完全还原到行为者的意图，还有外在的环境、条件、运气等因素的影响，行动的后果是行为者的主观意图与客观环境互动生成的，若不能为行为者所控制的运气在后果中占据了支配地位，那么只能要求行为者为后果承担部分的道德责任甚至免责，这在法律的判例中较为常见。

第三是同一性，即时间流中的行为者始终保持着自身是同一个，只有 t2 时间中 P2 与 t1 时间中的 P1 是同一个行为者，我们才能合理地要求 P2 为 P1 的行动承担责任，接受奖励或者惩罚。自洛克以来，人格同一性问题始终是哲学研究的一个重要话题，形成了还原论和非还原论两种主张。总体而言，无论是否承诺人格同一性，还原论者和非还原论者都以各种方式论证了道德责任的必要性。

上述传统规范伦理学关于构成道德责任的三个条件一直以来都是自然且合理的规范性要求，符合人们日常关于因果责任的直觉和理解。只有在三个条件同时兼具的情况下，才能够正当地向行为者提出责任要求。

显而易见的是，传统的道德责任理论是人类中心主义的，只有作为理性存在者的人或者人类成员的聚合体（如公司、学校、政府等）才有资格充当道德责任的主体，而且他或者它始终保持着自身的同一性，其行为与后果之间存在着较为明确的因果关系。然而，若仍然沿用这样的道德责任的规定性去处理数据正义问题，可能会出现"责任真空"的现象。

二 数据正义问题的新特征

数字世界里的正义问题大多是多能动者在系统中交互生成，具有复杂性、非意向性、宏观性、因果关系不明晰等特征，大大突破了自柏拉图、亚里士多德以来关于社会正义问题的"人类中心主义"叙事。

多能动者并不是指数据正义问题是由复数的个体所带来的，而是由人类个体、组织、人工能动者（如软件）和混合式多能动者系统（如基于一个软件平台而一起工作的人）等不同性质的主体交互生成的。因为非人能动者也具有一定的自主性、互动性和适应性，在数据正义问题上起着重要的作用，这就决定了数据正义问题难以还原为某些特定的人类个体的行动。所以，突破人类中心主义的道德责任规定，将非人类行为者纳入道德框架已经成为现实的需要。

非意向性是指数据正义问题往往并非出于某一或者某些特定能动者的意向和目的，而是虚拟空间中的不计其数的能动者的行动共同招致的，这些行为者的意向是多元的、异质性的，有些是道德上可以忽略的中性的行动，有的是道德上恶的行动，有的是道德上善的行动，有的是智能机器对人类经验数据的学习和输出……总之，数据正义问题是由散布在系统中的无数的能动者所共同促成的，它们并没有共同的、统一的趋向非正义的意向性，因此可以称为总体上的非意向性。

多元能动者总体上的非意向性直接决定了数据正义问题上的因果关系的复杂性与不可解释性。传统的伦理学理论将意向、行动与后果之间的因果关系作为道德责任考量最重要的因素，但是在数字世界里，因为复杂的代码和算法、巨量的非结构化和混杂性的数据、机器的自主学习和运算相互叠加，"输出的知识是如何可能的"对于人类来说已经是一个不可解释的"黑箱"，内在的因果性理论上依然存在，但是这个知识已经超出了人类的认知能力的边界。因此，道德责任对于精确因果性的要求在数字世界里也变得不切实际了。

可以说，按照意向性、因果性和同一性要求来确定道德责任的伦理理论在数据正义问题上已经"失效"了，技术文明的发展创造了人类新的生存境遇，也催生了新的社会伦理问题，伦理学作为人类追求好生活的实践智慧，不必固守和执着于历史上既成的伦理信条，而应在文明的变迁中根据人类生存境遇的现实而不断地调整和创新。为了回应数据正义问题，道德责任理论不得不予以修正、拓展甚至颠覆，采纳新的责任理论范式。英国牛津大学信息伦理学和信息哲学教授卢西亚诺·弗洛里迪提出的"分布式责任"理论是一个可行的探索方向。

第三节 一种新的责任范式："分布式责任"

弗洛里迪的"分布式责任"（Distributed Moral Responsibility，DMR）就是对散布在系统中的道德行为对传统的责任伦理造成的困境的一种实践智慧的应答。而他对分布式道德行为（Distributed Moral Action，DMA）的诠释是借助分布式知识的逻辑。宏观、复杂和整体性的数据正义问题是典型的分布式道德行为，因此，在弗洛里迪的理论框架中，分布式责任是处理数据正义问题的一个创新的伦理方案。

一 分布式道德

弗洛里迪指出，"'分布式道德'一词仅仅指称这样的道德行动，它们是构成多能动者系统的各个能动者间互动的结果，这些能动者是人类成员、人工能动者或者混合型能动者，而且这些结果在其他情况下是道德上中性的，或者至少是道德上可忽视的"[①]。分布式道德这一概念的理解是以能动者、道德上中性的行为（或道德上可忽略的行为）、承受者导向的（patient-oriented）这三个概念为前提的。

在弗洛里迪建构的信息伦理学体系中，能动者是指"被放置于环境一部分的一个系统，随着时间的推移，它将启动一种转换，产生效应，

[①] ［意］卢西亚诺·弗洛里迪：《信息伦理学》，薛平译，上海译文出版社2018年版，第382页。

或施加作用力于所在的环境上。"① 这大大拓展了传统伦理学将能动者局限于"有理性的行为者"或者人类成员的范围，主张只要具有互动性、自主性和适应性这三个标准存在着就可以称为能动者。互动性是指能动者与环境（能够）相互作用，如汽车工厂中的机器人。自主性意味着能动者能够实施内部转换改变自己的状态，如参与国际象棋比赛的深蓝计算机。适应性是指能动者的互动能够改变自身状态的转换规则，即能动者可以被视为那个以一种使自己批判地依赖经验的方式学习自己的运作方式，如学习检测欺诈性信用卡交易的数据挖掘程序等。在能动者概念的基础上弗洛里迪重新定义了道德能动者。他说："一个能动者是一个道德能动者当且仅当它能够实施道德上可评议的行动。"② 所谓道德上可评议是指它能够导致道德上的善或者道德上的恶。通过重新界定能动者和道德能动者，弗洛里迪将传统伦理学中能动者拓展到了人工能动者和混合能动者，意味着道德能动者可以是无心灵的或者说无意向性的，为分布式道德奠定了基础。可以说，这是伦理学在信息时代的一次颠覆性的发展。

对于分布式道德而言，弗洛里迪假设大多数能动者的行为都是道德上中性的，或者是道德上可忽视的。这一观点很可能受到传统伦理学的反驳，在德性论、义务论、后果论者看来，很多行为都是道德承载的，即可以做道德评价，并非道德上中性的行为。但是与义务论和后果论关注行为者的行动以及德性论关注行为者不同的是，弗洛里迪提出了一种承受者导向（也可称为"受事导向"）的伦理学范式。所谓承受者是指多能动者系统的行动所影响的环境以及其中的居住者。从承受者的视角而言，大多数行动都没有对其造成善或恶的事态，即保持在道德阈限范围内，由于系统本身的容错能力，很多在义务论或后果论看来是恶的行为，因为该行动所仰仗的系统其余部分的容错能力，并未对承受者造成恶的后果，承受者依然保持着原有的状态，没有发生道德评价上实质性

---

① ［意］卢西亚诺·弗洛里迪：《信息伦理学》，薛平译，上海译文出版社2018年版，第206页。
② ［意］卢西亚诺·弗洛里迪：《信息伦理学》，薛平译，上海译文出版社2018年版，第216页。

的变化。因此，在承受者导向的伦理学中，这个行为被标注为可能为恶的行为，在道德上是中立的。但因为系统本身的承受能力是有限的，该行为若被普遍化，众多道德上中立的行为合起来就会超越中性行为的道德阈限，招致系统向恶的状态转换。在道德阈限内可能是善的行动也是如此。弗洛里迪指出大多数能动者的行为被视为是中立的，主要是因为："a. 它们没有道德承载（与价值无关，按照一种不同的措辞）；或者 b. 它们的道德承载并不充分（有某些道德价值，但未能逾越阈限）；或者 c. 它们彼此间相互抵消。"①

从弗洛里迪对道德上中性的行为的诠释和承受者导向的伦理学的诠释，就可以理解为什么大多数行为都是道德上中性的以及道德上中性的行为彼此间互动为什么会招致承受者状态的转换。"在许多情形中，只有汇聚和融合各个作为个体的行动才能造成道德上的差别。"② 这种差别可以是道德善也可以是道德恶。这就是分布式道德的生成路径，即一种道德上善或恶的事态是由散布在系统中的多能动者的道德上中立的行为或者道德上可忽略的行为彼此间互动生成的，这意味着这种善或恶的结果无法还原为某一个或某些能动者的意图与行动，是系统中众多的能动者的行动共同招致的。如果我们依然遵循传统的义务论、后果论或德性论对意向性、因果性和同一性的责任要求，那么，我们无法正当地要求任何个体或组织为这一道德上可评价的事态负责。也就是说，信息技术背景下的分布式道德问题超越了传统伦理学的边界，传统伦理学无法处理这个新的道德问题，然而，分布式道德现象在智能时代不是偶然现象，"就其影响和范围而论，分布式道德在很大程度上是没有先例的现象，它是先进的信息社会的特征；这不是因为它从来没有也无法在过去出现……而是因为信息与通信技术已经开始使得分布式道德成为一种远比过去更为常见，实用上更有影响，认知上颇为引人注目的现象"③ 这就必

---

① ［意］卢西亚诺·弗洛里迪：《信息伦理学》，薛平译，上海译文出版社2018年版，第389页。
② ［意］卢西亚诺·弗洛里迪：《信息伦理学》，薛平译，上海译文出版社2018年版，第389页。
③ ［意］卢西亚诺·弗洛里迪：《信息伦理学》，薛平译，上海译文出版社2018年版，第401页。

然提出一个问题，道德既然是分布式的，那么对构成承受者道德上差别的现象应该由谁来负责呢？弗洛里迪在分布式道德的基础上提出了分布式责任的概念来回应这一问题。

二 分布式责任

如果道德是分布式的，承受者的状态转换是由多元能动者道德上中立的行为或可忽略的行为彼此间互动而共同招致的，那么责任如何分配才是正当合理且可行的呢？针对这个问题，弗洛里迪提出了一种后向传播的分布式责任。多元能动者的行动的前向传播输出了分布式道德行为，后向传播则是把道德责任分配给每一个能动者，不考虑能动者的意向性。具体来说，分布式责任具有以下三个方面的规定性：

第一，分布式道德责任是一种无意向性的道德责任。弗洛里迪指出，"行动的意向性假设作为伦理评价的必要条件导致对 DMAs（分布式道德——作者注）及其相关责任的忽视"①。传统伦理学因为将能动者的意向性作为道德责任分配的焦点，而分布式道德是道德上中立的行为或者道德上可忽略的行为彼此间局部交互而输出的，分布式道德不在特定的能动者的意向性之中，因此传统伦理学无法处理分布式道德的问题。所以，一种独立于所涉及的能动者意向性的状态转换的伦理学是值得考虑的。这一思考是在人类进入智能时代遭遇新的道德困境时发展出的伦理智慧，也是对传统伦理学的突破性的创新。

第二，分布式道德责任是反向传播的归因性道德责任。分布式道德独立于行为者的意向性，但并不独立于道德责任的因果性要求，因此是一种归因性的道德责任，即道德责任的分配要诉诸导致系统状态转换的原因，当然这种原因分析与传统伦理学对因果关系的规定也有所不同，首先它不考虑意向性和能动者的行为特征，其次，这是一种复杂因果性。弗洛里迪指出："在不考虑意向性和有关所涉及的能动者和其行为的特征信息的前提下，归因道德责任意味着关注那些能动者从因果上（即对于

---

① Luciano Floridi, "Faultless Responsibility: on the Nature and Allocation of Moral Responsibility for Distributed Moral Actions", *Philosophical Transactions of the Royal Society A*, Vol. 374, Dec. 2016, p. 4.

引发）要对一个道德分布的行为 C 担负责任，而不是关注行为者对于 C 是否公平地被赞赏或者被惩罚。这意味着在作为（因果上负责）系统状态的源头的原因论意义上谈论'责任。"[1] 也就是说，在分布式道德中，先确定系统状态的变化是善或恶，然后回溯和确定引发系统状态变化的原因，即确定需要为分布式道德负责任的能动者，所以是一种反向传播的分布式责任。然而，道德责任如何在多行为者之间进行分配是接下来需要考虑的问题。

第三，分布式责任要求系统中所有能动者对分布式道德负责。弗洛里迪提出如果分布式道德造成的系统变化是恶的，就可以通过把整个网络作为责任主体来进行纠正，从而将责任后向传播给所有的节点/能动者以改善结果。并提出了具体的实施步骤：

（a）确定 DMA C_n；

（b）确定对 C_n 因果负责的网络 N（前向传播）；

（c）道德责任的反向传播，使在 N 中每个能动者均等并且最大限度地对 C_n 负责；

（d）将 C_n 校正为 C_{n+1} 和

（e）重复（a）—（d），直到 C_{n+1} 在道德价值上令人满意。[2]

在步骤（c）中，我们发现弗洛里迪在确定了对系统输出的分布式道德结果在因果上确定的所有能动者之后，把责任均等地分配给网络中的每一个能动者，无论这些能动者有无意向性以及其行动究竟在整个事态的生成中有多大的权重。显然有些能动者需要为自己无过失的行为负责任，所以弗洛里迪也将分布式责任称为无过失责任。这种反向赋予的责任究竟如何实现呢？他说："在社会网络中，这是通过硬性和软性的立

---

[1] Luciano Floridi, "Faultless Responsibility: on the Nature and Allocation of Moral Responsibility for Distributed Moral Actions", *Philosophical Transactions of the Royal Society A*, Vol. 374, Dec. 2016, p. 6.

[2] Luciano Floridi, "Faultless Responsibility: on the Nature and Allocation of Moral Responsibility for Distributed Moral Actions", *Philosophical Transactions of the Royal Society A*, Vol. 374, Dec. 2016, p. 7.

法、规则和行为准则，助推、激励和抑制来实现。"① 从传统伦理学的视角来看，这也许是一个大胆的、反直觉的和不公正责任分配方式。对于这一批评，弗洛里迪有两点回应：第一，世界上有一些邪恶，后向传播无过失责任是悲剧性的，也就是说，这确实不公平。第二，当情形不是悲剧的时候，意向性的缺乏（至少部分是）可以通过对所出现的机制进行公开宣告而达成的常识加以平衡，这不能算是勉为其难。他的意思是说，预先的公开宣告（如法律或规则）和常识为能动者所认知，这样就可以有效地激励能动者谨慎行事，抑制能动者在系统中的可能趋向恶的行为，从而有助于系统状态保持中性或者趋向善。

分布式责任理论并不是对传统的道德责任理论的替代，而是一种补充，是为了回应智能时代涌现的分布式道德行为而创新性地提出的一个新的伦理学理论框架。显然，本文中提出的数据正义问题就属于典型的分布式道德，诉诸传统的道德责任理论则会出现无人负责的"责任真空"，因此分布式责任不失为一种值得考虑的责任机制。

第四节 分布式责任在数据正义问题上的应用与挑战

随着大数据技术"消失"在人们的日常生活中，全面"织进"了生活世界的每一个角落。人过上了一种与数据相互"纠缠"的生活。因大数据技术的持续研发和普遍应用而来的各种数据正义问题并非仅与少数人相关，而几乎是关涉每个人的普遍性的伦理问题。从前述关于数据正义和分布式道德的分析来看，数据正义问题，无论是技术可行能力的不平等，还是算法歧视或数据殖民主义等，都属于分布式道德的范畴，这就意味着对该问题的分析和治理超越了传统伦理学道德责任理论的边界，转向分布式责任或许是一个有价值的尝试。

---

① Luciano Floridi, "Faultless Responsibility: on the Nature and Allocation of Moral Responsibility for Distributed Moral Actions", *Philosophical Transactions of the Royal Society A*, Vol. 374, Dec. 2016, p. 7.

一 数据正义问题是一种分布式道德

根据弗洛里迪关于分布式道德的定义,数据正义问题是一种典型的分布式道德。

首先,因为数据正义问题是基于多能动者系统内的交互而发生的。具体来说包括由软件工程师、算法、输入数据和使用数据的行为者、围绕软件工作的行为者等,其中的算法和软件等人工能动者虽没有意向性,但是显然具有弗洛里迪所指称的交互性、自主性和适应性,可以被正当地认为是数据正义问题的源头。

其次,数据正义问题也不能精确还原为某个或某些行动者的意图与行为,它是散布在系统中的行为复杂交互而输出形成的。任何单一能动者(如某个能动者的发言、某个软件工程师的工作、某一算法的运行等)的行动相对于问题本身而言都只能被赋予很小的权重,尽管彼此间有一定的差别,如软件工程师的设计行为的影响会远远大于一个匿名的数据生产者或消费者,数据正义问题也不能回溯为软件工程师的意图和行动。或者说系统中每一个能动者的意图和行动在承受者导向的伦理学范式中最终都显得不太重要,重要的是它们的行动的汇聚和整合。

最后,散布在系统中的每个行为相对于社会正义状态(即承受者)的转换而言属于道德上的中性行为(或者道德上可忽略的行为)。正是这些道德上中立或可忽视的行为的交互、碰撞和耦合导致了系统正义状态向恶的方向转换,催生了技术可行能力的不平等、数据歧视和数据殖民主义等诸多数据正义问题。

因此,数据正义问题是一种显见的分布式道德,区别于传统的伦理学,以承受者为中心的分布式道德中能动者的意向性变得不重要,也可以称为"无心灵的道德"。抽离了意向性的数据正义问题的责任分配方法必然不同于以意向性为条件来分配道德责任的传统伦理学,以行为者为中心和以行为为中心的经典伦理学都无法恰当地处理如此复杂的伦理问题,弗洛里迪提出的分布式责任也许是一个可行的伦理方案。

二 分布式责任在数据正义问题上的应用

数据正义问题是一个通用的名称,在现实生活中该问题可能以各种各样的形式和内容表现出来，规模和程度也各不相同，小到一个公司招聘中使用的简历筛选软件，大到整个社会乃至全球性的社交平台的数据交互，都可能会输出对特定个体或群体的偏见、歧视、控制、剥夺、深度占有等社会不公正现象。作为由多能动者系统共同招致的分布式道德，应用弗洛里迪提出的分布式责任反向传播的方法，拟采用以下步骤：

①确定数据正义的价值目标：每个人都受到平等的对待与尊重，拥有平等的机会获得数字能力和享有数据权利，尽力改善和减少因数据技术的使用带来的不平等。

②根据预设价值研究和确定系统中发生的数据正义相关的伦理问题。

③以该问题为视点向前追溯与之存在因果关联的能动者网络。

④将道德责任反向传播给网络中的每一个能动者，让每一个能动者（除例外情况）对数据正义问题负责。

⑤对系统的状态进行评估，以确定前述问题是否得到了改善或解决。

⑥若系统实现了数据正义的价值目标，循环结束。若否，那么重复②—⑤的步骤，直到系统状态在道德价值上令人满意。

和弗洛里迪的分布式责任的步骤相较，数据正义的责任分配方式有两点差异，一是增加了数据正义的价值目标，作为系统价值评估的依据。二是将"每一个能动者均等并最大限度地负责"修改为"每一个能动者（除例外情况）都要负责"，在坚持"分布式的问题，每个人负责"的前提下，兼顾问责的可接受性和公平性。

从①—⑥的六个步骤展示了分配数据正义责任的具体实施步骤，其中步骤①②⑤相对较为容易实现，步骤③的操作尽管有一定的难度，若通过仔细甄别和研究，应该可以大致确定招致特定的数据正义问题的能动者网络。难点是步骤④，由于分布式责任抽离了意向性，也不关注行为者的具体行为，而是以承受者为导向，要求能动者网络中的每一个成员都为之负责。虽然某种程度上规避了弗洛里迪方案中的反直觉的特征，但这也变成了一个模糊的措辞，减弱了实施的可操作性，需要进一步明确责任在能动者中如何分配的问题。但弗洛里迪的进一步阐释某种程度上对该问题予以了解答。

他也意识到了"要求每个能动者均等并最大限度地对 C_n 负责"的可行性问题。为了解决这个问题，他首先援引了法律上的"严格责任"概念论证了每个能动者都需要为 C_n 负责的理由。所谓"严格责任是一个或多个能动者因为其行为或者疏忽而造成的损害或损失的法律责任,无论其是否有罪都应负严格责任,而是否有罪是以其行为的意向性、控制的可能性以及借口的缺乏而定义的。"① 弗洛里迪指出从承受者的视角来看,我们可以将行动的承受者视为由发出行动的能动者设计的系统。系统中出现的问题与设计者之间存在着因果联系,那么所有涉及的能动者都应该负责。这就论证了系统中的每一个能动者都应该负责任,无论它们对输出的 DMR 有无意向性,或者仅是由于疏忽或粗心。然而,他也不认为每个能动者总是对分布式道德承担同等的责任,所以提出步骤(d)可能需要一个可覆盖性条款(an overridability clause),即"有些节点可能共享不同程度的责任,甚至没有责任,假如一个能动者能够表明没有参与 C 的交互。"② 这一个补充条款就部分抵消了分布式责任要求的反直觉特征,从而具有了一定的合理性。分布式责任既是一种反向传播的责任分配方式,同时也是一种防止恶意的分布式道德输出的机制。因为如果每一个能动者都知道他们要对 C 负责,那么他们就会约束自己的行为。所以,如果将这一机制通过法律、制度和常识等方式提前告知能动者,能动者的行动将会更为审慎和克制,相应地会抑制和减少恶意的分布式道德的发生。

因此,分布式责任的方法的实施首先要求从法律、制度、政策和行动准则等方面入手,制定相应的促成数据正义的原则和规范,并且将这些规定提前告知所有的能动者,具有交互性、自主性和适应性的能动者就会在行动中识别和规训自己的行动,一方面防止促成不正义问题的发生,另一方面尽可能让系统朝向或保持在正义的状态。当系统中的每一个能动者都是责任主体,要为系统中可能输出的不正义负责的要求构成了一种社会压力,数据正义问题发生的概率就会大大降低。如果系统输

---

① Luciano Floridi, "Faultless Responsibility: on the Nature and Allocation of Moral Responsibility for Distributed Moral Actions", *Philosophical Transactions of the Royal Society A*, Vol. 374, Dec. 2016, p. 8.

② Luciano Floridi, "Faultless Responsibility: on the Nature and Allocation of Moral Responsibility for Distributed Moral Actions", *Philosophical Transactions of the Royal Society A*, Vol. 374, Dec. 2016, p. 8.

出了数据正义问题，则应用反向传播的方式将责任分配给能动者网络中每一个成员。可见，分布式责任既是一种预防机制，又是一种解决路径，不失为应对数据正义问题的一个可行的伦理方案。

三　问题与回应

分布式责任作为一种创新性的责任分配机制，为数据正义问题的伦理治理开启了新的可能。但是，由于分布式道德重新定义了能动者的概念，将人工智能体纳入了能动者的范围，按照分布式责任的分配方式，人工智能体也需要承担责任，它们可能以何种形式来承担责任？另外，分布式责任的反向传播机制要求每一个系统中的成员都要承担责任，这是否会引发对正义风险的过度敏感，从而抑制创新？有些数据正义问题散布在一个全球性的系统中，如何让全球范围内的能动者承诺责任是一个显而易见的难题。只有对这些难题作出回应，用分布式责任解决数据正义问题的理论才具有实践的可能性。

（1）人工能动者如何承担责任？

通常意义上，称赞或者非难一个人工能动者是不可思议的，但是若人工能动者无法承担责任，分布式责任也就落空了。这是一个真正具有挑战性的难题。弗洛里迪在《信息伦理学》中对这一问题进行了论证和回答。首先，他指出关于"责任"的概念完全是人类中心论的，他认为人工能动者不能像人类能动者一样承担道德责任，但我们可以合法地把它们当作有责任的行动的源头，即在道德上是可问责的。他说："由于人工能动者缺乏心理机能，我们并不指责它们，但是，给定适当的环境，我们可以正当地把它们视为恶的源头，并且可以合法地重新塑造它们，使之不再为恶。"[①] 他把"能够实施道德行动的能动者/道德上可问责的能动者"与"道德上有责任的能动者"这两个概念做了区分。在康德的伦理学理论中，这两个概念是同一的，但弗洛里迪援引了俄狄浦斯的例子来说明前者是后者必要但不充分的条件。但这样的论证似乎否证了人工能动者能够承担责任，仅是道德活动的参与者而已，通过反向传播分配

[①]　[意] 卢西亚诺·弗洛里迪：《信息伦理学》，薛平译，上海译文出版社2018年版，第221页。

给人工能动者的责任可能依然会落空。其次,弗洛里迪进一步论证了对人工道德能动者的批评是可能的,但区别于对人类道德能动者的批评。通常意义上,违背了伦理规范的人类道德能动者受到批评的方式有温和的社会批评、孤立和基本惩罚,对于不道德的人工能动者的批评可以采取以下的方式:"(a)管控和修改(就是'维护');(b)迁移到信息圈中一个不连通的构件;以及(c)从信息圈中予以消除(删除而不做备份)。"① 这有点类似反病毒软件的分类,程序自主地运行,当它们检测到被病毒感染的文件,根据情况予以不同的处理,如通知、修复、隔离或删除、留下或不留备份。弗洛里迪创造性地提出了一种批评和非难人工道德能动者的方式,也是人工道德能动者可能承担责任的方式,某种程度上为分布式责任补上了一块重要的"拼图"。

(2)分布式责任或会成为一种抑制创新的机制。

分布式责任要求系统中每一个能动者都要为输出的数据正义问题负责,按照分布式责任的实施方法,要以法律、制度、准则或常识的形式告知所有的能动者何为正义何为不正义,那么,所有的能动者自然对自身的行动所可能带来的正义风险有高度的敏感性。为了尽可能免于被追责,会产生一种过度审慎的风险厌恶的态度和行为,这一定程度上会成为一种抑制创新的力量,从而造成机会和资源的浪费。创新是智能时代最重要的竞争力,创新冲动和创新能力的克制与萎缩不是分布式责任的初衷,对此,弗洛里迪指出,"在这种情况下,也可以设计适当的激励措施来鼓励能动者承受一些合理的和有限的风险。在经济学中,这可以是一个问题,例如,以保险政策来对冲责任。在道德方面,这种道德对冲可以通过更好地理解能动者对主动关怀受影响系统的责任来实现"②。可以说,这个回应不具有什么说服力,特别是在道德方面。但是如果引入技术创新与资本增殖之间的因果联系,就可以为创新注入强劲的动力,能动者不会纠结于责任对创新的抑制,而是会在创新、资本增殖和责任

---

① [意]卢西亚诺·弗洛里迪:《信息伦理学》,薛平译,上海译文出版社2018年版,第229页。

② Luciano Floridi, "Faultless Responsibility: on the Nature and Allocation of Moral Responsibility for Distributed Moral Actions", *Philosophical Transactions of the Royal Society A*, Vol. 374, Dec. 2016, p. 11.

之间寻求一个平衡，在追求技术创新和资本增殖的同时，兼顾可能的风险与责任，权衡成本与收益，有所为有所不为。

（3）全球性的数据正义问题责任分配何以可能？

有些数据正义的问题是全球性的，按照分布式责任的反向传播方法，为之负责的能动者可能是由散布在全球范围内的数量庞大的人类成员、组织机构、人工能动者和混合能动者等构成，它们分属于不同的国家和地区，持有不同的文化、价值和信仰，遵从不同的法律、制度和公共政策，分配问题在一个主权国家的语境内是较为可行和有效的，国际间的分配问题则举步维艰。然而数据技术应用的全球性是它的一个显著特征，第一部分提出的三个方面的数据正义问题既可以在一国之内发生，也可以在全球范围内发生。分布式责任的方法若不能在国际间有所作为，那么分布式责任只能是一个理论上的伦理设计。这是一个棘手的问题，确实不存在一个超越所有国家的世界政府来分配实现数据正义的责任，但这也不意味着这个问题是无解的，因为不同国家在智能技术问题上通过对话、协商而达成共识不仅是可能的，而且富有成效。2024年3月21日联合国193个国家协商一致通过了《人工智能全球决议草案》，整个世界共同承诺要确保这项强大的新技术能够造福所有国家、尊重人权，并且是"安全的、可靠的和值得信赖的"。前所未有的价值共识跨越了制度、价值、文化和信仰的鸿沟，这给了我们一种信心，相信对于全球性的关于数据正义问题的分布式责任的协商和践行也是可能的，如果所有的国家和所有的能动者都发现这是唯一可行的解决之道。

作为一种典型的分布式道德，依循传统的责任伦理去处理数据正义问题，可能会面临"所有人的问题但没有人负责"的困境，分布式责任作为一种新的伦理致思路径为数据正义问题的伦理治理以及相关法律和政策的制定提供了理论依据。但这一责任分配方式还有一些问题需要分析和解决，要持续地反思、改进和完善这一责任机制，使系统中的每一个能动者为自己的行动负责，促成数据技术的研发和应用趋向正义与善。

人类跨入了智能时代的门槛，人机交互和网络化生存经历了从理念到实践再到日常，大数据技术全面嵌入了人类的生活世界。在复杂的数据输入和输出之间，催生了技术可行能力的不平等、算法歧视、数据殖民主义等新的社会正义问题。和传统的正义问题不同，构成数据正义问题的能动者不再局限于人类成员，人工能动者、混合能动者与人类成员的行动一起共同构成了数据正义问题的源头与原因，单一能动者的意向和行为相对于最终生成的道德后果都没有决定性或者说都没有太大的权重，在多能动者的行为与后果之间存在着复杂的甚至不可解释性的因果关系。这一方面决定了传统责任伦理的"失效"，另一方面要求发展一种信息社会的伦理学。弗洛里迪提出了一种以承受者为中心的伦理学，区别于以行为者为中心的美德伦理学和以行为为中心的规范伦理学，他将这些散布在系统中参与复杂交互的道德行动称为分布式道德，数据正义问题就是典型的分布式道德，因为它就是由道德上中立的或者道德上可忽略的行动彼此交互而输出的结果。分布式责任是回应数据正义问题适切的道德范式。作为一种新的伦理学范式，弗洛里迪重新定义了能动者的概念，扩大能动者范围的同时抽离了意向性，将责任反向传播给系统中的每一个能动者，要求系统中每一个能动者都要为系统输出道德问题负责。可以说，分布式道德为数据正义问题提供了有说服力的解释，分布式责任为数据正义问题提供了可行的伦理治理方案。

第七章

自然、技术与责任

技术作为人的合目的的活动，以自然作为原料和对象，包括自然的人和自然的环境，旨在通过技术中介对自然对象予以改造或者制作出自然中从未存在的事物，以满足人的持续性生存和生活的愿望。可以说，自然相对于人而言是不充分的、不完备的。作为有理智能力，能够为自己设定目的，有过去、有现在和有将来的存在，人的需求区别于其他的存在物，每一个个体都不会满足于最基本的生存。经验告诉我们，人的需求没有明确的、固定的边界且随着条件和境遇的变化而持续变动生长。技术是人的理智能力的应用和外化，经由技术之路，人类成功地从自然中脱颖而出，成为万物的灵长和自然的主人。技术是人类抵御自然不充分性并实现人的持续生存和发展欲望的重要力量。所以人、自然和技术始终相互纠缠，共生共存，相互影响。

自农耕文明以来，人类就开始了对地球地表生态的改造。工业文明之后，机械动力系统开始了对自然环境的大规模的入侵和改造，人类的技术触角从土地延伸到大气、水甚至冰冻层。当今人类不仅影响了我们星球地质生态的整体状态，而且也影响了其他物种的进化和存亡。

人类始终要生活在自然中，人对自然入侵的同时也意味着自身生存环境的恶化，因此，如何处理人和自然之间的关系就成为人类不得不思考的问题。随着灾难性自然事件的不断发生和人类生存环境的恶化，生态学、环境科学、环境哲学、环境伦理学等学科应运而生，政府间的全球气候会议的举行标志着人类开始了在全球环境问题上的相互协商和相互合作。然而，只有从理论上澄清人和自然的关系、自然本身的价值、人必须对自然承诺的责任，人类才可能在具体实践中协同合作，实现人与自然的和谐共生。

在环境哲学的研究中,不少思想家主张自然具有内在价值,因此确证自然的道德地位和人类的道德责任。确证包含非人类存在物和生态系统在内的自然具有内在价值是环境伦理学的重要命题,也是尊重、敬畏和保护自然最重要的伦理依据。奥尼尔(J. O'Neil)指出,"持有一种环境伦理学就是主张非人类存在物和自然界的事态具有内在价值"[1]。环境伦理学家担心自然若不具有内在价值,自然的价值就会依存于人的评价,自然的保护就会从属于人的利益和状况。如罗尔斯顿所言:"如果我们相信自然除了为我们所用就没有什么价值,我们就很容易将自己的意志强加于自然。没有什么能阻挡我们征服的欲望,也没有什么能要求我们的关注超越人类利益。"[2] 不可否认,在人类的现代化进程中发生的环境问题都直接或间接地与"人是目的"和"自然是实现人的目的的工具"的价值认知存在一定的因果关联。但是,自然是否具有内在价值?确证自然的内在价值的理由都能通过人类理性的审视吗?除了诉诸自然的内在价值,是否还有其他的路径可以证实人对自然的道德责任?

第一节 什么是内在价值?

价值是一个关系性概念,是指在主客体关系中,客体的属性或功能为主体所需要、使用、欣赏或喜爱,若可以满足主体的目的性需求,那么该客体就是有价值的。主体是指"能思维的自我",即具有理性思维能力、能自主选择和行动的人。这意味着一方面人是价值之源,在具有理性思维能力的人尚不在场的时期,自然是自在的存在,并不存在价值关系,自然因人的出现而产生了价值属性。另一方面,人也是价值关系所指向的目的,价值关系就是在主体依自我设定的目的将客体纳入自身生活世界的活动中发生的。在康德的哲学中,人被定义为理性的存在者,

---

[1] J. O'Neill, "The Varieties of Intrinsic Value", *The Monist*, Vol. 75, No. 2, Apr. 1992, p. 192.

[2] [美] 霍尔姆斯·罗尔斯顿:《哲学走向荒野》,刘耳、叶平译,吉林人民出版社2001年版,第197页。

是一个能够设定目的、能够自我立法、有自主性、有尊严的存在者，因而也是一个自由的存在者。而非人存在物只是盲目地服从自然界的因果律，没有以自主性为基础的尊严和自由。因此，基于自主性的理性存在者有一种无条件的、无与伦比的价值——内在价值。这是一种因其自身而具有的价值，区别于该事物相对于他者功用的工具价值。

指称一个事物具有内在价值是指该事物的价值与其他事物或评价者没有关系或者不取决于它们之间的关系，该事物的特征或属性使得其存在本身就是有价值的，这些属性或特征为该事物所独有，是使得该事物成其自身且区别于其他事物的原因。内在价值概念似乎超越了作为一种关系性概念的价值，是一种特别的价值形态。这决定了具有内在价值的事物不是仅作为工具而存在的，它的存在本身就是目的，是其他事物存在的目的，也是自身所要追求和完成的目的，这种目的是一种善。既然事物的内在价值是因其自身而来的价值，因此，必然是无条件的、绝对的，同时还是其他事物是否具有价值和具有什么价值的评价者。内在价值是相对于外在价值而言的，外在价值是一事物相对于另一事物的有用性，是有条件的。但具有内在价值的事物无论在何种条件下都是有价值的存在，不取决于与其他事物之间存在的有用性、审美性或情感性关系。

因此，在笔者看来，一个有内在价值的事物必然具有以下四个方面的规定性：

（1）具有内在价值的事物自身就是目的。是其自身存在的目的，也是其他事物存在的目的。这种目的必然是一种善，既是道德上的善，也是事实上的好。

（2）具有内在价值的事物因其自身而具有价值。即一事物具有内在价值的根据在其自身之内，并不取决于对其他存在者的效用、贡献、帮助或者可以为其带来审美的愉悦与情感的提升，也不取决于评价者的认知和判断。

（3）具有内在价值的事物是价值之源，能够赋予其他事物以价值。这意味着具有内在价值的事物具有自我意识、理性和自主性等特征，否则它就不能评价和赋予其他事物以价值。

（4）具有内在价值的事物能够自主地设定目的、准则，并能够出于准则去实现自我设定的目的。

概而言之，具有内在价值的事物应具有目的性、自足性、自主性和能动性等特征，具有以上四个方面规定性的事物就是具有内在价值的存在者。显然，能够满足以上四个方面规定性的只有作为理性存在者的人，所有的非人存在物（动物、植物、大地或自然生态系统等）都不能同时满足上述条件，因而只是具有外在价值的存在。但是自人类进入工业社会以来，科学认知、技术能力和资本规模都有了极大的提升，借助科技和资本，人类实现了对自然世界的深度认知、介入和改造。在"人是目的"的启蒙哲学理念下，人类不断地攫取自然资源来满足人类持续生长的欲望和资本的增殖冲动。于是，自然遭遇了前所未有的侵蚀和破坏，空气、水（包括地面的和地下的）、土壤、山林、草原等地球表面几乎所有的自然生态都受到了来自人类行为的影响，可以说经过工业文明"洗劫"过后的地球表面满目疮痍。问题引发了思考，一些环境伦理学家试图拓展内在价值的外延，提出了"自然具有内在价值"的环境伦理理念，试图唤起人类尊重自然、保护环境的意识和行动。

第二节 自然的内在价值论证

环境伦理学家所采取的策略是减少"内在价值"这一概念的内涵以拓展其外延或赋予自然以新的属性。他们首先将动物（如彼得·辛格），然后将包括植物、微生物在内的所有生命体（如阿尔伯特·史怀泽、保罗·泰勒），最后将大地或者整个生态系统（如利奥波德、罗尔斯顿、克里考特、奈斯等）都纳入了内在价值的范畴。若非人存在物的内在价值能够得到辩护和确证，那么自然配享人类的尊重和保护就获得了最坚实的理由。概而言之，环境伦理学家对自然的内在价值的论证主要基于以下三个理由。

一 自然的目的性赋予了自然内在价值

自然的目的性论证主要有两条不同的进路，一是生命个体的目的性进路，主张部分或所有的生命个体都是目的性存在。二是生态整体的目的性进路，主张整体的生态系统本身是一个目的性存在。自然系统自身蕴含的目的使得它们成为值得尊重和配享道德关怀的具有内在价值的存在。

生命个体的目的性进路借助经验观察和生物学、生态学的研究成果，主张生命个体是有目的的存在，生命把"自我维持"作为目的而对环境做出反应和产生作用。生物个体为了保护自己而对环境做出选择性的反应时，就存在着原始性的"价值选择"，在高等动物那里价值选择更为明确。生物就是这样的"价值选择主体"，生命的目的性决定了它值得尊重、配享关怀，是具有内在价值的存在。个体性进路以保罗·泰勒和彼得·辛格为代表，他们在生命个体而不是整体的生物圈具有内在价值的主张上具有一致性，但是在很多问题上又有难以协调的分歧。彼得·辛格认为部分动物具有感知能力，能对外界作出有意义的反应，能够显示出趋乐避苦的意向，以及对各种兴趣、愿望和福利的追求，这些有感知能力的生命必然在行动中有趋避，有自己的需要和利益，也就有了自身的内在目的性，生命个体的内在目的存在决定了生命的内在价值。

保罗·泰勒则认为自然中的生命都是拥有自身善的实体，即拥有固有价值的实体。具有固有价值的生命之所以值得尊重是因为所有生物都把生命作为目的中心，每个生命都是以自身方式追求自身善的独特个体。他说："我们把个体生物看成一个生命目的论中心，就是说它的外部活动和内部功能都是有目的的，随着时间推移不断努力使自己活下去，并使自己能够成功地发挥生物功能，以此繁殖后代和适应不断变化的环境事件和环境条件。"[①] 和辛格不同，泰勒以生命目的中心和个体的善作为一事物拥有内在价值的理据，将具有内在价值的存在者从具有感知力的动物拓展到所有的生命个体，而不是局限于有感知能力的个体，并且强调所有的生命拥有同等的内在价值，并无层级的区分。但二者都不认为无生命的存在物或整个生态系统具有内在价值。

生态整体性进路坚持完整、和谐、有序和美丽的生态系统是具有内在价值的主体，人类仅仅是整体生态系统的一个构成部分，人类的实践和活动应以整个生态系统整体为目的，不能将自然视为仅仅为着人的目的服务的资源和工具。这一思想集中体现在罗尔斯顿和科利考特的生态中心主义理论中。

---

① ［美］保罗·泰勒：《尊重自然：一种环境伦理学理论》，雷毅、李小重、高山译，首都师范大学出版社 2010 年版，第 122 页。

罗尔斯顿的荒野哲学证明了作为生态系统整体的价值优先于个体的价值。他指出,"自然的内在价值是指某些自然情景中所固有的价值,不需要以人类作为参照"①。在他看来自然界中所有个体都具有程度不同的内在价值,但这些个体的内在价值是不能离开生态系统来孤立地加以评价的,他说:"个体的价值要适应并安置于自然系统中,这使得个体的价值依赖于自然系统。内在价值只是整体价值的一部分,不能把它割裂出来孤立地加以评价。"②罗尔斯顿认为自然的内在价值是客观的,即使没有意识存在,该价值仍然会存在于自然界中。生态整体中每一个个体之所以具有内在价值,主要因为它们在系统中都有自己固有的功能和位置,都是以一定的角色在一个整体中体现它的善,共同构成了完整有序的自然共同体。③这里关于内在价值的定义已经远远突破了这一概念原初的内涵,仅保留了事物的内在价值不取决于评价者和具有内在善的特征。

不同于罗尔斯顿的客观价值论,科利考特认为内在价值不能独立于主体而存在。一个无意识的个体不能自我赋值,必须经由其他有意识者赋值。在他看来,现代主义哲学框架下的内在价值包含两层含义:一是价值的激发过程是主体意识赋予的,二是价值的终端载体可以是非人类的自然实体,如物种、群落和生态系统等。它们都具有自身的目的性,这种目的性是属于它们自身的善,科利考特认为这种善就是健康。经由健康这个概念,科利考特将内在价值的主体由人拓展到生态系统,他说:"就像身体健康的医学标准一样,生态系统健康的标准将兼具描述性与规范性,客观性与普遍性,工具价值性与内在价值性。"④但是,和人的内在价值不同,科利考特称生态系统具有的是"打了折扣的(truncated)内在价值","打了折扣的内在价值是这样一种价值:我们把它赋予某物

---

① [美]霍尔姆斯·罗尔斯顿:《哲学走向荒野》,刘耳、叶平译,吉林人民出版社2000年版,第189页。
② [美]霍尔姆斯·罗尔斯顿:《环境伦理学》,杨通进译,中国社会科学出版社2000年版,第296页。
③ [美]霍尔姆斯·罗尔斯顿:《哲学走向荒野》,刘耳、叶平译,吉林人民出版社2000年版,第191页。
④ J. Baird Callicott, "Beyond the Land Ethic: More Essays in Environmental Philosophy",转引自孙亚君《从大地伦理到生态中心论——整体主义环境伦理学进路》,《环境与可持续发展》2016年第2期。

即使某物本身没有价值（老实说，确实没有）"①。生态系统的内在价值是由有意识的存在者赋予的，其自身并不具备罗尔斯顿所指称的客观的内在价值。科利考特也反对辛格和泰勒的生物个体内在价值说，主张事物之间的联系优先于联系的事物，个体的外在形式、生理过程和心理精神能力都是由生态系统决定的，提出"生物共同体的善是道德价值和行为对错的终极标准"。因此，科利考特的生态中心主义也被批评为"生态法西斯主义"，因为在他看来，整体性的生态系统具有价值优先性，而生命个体，甚至某一物种或群落只具有相对价值。

无论是生命个体的目的论进路，还是生命整体的目的论进路，环境哲学家们从不同的视角将生命个体或生态整体解释为一种具有内在目的的存在，这种内在目的性赋予了该存在物以内在价值，因为它们具有与人相同或相似的内在价值，因此，也就应该配享与人相同或相似的道德地位，享有尊重和关怀的道德权利，非人存在物的道德地位和道德权利就赋予了人行动的约束和规则，改变了传统的以人的利益和需要为目的的人类中心主义的伦理观。

二 自然的系统性、自组织性和创造性赋予了自然以内在价值

随着生态科学和生物科学的发展，人类对自然的内在机理、相互关系、历史演进和人类行为的可能后果等都有了较为明确的科学认知。这些科学认知揭示了自然世界在漫长的地球演化过程中自发生成了一个充满生机和活力的生态系统，哲学家们将这一系统的特征诠释为系统性、自组织性和创造性。因此自然就仿佛是一个具有自主意识的超人，有自己的目的和筹划，有能力创造出多样、稳定且美丽的生态系统，人仅是这一庞大复杂的生态系统的构成部分。自然这些类人甚至超人的特征赋予了其不容置疑的内在价值。

自然的系统性是指自然是一个复杂的有机体，每一个事物都在其中占有着一个不可替代的位置，履行着它相对于系统的特定"功能"，都以各种人类不可思议的方式和力量生成了自然稳态结构，并在生生不息的

---

① ［美］J. B. 科利考特：《罗尔斯顿论内在价值：一种解构》，雷毅译，《世界哲学》1999年第2期。

运动中保持着动态平衡，实现了从简单到复杂、从无机物到低等生命、从低等生命到高等生命的进化之旅。自然中不同层级的生命共生共存，共同履行生态共同体的系统功能。

生态科学从时间和空间两个维度对自然系统的描述揭示了纷乱的自然物堆积的世界的内在联系和发展规律，在其中发现了秩序、平衡、稳定、完整和美丽。自然不是各种自然物的杂乱无序的混杂，每一个生命、物种和非生命存在物都在系统中有特定的位置和功能，都是不可或缺的存在，因此具有独立于人的利益和需要的自身价值（内在价值）。利奥波德将是否保护自然系统作为判断对错的标准，他说：" 如果一件事着眼于保护生物群落的完整性、稳定性和美感时，那么它就是正确的。反之，它就是错误的。"[1] 奈斯也认为自然是由一个基本的精神或物质实体组成的"无缝之网"，人与非人类都是这个"生物圈网上或内在关系场中的结"。科利考特则坚持生态系统的健康是自然的目的，是自然自身的善，值得人类赋予其内在价值并保护和尊重它。罗尔斯顿提出，"出于对种群、基因库、生境的关心，我们需要内在也有一种'群落中的善'的集群性含义。每一种内在价值在其前后都有一个'与'，指向它所由来的一些价值和它所朝向的一些价值……每一事物都是以一定的角色在一个整体中体现它的善的"[2]。自然的系统性不仅使得自然存在物个体具有内在价值，而且作为整体的生态系统本身也有内在价值。

在环境伦理学家看来，生态系统是一个动态平衡的系统，还展现出自组织性和创造性两大特征。所谓自然的自组织性是指自然具有自我完善和自我修复的能力。自然世界并非一直是一个稳态的、静止的系统，内部的各种力量总是处于持续的碰撞和冲突之中。由于自然或人为的原因，系统的稳态和平衡状态常常被打破，造成程度不同的破坏和伤害，但自然系统在时间中能够逐渐自我调整、自我适应、自我修复和自我完善，从而实现新的稳态系统，展现出自组织性的特征。

同时，自然史本身是一部辉煌的创造史，自然在历史的时空中创造

---

[1] ［美］利奥波德：《沙乡年鉴》，舒新译，北京理工大学出版社2015年版，第231页。

[2] ［美］霍尔姆斯·罗尔斯顿：《哲学走向荒野》，刘耳、叶平译，吉林人民出版社2001年版，第190—191页。

出了日月星辰、山川河流、微生物、植物、动物和人，这种创造力贯穿于自然史始终，创造了自然世界的生生不息和多元共生。罗尔斯顿把这种自然的自我创造力量看成自然物具有内在价值的发生源。他说："人们不可能对生命大加赞叹而对生命的创造母体却不屑一顾，大自然是生命的源泉，这整个源泉——而非只有诞生于其中的生命——都是有价值的，大自然是万物的真正创造者。"① 所以，在罗尔斯顿看来，不仅个体的生命是有内在价值的，具有创造性的自然同样也具有内在价值，他指出："从长远的客观的角度看，自然系统作为一个创生万物的系统，是有内在价值的，人只是它的众多创造物之一，尽管也许是最高级的创造物。自然系统本身就是有价值，因为它有能力展露（推动）一部完整而辉煌的自然史。"② "凡是存在创造的地方，都存在着价值。"③ 罗尔斯顿指称的"创造"既包括种的繁衍（即生产新的个体），还包括物种种类的增加、新老物种、物种与环境之间的协调与和谐等，自然展现的惊人的创造力证明了它是具有内在价值的存在，这种价值独立于人的目的和需要，是一种自在的价值。

自然系统性、自组织性和创造性内含着意向性、能动性等与内在价值相关的特征，自然被描述为一个类似于人的有意志有目的的存在。生态科学和生物学揭示了自然的内在机理，人类从纷繁复杂的自然现象中认识了自然的真理，发现了每一个存在物在生态系统中的不可替代性，解释了自然的创造性和自组织性。这些似乎证明了自然有自己的需要、兴趣和利益。既然如此，人类应该保护、促进和尊重自然，而不能仅仅将其视为工具，视为征服、改造和索取资源的对象。

三 自然之善美构成了自然的内在价值之源

自然的内在价值也可以是人在自然中的具身性体验和认知所得出的

---

① [美]霍尔姆斯·罗尔斯顿：《环境伦理学》，杨通进译，中国社会科学出版社 2000 年版，第 268—269 页。
② [美]霍尔姆斯·罗尔斯顿：《环境伦理学》，杨通进译，中国社会科学出版社 2000 年版，第 269 页。
③ [美]霍尔姆斯·罗尔斯顿：《环境伦理学》，杨通进译，中国社会科学出版社 2000 年版，第 271 页。

判断。人通过在自然中的沉浸式观察、体验、想象去发现和经历自然的神奇与美好，自然呈现出的图景给人的身体和心灵很强的冲击力，人在这些经验中会产生兴奋、敬畏、恐惧、赞叹、惊奇、热爱乃至信仰等感受，和前述生态科学和生物科学所揭示的自然的内在机理相结合，就构成了自然的独立于人的目的性的内在价值。直觉是神秘的，情感是自然发生的，爱默生、缪尔、梭罗、史怀泽、卡逊等环境伦理学家都亲身体验了自然之美善，自然的美善是他们赋予自然以内在价值的重要原因，科学认知则进一步确证和强化了这一价值。

梭罗在《瓦尔登湖》中用优美的文字描写了湖边的夜晚，"牛蛙鸣叫，邀来黑夜，夜鹰的乐音乘着吹起涟漪的风从湖上传来。摇曳的赤杨和白杨，激起我的情感使我几乎不能呼吸了……虽然天色黑了，风还在森林中吹着，咆哮着，波浪还在拍岸，某一些动物还在用它们的乐音催眠着另外的那些……狐狸，臭鼬，兔子，也正漫游在原野上，在森林中，它们却没有恐惧，它们是大自然的看守者"①。利奥波德所描写的"丘鹬之舞"的美也令人惊奇赞叹："丘鹬拍打着翅膀，伴随着一阵悦耳的鸣叫声，盘旋着飞向天空。它们越飞越高，盘旋的幅度也越来越陡，越来越小，鸣叫声响彻云霄，直至这些舞者最终幻化成天空中一个斑点。紧接着，在毫无征兆的情况下，它们像一架失控的战斗机般翻着筋斗掉落下来，同时发出一阵轻柔婉转的啼鸣。"② 这是人与自然的交往中发现的令人惊奇的自然之美，自然之美既是自然创造的"杰作"，还能够滋养人的审美能力和道德精神。

自然不仅具有美学属性，还具有道德价值。超验主义哲学家爱默生曾说："一切事物都是道德的；在无限的变化中，它们与精神自然不断保持联系……这种伦理性质如此深入地渗透在自然的骨髓里，以致自然似乎就是为了这一目的而存在的。"③ 自然之所以具有道德价值，在于爱默生坚信任何事物都不可能长久地处于错误状态或坏的状态中，一切恶的

---

① [美] 亨利·戴维·梭罗：《瓦尔登湖》，徐迟译，人民文学出版社 2018 年版，第 124 页。

② [美] 利奥波德：《沙乡年鉴》，舒新译，北京理工大学出版社 2015 年版，第 32—33 页。

③ Merton M. Sealts and Alfred R. Ferguson, "Emerson's Nature: Origin, Growth, Meaning", 转引自向玉乔《美国的超验主义伦理思想》，《道德与文明》2006 年第 5 期。

东西都会遭到时间的惩罚。随着时间的流逝,"恶"终将一个个被克服。这是一种诉诸直觉的乐观主义哲学。

环境哲学的先驱们在与自然的交往中体验到了自然之美和自然之善,在他们看来,自然不再仅仅是纯粹客观的存在,而是兼具美学和伦理学属性的存在。自然的美善能够丰富和启迪人的生命、生活和精神,使人产生兴奋、惊奇、敬畏、震撼等情感。这些源自自然的情感并不从属于或服务于人的目的和需要,它们与生态科学和生物学所揭示的自然的内在机理一起,为自然的内在价值提供了理由。人的直觉、感性经验和科学理性三种认知能力打开了自然世界的科学之真、伦理之善和意境之美。在环境伦理学家看来,自然的这些属性决定了它并非只是为着人的存在而存在,其自身就是具有内在价值的自为的存在。

环境伦理学拓展了内在价值的边界,主张非人类存在物也具有内在价值,并从多个视角为之进行论证和辩护,目的在于要求人承诺对自然的义务和责任,尊重、敬畏、热爱和关怀自然,祛除人类因文明程度的提高而生成的对自然的傲慢、轻率和任性的态度。诚然,技术文明和人类的贪婪对自然造成了无法估量的破坏和污染,人类确实应该改变发展的理念和方式以力求人与自然的和谐共生。然而,自然的内在价值却是颇具争议性的命题,有很多是思想家赞同这一观点,也有不少思想家有完全不同的看法。因此,批判性地检视上述三方面的论证就成了厘清自然的内在价值问题不可或缺的步骤。

第三节 自然的内在价值论证的批判性检视

如上所述,在环境伦理学的论域内,自然的内在价值的论证主要有三个理据:自然是有目的的;自然具有系统性、自组织性和创造性;自然是美善的。即使这些论点都能被确证,对照第一部分内在价值的定义,自然的内在价值仍不符合第三点和第四点的规定。更何况自然其实并不真的具有上述三个方面的属性和能力,或者说自然只是表现出似乎具有这些属性和能力而已,因此,从自然的内在价值通向自然的道德权利和人类对自然的义务并非明智之举,进一步论证如下。

一 主张自然的目的性是人对自然的一种误读

就自然的进化史而言，自然世界在漫长的历史进程中缓慢地从无生命的机械运动、物理运动和化学运动中进化出了生命，从低等生命进化为高等生物，最终进化出了具有思维能力的人，并发展出了多样、复杂、有序、完整的生态系统。从自然史的大尺度观之，自然的缓慢进化似乎遵循统一的趋势或朝向共同的目的。正如罗尔斯顿所言："现在，我们确实在大自然中发现了某种我们应当遵循的趋势——创造生命、维护稳定、保持完整，直至进化出人类从而达到美的顶峰。"[①] 而每一个个体生命的目的性或表现为以内在感知力为基础的意向性（辛格），或表现为以自己独特的方式努力使自己生存下去并实现自身的善（泰勒）。然而，生命个体或生态系统整体是否具有目的性，这是一个值得重新考量的问题。该问题的追问首先要从明晰"目的"这一概念入手。

"目的"指的是一事物对超越其当下存在的未来状态的期许和设定。我们说一事物是有目的的，则意味着该事物是有意志的、有理性的，因为目的必须是由主体设定的。一个能够设定目的的主体必须有一个能够思考的意志，该意志能够：

（1）认识和判断现实境遇中的好坏。

（2）认知其当下存在的状态、自身拥有的能力、环境中可能的支持条件和障碍因素以及各种无法超越的法则等要素。

（3）对同时向主体开放的不同目的诉求进行权衡。

（4）选择那个可行合理的指向未来的意向。

可见，"目的"这一概念并不适用于非人类生命个体或生态系统整体，因为他们都不存在一个能思考的意志，也不可能主动选择和设定自身的目的，自然的内在价值论者所指称的目的或者是生命个体的自我维持和自然生长过程，或者是生态系统的自然演进趋势，这些所谓的"目的"并非有一个意志预先设定的，是遵循自然法则（物理的、化学的或生物的法则）自发生成的。因此并不符合"目的"这一概念的定义。除

[①] ［美］霍尔姆斯·罗尔斯顿：《环境伦理学》，杨通进译，中国社会科学出版社2000年版，第315页。

非在形而上学的意义上预设一个超自然的意志，否则用"目的"这一概念来表述生命个体的自我维持和自然生长以及生态系统的进化趋势是不恰当的，是对目的概念的一种误用。

亚里士多德在《尼各马可伦理学》中关于人的灵魂功能的分析为以上的解读提供了有说服力的论证。他认为人的灵魂有三种功能：营养与生长的功能、欲望和感觉的功能、理智的功能。前两个功能都与道德无关，是灵魂中理性功能使人成为一个道德的存在。营养与生长的功能是人和植物动物共享的功能，欲望和感觉的功能是人和动物共享的功能，但这两种功能都与道德无涉，这决定了植物、动物不能成为道德评价的对象，也决定了植物和动物不能成为道德评价者，它们也不能有自身的目的。灵魂的理智功能使人成为唯一可能有目的的存在者。人也并非因为营养和生长或感觉和欲望而具有内在价值，人的内在价值是建立在人的理性能力的基础上，若人缺乏这一能力，价值或内在价值也就无从谈起。可以说，人类的文明就是建立在人类理智能力的基础上，人类社会的历史就是一部人类不断地运用自己的智慧，抵抗自然，离开自然，建构文明的历史。实际上人类智慧所创造的文明使得人类已经大大突破了其自身的自然性，超出了自然进化的轨迹，现代文明中的人已经是自我建构的存在，而非纯粹自然进化的结果。从这一点来看，将内在价值拓展至非人类存在或整个自然生态系统是不恰当的，也是不合理的。

当然，人的理智能力的有限性和人性的缺陷使得人的有些目的是有害的、破坏性的甚至是毁灭性的，造成了自然和自身的生存困境，人类确实应该重新反思人与自然的关系以及人类的发展模式，在人与自然和谐共生的图景中实现真正意义上的好的生活，即使不承诺自然的内在价值，为了人类自身的生命尊严也能够实现对自然的尊重和关怀。

二　自然具有生成性，但没有创造性

罗尔斯顿用饱满的热情叙述和赞扬了自然伟大的创造性特征，将生命的发生和进化、物种的繁衍和多样化、自然系统内的相互合作与支持、宇宙系统的诞生和运动等都归为自然的创造性。他说："我们面对一个创生万物的自然，一个永不停息、充满各种创造物——恒星、彗星、行星、卫星，以及岩石、晶体、河流、峡谷和海洋——的自然。这些天文过程和地质过程的登峰造极之作——生命——更是令人钦佩。"① 基于自然不凡的创造能力，罗尔斯顿认为"从长远的客观的角度看，自然系统作为一个创生万物的系统，是有内在价值的，人只是它的众多创造物之一，尽管也许是最高级的创造物。自然系统本身就是有价值的，因为它有能力展露一部完整或辉煌的自然史。"② 不仅自然本身是有价值的，而且价值本身也是自然创造的。罗尔斯顿的论证建立在自然史、生态科学和生命科学的基础上，又与人的经验观察相契合，很容易实现认知共识和情感共鸣。但我们更为细致地对这一论证进行分析就会发现，自然具有创造性这一说法是不恰当的。

首先，所谓"创造"是指主体经过思考和行动，制造出合目的的存在物或思想。因此，当人们使用"创造"这一概念时，就意味着有一个创造者、创造者的目的、创造的行为以及被创造的客体。但自然不能成为创造者，因为前面已经论证了自然没有目的、意图，也就不会有在特定的目的和意图指导下的有意识的行动。自然世界的日月星辰、高山大海、无数的生命和多样的物种并非自然创造的对象物，而是在自然规律的作用下自然生成的。正如我们可以说人类创造了电脑，但如果说人类创造了人脑则是荒谬的，电脑是自然进化永远无法创造出的东西，是人类智慧的结晶和人类文明的标志，但人脑是自然生成的，并非由哪一个有意识、有筹划的存在物创造出来的。创造是包含着主动的筹划的积极的行动，而生成是在自然规律的支配下被动的过程。生成是比创造更恰当合宜地描述自然的演进过程的概念，而自然的具有生成性并不能证明自然是具有内在价值的存在。

其次，退一步而言，即使正如罗尔斯顿所言，自然具有创造性。他也是选择性地强调了自然一方面的特质，即只是强调了支持自然内在价值的特征。而实际上，自然兼具创造性和毁灭性，自然在创造生命的同时，也无时无刻不在毁灭生命，自然中生命的延续常常是以其他的生命

---

① ［美］霍尔姆斯·罗尔斯顿：《环境伦理学》，杨通进译，中国社会科学出版社2000年版，第268页。
② ［美］霍尔姆斯·罗尔斯顿：《环境伦理学》，杨通进译，中国社会科学出版社2000年版，第269页。

为代价的。即使没有人类的干预，很多生命个体也不能在自然中经历完整的生命过程。自然生态系统以食物链的形式存在，上一级生命的存在以下一级生命的毁灭为代价，没有生命的毁灭也就没有生命的产生，这是自然世界中时时刻刻都在发生的事情。环境伦理学家为了论证自然的内在价值，选择性地强调自然生成、保护和促进生命的维度，选择性忽略了自然在促进生命的同时也毁灭生命，如果说促进生命证明了自然的内在价值，那毁灭生命也就证明了自然具有负面价值。

最后，从时间和空间的大尺度上观之，大自然创造了庞大、多样、复杂且有序的生命系统，生生不息。但是从每一个具体的生物群落或每一个具体的生命而言，大自然又是残酷无情的，遵循着弱肉强食、适者生存的自然规律，不怜悯任何一个生命的疼痛和绝望，任由生命吞噬生命，任由严寒、酷暑或旱涝等恶劣的自然条件伤害生命，无数的生命在自然世界里经历着痛苦、折磨和死亡，生态系统的平衡和秩序其实是建立在残酷的生命搏杀的基础上。更不用说地球历史上曾经发生的五次生命大灭绝事件，自然曾经无选择无差异地大规模毁灭生命。所以，我们生存的自然世界就是在创造与毁灭中暂时的平衡和稳定，而所谓的"创造"和"毁灭"只是一种拟人化的说法，只是人类对自然中的各种生命和非生命要素在自然规律支配之下所表现出来的现象的认知投射，自然无意识、无目的、无理性，所以也就谈不上创造或毁灭，只有生成与消亡。而被动地生成或消亡则不能赋予自然以内在价值。

三 自然的善美不能作为自然的内在价值的论据

对这一论证的批判性反思在以下两个方面展开：第一，回溯前述内在价值的概念，指称一事物具有内在价值是指该事物的价值与其他事物或评价者没有关系或者不取决于它们之间的关系，该事物的特征或属性使得其存在本身就是有价值的。即对任一评价者而言，该事物都具有同样的内在价值，内在价值具有外在于评价者的客观性。但自然的美学属性和伦理属性都依赖评价者的感受性和认知能力，同一对象的美丑和善恶会因评价者的主观感受和认知能力的不同而有差异。虽然不能说美丑和善恶的评价是完全主观的，但一定程度的主观差异性是美学和伦理显而易见的特征。所以自然的美学属性和伦理属性不能成为论证自然内在价值的好理由。

第二，由人的视角观之，自然中既存在美的事物，也不乏丑的事物。如果说自然的美论证了自然的内在价值，那么自然中丑的现象就是一种相反的力量，消解着自然的内在价值。但是，缪尔说："只要处于荒野状态，大地的风景都是美的。"罗尔斯顿说："如果我们有足够的理解力，那么，大地就一定能给我们带来愉悦感受。"① 罗尔斯顿也承认自然中存在着个别的丑的事物或现象，如腐烂的麋鹿的尸体，但他指出丑是瞬时的，接下来它将参与生态系统的循环，为生态系统的美和后来产生的个体的美做出贡献。因此，"丑被整体接纳了，战胜了，被整合进了具有正面价值的复杂的美之中"②。在这里，罗尔斯顿混淆了"美"和"工具价值"，具有工具价值的事物可能是美的，美的事物也可能具有工具价值，但二者并非完全重叠，你永远不能说一个增进了美的事物本身就是美，如动物的粪便增进了花的美，我们不能因此推论说动物的粪便是美的，若此，则是对"美"的内涵的一种误解。

自然的善恶也可以作出相似的论证。基于上述两个视角，自然的美学属性和伦理属性并非是一种自在的、独立的价值，相反是依赖人的认知和体验的属性，再者自然也非纯粹的美善，因此自然的意境之美和伦理之善并不能为自然的内在价值提供辩护。

环境伦理学家赋予自然以内在价值更多的是出于信念、敬畏、惊奇或热爱，神秘、宏大、复杂的自然力量和自然关系确实令人敬畏，但是这些都不能为自然的内在价值提供佐证。环境伦理学旨在要求人类承担起对自然的道德责任，不能任由人类凭借技术力量对自然无止境的干预和破坏。自然的内在价值是要求人类承担自然责任的最有效、最有力的理由，尽管如此，通过前面的论证，我们发现自然并不真的具有内在价值。但这也不意味着人类可以继续以自我利益为中心任性妄为，是时候规范和限制人对自然的征服与改造，尊重、保护和促进自然的可持续健

---

① [美] 霍尔姆斯·罗尔斯顿：《环境伦理学》，杨通进译，中国社会科学出版社2000年版，第322页。
② [美] 霍尔姆斯·罗尔斯顿：《环境伦理学》，杨通进译，中国社会科学出版社2000年版，第328页。

康发展。

有不少的环境伦理学家从不同的角度论证了自然的内在价值，但有更多的学者提出了否定性的论证，表明这是一个具有很大争议性的论题。可以说，这种争议性本身很大程度上削弱了人类承诺自然责任的理论基础。然而，自然的内在价值并非人类尊重和保护自然的唯一理由，该论题在论证上的失败也并不意味着人类侵蚀和伤害自然行为的合理性。我们可以尝试从其他的视角去唤起人类的生态意识，鼓励人类选择一种与自然友好的生产和生活方式。日本学者高田纯认为，自然是支撑人类生活的根本性的东西，是覆盖人类生活的极为包容的东西，以这样的意义超越人类。从这个视角去理解自然，人对自然的责任就会自然生发出来，自然是人类生活的基础，因此人要以一种感恩、谦逊和敬畏的态度去对待自然，为了人，也为了自然。其实，人类在工业文明的进程中对待自然轻率、粗暴的态度大多是无知的结果，随着生态科学和生物学研究的快速推进，人类对自然的内在机理、人的行为与自然的关系以及自然生态的脆弱性、系统性都有了较为科学的认知之后，就会调整自己的自然观，改变自己与自然的交往方式，因为知识即美德，无知即罪恶，很多破坏自然的人类行为是出于对自然的无知，而科学的认知会制止很多人类的非理性行为。所以，即使自然没有内在价值也依然会得到人的保护和热爱，因为尊重和呵护自然也就是关爱人类自己的家园。所以随着对自然的科学认知的进步，人类会逐步放弃传统的侵蚀和破坏自然的生产生活方式，过上一种与自然和谐共生的生活。人类若太过执着于自然的内在价值这一具有很大争议性的观点反而会是一种干扰，简单地从人类的自爱心、具身性的视角以及人与自然互惠互利的视角提出人类的道德责任也许更有说服力。

第四节　现代技术的逆生态性

自人类进入工业文明以来，自然环境的恶化是一个无可争议的事实，人类自20世纪始逐渐体验和认识到技术活动对自然的侵蚀和破坏，开始将人与自然之间的关系作为哲学思考的对象。传统的技术活动都是在自然秩序的框架内发生，并未对自然的生态秩序产生重大而根本的改变。

但随着动力机械技术的问世,人类干预自然的能力在深度和广度上都大大增强。人类的技术活动及其后果开始溢出自然秩序框架,构成一个相对独立的圈层——技术圈。技术开始具有逆生态性和反自然性的特征,技术与自然从一体共生走向了紧张和分立。现代技术与自然的分野主要表现在以下几个方面。

一 "生态圈"与"技术圈"的互动与冲突

美国生物学家巴里·康芒纳(Barry Commoner)在《与地球和平共处》一书中提出现代人是同时生活在两个"圈"——生态圈和技术圈,这两个圈有着不同的存在逻辑,环境危机就是二者互动和冲突的结果。近一个世纪以来,技术圈的范围越来越大,扩展的速度也越来越快,全方位侵入生态圈,破坏了生态圈的自组织循环机制,造成了人类历史上前所未有的环境危机,危及生物多样性、生态可持续性的同时,也危及了人类赖以生存的水、土地、大气、植被等等。

生态圈和技术圈遵循着不同的运行逻辑,在《封闭的循环》一书的第二章巴里·康芒纳提出了生态学四法则:(1)每一种事物都与别的事物相关。它反映了生物圈中紧密联系网络的存在。在不同的生物组织中,在群落、种群和个体、有机物以及它们的物理化学环境之间。(2)每一种事物都必然要有去向。康芒纳指出,在自然界中无所谓"废物"这种东西。在每个自然系统中,由一种有机物所排泄出来的被当作废物的那种东西都会被另一种有机物当作食物而吸收。(3)自然界所懂得的是最好。康芒纳认为一种不是天然产生的,而是人工合成的有机化合物,却又在生命系统里起着作用,就可能是非常有害的。(4)没有免费的午餐。这条法则的意思是每一次获得都要付出代价。总之,地球生态系统是一个相互联系的整体,在这个整体内,没有东西可以取得或失掉的。它不受一切改进措施的支配,任何一种由于人类的力量从中抽取的东西,都一定要放回原处。为此要付出代价是不可避免的,不过可能被拖欠下来。这是康芒纳总结生态圈的运行法则,表现为一个循环、守恒和连续的过程。

技术圈的运行逻辑则全然不同,它不是以循环的形式出现,而是直线型的,每一个技术人造物的终点都是"废物",无法重新进入循环过程，废物被抛进生态圈。当技术圈数量巨大不可循环的废物侵入生态圈，就造成对生态圈的攻击，成为有害的侵入者和异己性的存在。生态圈自身的循环就会被扰乱和扭曲，这就是环境危机生成的原因。技术圈似乎能解决其自身内部的问题，但在生态圈"没有免费的午餐"，任何对生态循环的扭曲或是一种不能与环境兼容的成分的入侵都会不可避免地反作用于人类自身，最终让人类成为自己的"受害者"。

技术圈和生态圈相互纠缠，环境危机就是二者互动和冲突的结果，这充分体现了现代技术的逆生态性和反自然性。技术圈从生态圈抽取大量自然物作为原料，第一次打断自然的自在循环，经过生产、消费，技术所制造出来的产品以不可循环的废物的形式回到生态圈，第二次阻断生态圈的循环，技术和自然互相反对，技术对自然的破坏和侵蚀通过自然对人类的不友好表现出来，因此，一种可循环的、绿色的、生态友好的技术是避免环境危机，实现人类可持续发展的可行的技术发展方向。

二 现代技术对自然的"促逼"与挑战

这是德国哲学家海德格尔的关于现代技术的观点。"技术"这个词来自希腊语，属于创作和产出，这种创作和产出能够让某物出现，也就是把某物带出来，从不在场走向在场。自然之物，例如一朵花的开放，是从自身中涌现出来，而人工物的带出是在工匠或者艺术家手中发生的。这种带出是一种解蔽方式，解蔽就是从遮蔽状态而来进入无蔽状态中，"通过这种产出，无论是自然中生长的东西，还是手工业制作和艺术构成的东西，一概达乎其显露了"①。在海德格尔看来，技术的本质是一种解蔽方式。

然而，自动力机械技术以来的现代技术和手工技术相比是完全不同的，因为它是以现代的精密自然科学为依据的。在海德格尔看来，现代技术依然是一种解蔽，但是在现代技术中起支配作用的解蔽是一种促逼，这种促逼向自然提出蛮横的要求，要求自然提供本身能够被开采和贮藏的能量。"这种促逼之发生，乃由于自然中遮蔽的能量被开发出来，被开发的东西被改变，被改变的东西被贮藏，被贮藏的东西又被分配，被分配的东西又重

---

① ［德］海德格尔：《海德格尔文集·演讲与论文集》，孙周兴译，商务印书馆2018年版，第12页。

新被转换。开发、改变、贮藏、分配、转换都是解蔽之方式。"①

现代技术和自然之间的关系与传统技术和自然之间的关系有根本上的不同。他举了风车、耕地和矿产的例子来说明这一点。古代风车也利用风能,但它没有把风能固定下来,它们直接听任风的吹拂,没有使风脱离于周遭世界。而现代技术,预先订置了风能,将风能为了人类未来的目的贮存起来。现在,风不再是自然之物,而是时刻准备着为人类服务的持存物。农民从前的耕作意味着关心和照料,农民的所作所为不是促逼耕地,在播种时,它把种子交给生长之力,并且守护这种子的发育。但现在,田地的耕种也沦为摆置着自然的订置之物。于是,海德格尔为现代技术和自然之间的关系画像,他说:"耕作农业成了机械化的食物工业。空气为着氮料的出产而被摆置,土地为着矿石而被摆置,矿石为着铀之类的材料而被摆置,铀为着原子能而被摆置,而原子能则可以为毁灭或者和平利用的目的而被释放出来。"②

海德格尔认为现代技术对自然的摆置是指通过开发和摆出而进行开采,是将自然中遮蔽着的能量开发出来,使其立即到场,成为持存物。现代技术的本质正是这种促逼着的要求,它不仅对于自然是危险的,对人也是危险的,因为技术成为人类控制自然,最后又返回来控制自身的支配性力量。这意味着在现代技术之下,自然和人都是被促逼的。海德格尔从哲学的视角揭示了现代技术的逆生态性,自然的毁坏将是其无法避免的命运,这是现代技术的必然后果。"但哪里有危险,哪里也生救度。"③ 现代技术的集置本质则是我们这个时代的命运。但命运不是一种强制的厄运,当我们意识到自己的命运,并认清时代的这种特性,我们就是自由的。

三 现代技术叠加消费主义进一步造成自然的"崩坏"

也许有人认为对自然的侵蚀和破坏更多地归于工业文明的大机器生

---

① [德] 海德格尔:《海德格尔文集·演讲与论文集》,孙周兴译,商务印书馆2018年版,第17页。

② [德] 海德格尔:《海德格尔文集·演讲与论文集》,孙周兴译,商务印书馆2018年版,第15—16页。

③ [德] 海德格尔:《海德格尔文集·演讲与论文集》,孙周兴译,商务印书馆2018年版,第39页。

产，当人类进入信息文明和智能文明的新阶段，虚拟世界和在线的生活与自然之间似乎断开了直接的因果联系，自然也许因此就获得了救度的机会。然而并非如此。智能技术背景下的经济形式被称为注意力经济，人们的大部分活动虽然从物理空间转移到虚拟空间，但是世界的运转逻辑并未发生根本性的改变，相反比以往甚。

在新技术研发和应用背后是资本逻辑，资本具有天然的逐利本性。借助大数据算法的个性化推送，来自遥远陌生空间的商品可以瞬间精准抵达锁定的意向性用户，激发用户产生购买和消费的欲望。各平台竞争注意力的方式是从外在的视觉听觉效果到内在心理机制都尽可能征服每一位潜在的用户，激发消费的欲望，将潜在的可能变成现实的消费。

无处不在的网络营销会激发人们消费的冲动，消费行为带来愉悦的感受。人们可能在意的是购买的过程，而不是商品本身，这样必然会产生沉沦性和冗余性的消费。大部分商品都来自物理空间的制造，原材料是对自然资源的抽取，设计、生产、销售、运输等环节都是一种消耗，最终商品抵达终端客户。若并非消费者自己的真实需求，未经使用就可能直接变成废弃物被弃置，弃置的去处就是康芒纳所说的生态圈，这本身就是一种对自然的伤害。但更多的情况是，与物理空间相比，虚拟空间更易于将大量的不同物理空间的用户聚集在一起而实现受益的最大化，如网络直播带货的销售模式对传统的百货商场的销售模式的颠覆就是一个明证。特定的消费品通常被赋予身份价值、文化价值、艺术价值等标签，在虚拟空间营造的心理和文化效应之下，很多用户为了贴上相应的标签，通常会对超出自己真实需求和支付能力的商品产生消费冲动，这就是网络的放大效应。这既是对消费者自身的负担，也是资源的浪费。

技术和资本一端连接着资源，一端连接着消费者，消费者的需求是弹性的、可变的，也是可以调节的，资本追逐的是利润和增殖，关注的是数字的可持续性增长，资本通过现代技术可以最大限度地追逐自身的目标，一方面最大限度地抽取自然资源进行生产，另一方面最大限度激发消费者的消费需求，人类的技术能力将二者密切连接在一起，形成一个持续扩展的闭环，自然就不可避免地成为无声的受害者。生态的平衡和自然可持续发展、生物的多样性、荒野的价值等都是次要的价值。更大规模的生产和更大规模的消费决定了自然资源的侵蚀和污染物、废弃物的增加，生产和消费的狂欢都以自然的"崩坏"为代价。相对于大部分时间都在虚拟空间的消费者而言，自然在长链条因果关系的远处，自然与人类生活之间的关系似乎变得不可见了。人和自然之间每增多一个环节，人对自然崩坏的责任感就会下降一分。可以说，现代技术进一步使人类远离了自然，这也是技术逆生态性的一种表现。

无论何时，人类始终要生活在自然中，自然的存在状态与人类的生活状态休戚相关。现代技术的逆生态性是自然被侵蚀、污染和崩坏的主要原因。既然自然并不具有有些环境哲学家所主张的内在价值，那么，人类还需要对自然的失序负责吗？如果人类需要为此负责，那么是基于什么理由？

第五节 人何以承诺对自然的责任？

也许，自然的内在价值是人类为自然承诺道德责任最为充分的理由，内在价值决定了自然的道德地位，也决定了自然配享人类的道德关怀。自然的平衡、美丽和稳定天然就是人类的责任，人类也不能因为资本逐利的需要或技术自身的能力去伤害自然系统。内在价值赋予了自然完整性，也赋予了人保护自然完整性的道德责任。如果自然并不具有内在价值，那么上述论证都失去了基础，那么人类还需要保护自然的完整性吗？如果需要是基于何种理由？

一 相对于人类的能力，自然具有脆弱性

自然是一个生生不息的有机生命系统，在没有人类的活动干预之前，自然是一个自在的、自组织系统，生成、进化、变迁都遵循着自然本身的规律。当人类从自然中分化出来，站在自然的对立面，作为一种力量开始了对自然的改造。这种力量随着人类文明的进程变得越来越强大，特别是跨入工业文明之后，人类改造、创新的能力获得了持续性的快速增强，人类确认了自己的自主性和能动性，确认了自己的理智能力对世界的认知、改造，也确定了人的目的价值、尊严和自由，人以外的存在都是为着人的存在。人类从此开始了依循自己的意志对自然资源的开发利用和地表样态的改变，自然沦为工具性的存在，为人类的生产生活提

供资源、场所，接纳生产生活过程中产生的废弃物和污染物，自然生态的平衡、美丽和稳定被破坏，土地、水、空气，甚至深层地下和极地冰层都随着技术文明的进程程度不同地受到人类实践活动的影响、改变、污染或破坏。经过200多年的技术发展，自然的承载能力达到甚至超出了极限，在过去的20世纪，全球发生的环境灾难事件不胜枚举，被伤害的自然以类似的方式伤害着人类的生存，切尔诺贝利核电站的爆炸、伦敦毒烟雾事件、美国的黑风暴、全球变暖等都是自然反扑的大事件。可见，随着人类技术能力的持续增强，原初强大的、有韧性、有自我修复能力的自然变得越来越脆弱，这是一个此消彼长的过程。自然的脆弱性的事实呼吁人类在技术的开发应用中要秉持着审慎和节制的德性，在安全底线的基础上有所为有所不为。技术上的"能够"不等于"应该"，技术理应被规训为向着人与自然和谐共生。

纵观200多年来人类技术文明的发展和自然状态的变迁，不难发现，除了少部分自然本身造成的灾难外，大部分的自然灾难与人类的实践活动之间存在直接或间接的因果关系。人自觉地追求好的生活，自然存在也有其自身自发性的好，每一种事物都尽可能处在好的状态是人类生活的终极关怀，自然的善好是人类好生活的一个构成部分，自然的崩坏也是人类的厄运，所以自然的好也是人类的目的。然而，自然的灾难是人的实践活动造成的，因此，无论是从人类好生活的角度，还是自然的善好的角度，人都应该承诺自然责任，这是人为自然负责的第一个理由。

二 只有人类有能力去主动修复自然的创伤

生活在21世纪初的当下，我们见证和生活的自然世界是一个被人类技术实践大大改变的世界，它是创伤性的，等待修复和治愈，期待恢复为平衡、美丽、稳定的生态系统。但是人类的触角已经几乎触及世界的每一个角落，在自然世界里建造了乡村和城市、运河和大坝、道路和公园等等，深深地改变和切割了原初的自然世界。显然，自然永远无法回到原初的自在状态，唯一能做的事情是在现有的基础上尽可能地按照自然的内在机理去修复创伤，同时禁止进一步的侵害。

众所周知，自然世界的生命系统具有惊人的自我修复能力，在春生夏长、秋收冬藏的四季轮回中，水、土壤、微生物、植物和动物等都可以在生长互动中相互修复和重建平衡。但是人类的技术实践几乎遍及了世界的每一个角落，工厂、道路、城市、乡村……将自然世界切割成碎片化的存在，日复一日、年复一年的生产、建造严重限制了自然的自我修复进程。有些被人类改造的空间自然丧失了自我修复的可能，如用钢筋混凝土固化的地面和建筑、被有毒化学物质污染了的土壤和水体等等，在这个星球上，人类是唯一有能力运用技术去认知、筹划、选择和行动，对自然的创伤进行可能的修复和改善，在人类生活和自然存在之间构建一个可能的和谐秩序的群体。正是因为人是唯一有能力去实现的这一目标的存在者，这个能力就成为人类的使命和责任，不需要其他的理由，能力本身就赋予了人保护自然的整体性的道德责任，即使自然没有内在价值，不能向人类发出道德命令，人类也是自然的责任主体。

人类对自然的责任会面临来自自然和社会的双重挑战。自然的挑战来自自然系统本身的复杂性带来的认知分歧，如在有些科学家看来全球变暖是一个非常严重的问题，来自人类燃烧石化燃料，他们主张减少石化燃料的使用，增加绿色能源使用的比例。但是有些科学家则认为全球变暖是一个伪命题。认知上的分歧必然带来政策和行动上的冲突。另外，在人和自然之间，前者相对于后者一般而言总是具有价值优先性，人类的价值、追求、目的优先于自然的完整、平衡和美丽，或者说后者的这些特征也不是完全客观的，是由人来规定的，当二者不相容时，人类的价值会凌驾于自然的价值之上。人类的追求和目的在资本和技术的驱动之下始终处在持续的变动中，当人类的目的服膺于资本的增殖冲动和技术的可能性时，自然就会成为最大受害者。但是人类已经习惯于年复一年持续性增长的经济模式，低增长或者不增长都被认为是"坏的"或是"倒退"，这种的思维模式是实现自然的完整性，保护生态平衡的最大障碍。人类是时候反思和检视社会的经济发展模式，否则人类最终会随着自然的崩坏也失去自身。

三　人类的好生活要求健康、完整和平衡的自然

汉斯·约纳斯认为"人类一定要存在下去"是一个绝对命令，我们没有资格让其他人处在风险之中，更没有资格让整个人类去冒险。如果

人类一定要存在下去，那么自然也必须存在下去，这里的自然指的是健康的、完整的、平衡的自然，这是人类存在的根基。自然对于人而言，具有多向度的价值和意义。

自然具有工具价值。自然承载和支持了人类所有的生存和生活，提供人类赖以生存的阳光、空气、水、土地、食物、资源……对于人类来说，自然似乎是最重要的但又不在场的存在，自然对人的重要性不言而喻，但自然遮蔽了自身的在场，默默地为人类的需要给出它的资源。正如海德格尔对技术的分析，他说技术以故障的方式彰显了自己的在场，自然亦是如此，自然以失序、被污染、被破坏和灾难的方式彰显自身的在场和重要性，唯其如此，人类才开始体会到健康、完整和有序的自然的重要性。

自然具有精神价值和宗教价值。自然不仅给人类提供赖以生存的物质资源，也给人类带来精神的启迪和信仰的源泉。自然的力量、自然的神秘性、自然的不确定性、自然的秩序与规律都是令人敬畏的因素，特别是在人类早期，人们对自然的敬畏和崇拜几乎是每一个文化的共性。中国人将"天"作为最高的信仰，老子在《道德经》中提出"人法地，地法天，天法道，道法自然"，天道是人道的范本和源泉，人道法于天道，这种朴素的自然信仰给予了中国人无上的精神力量和终极的精神家园。

自然具有审美价值。审美是主体对于客体的感受和判断。人在观看和感受到自然事物丰富的色彩、形态以及它的壮阔、精美、生机、变幻时会发生审美的体验，感受到愉快、痛苦、惊诧、感动甚至震撼，这是自然在人类心灵中产生的共情，也是人的审美能力发生的地方。正是自然之美开启了人类的审美体验和审美能力，这种审美体验能够被应用到人类生活世界的设计和构建中，在功能性之外增加了审美维度，丰富和提升了人的存在向度，赋予了人类生活以更多的意义和价值。

因此，自然本身的完整、健康和平衡是人类好生活的重要构成部分，无论是从工具价值的维度，还是精神价值和审美价值的维度。无论技术文明进展到什么程度，人始终都是依赖自然而生存，自然也永远可以成为人的身心栖居地，人可以在自然找到生命的本质和意义，自然是生命的来处，也是生命的归宿，敬畏、尊重、保护自然使之可持续地存在是人类不言而喻的道德责任。即使我们不承认自然的内在价值，自然的脆弱性、人的技术能力以及作为人类身心栖居家园的自然这三个理由也构成了人类对自然的责任承诺的坚实基础。

第八章

走向"共生"与"善好"

技术时代充满了风险、不确定性和复杂性，人、自然、社会都程度不同地受到了来自现代技术的影响。这种影响一方面表现为更多的福祉、自由和繁荣，另一方面也表现为侵害人的权利、挑战人的存在、社会的分离和自然的崩坏等。"好生活"始终是人类的道德理想，面对随着技术发展而来的各种问题，人类必须从制度、伦理、技术、社会等各个维度尝试回应并解决这些问题，为人类的"好生活"提供可能。技术是人类理智能力的对象化和外化，人类是技术风险和相关问题的责任主体，必须对之进行慎思和行动。从前面几章的论证不难看出，技术时代的风险和问题都是一些复杂的难题，确定的线性的因果关系的缺乏是对道德责任承诺的最大挑战。但人类不能因此而懈怠或放弃，本章尝试从伦理学的视角探索技术责任的德性要求、理论范式和终极目的。

第一节 技术时代道德责任的德性要求

尽管技术时代的责任问题是整体性的共同责任，或者说任何一个特定个体（个人、组织甚至国家）都无法对技术时代的道德责任作出回应或予以化解，需要相互协商、共同决策和共同行动才可能找到可行的方案。但是所有责任问题的生成和化解都与个体的选择和实践具有相关性，也可以说是所有的个体行为经由技术中介汇聚为技术时代人类的生存境遇，所有的共同责任最终也要由具体的个体将责任相关的理念、原则、政策变成现实，因此，个体的认知、立场和德性是责任承诺和完成的关键因素。

一 审慎的德性

在美德伦理学的视域中，德性是人的一项成就，或者经由教化而生成，或者秉承社会的风习并内化为自己的品质。德性的目的在于行为优良和心灵美好，即指向个体的"好生活"——幸福。

审慎是一种实践理性的德性。它是指行为者善于考虑，能做出恰当合宜的选择。"考虑"和"选择"是行动的先导，没有好的考虑和恰当的选择就没有正确的行动。考虑是指行为者的理性对自身的欲求、自我与他者的关系、身处的具体情境以及社会的道德、习俗、文化和心理等诸多因素构成的整体作一个系统的思考和筹划。考虑包含着理性，是人的理性能力的实践应用，考虑是行为者对特定情境中向他开放的几种可能的行动方案作出恰当合宜的抉择，从而促使好的结果或秩序出现，避免坏的结果和秩序出现。审慎是关于人的善和恶的真正理性的实践品质，是一个在实际事务中慎思明辨的人的德性。但是审慎的品质是在具体的实践中经过多次试错之后可能具有的品质，即是在经验中生成的生活之德。一个具有审慎德性的人在生活中总是尽可能在事事时时中做出最优的选择，所以审慎是行为者对千变万化的复杂生活情境作出恰当回应的能力，是为着好生活的一种好的谋划，是人的理智能力的卓越和优秀。

人类在应对技术时代的风险和问题的复杂性和不确定性时，审慎是一个必要的选择。在现代技术条件下，技术系统本身的复杂性、技术应用的复杂性和技术后果的复杂性都构成了对人类应对能力的挑战，每一个人都沉浸式置身于技术系统中，成为技术系统中的一个节点，技术的设计应用与人的生活之间构成了复杂的互动。现代技术深深嵌入了人类生活世界的每一个细节，包裹了人类的全部实践。随着技术的持续更新迭代，人类的技术能力已经成为一种超越性和宰制性的力量，将人、社会、自然都纳入自身之中，并将其深度科技化。技术的进程是不可逆的，新的技术构筑了人类和世界新的存在方式，原有的存在方式被替代。如以信息技术为代表的新技术构建了当下人类的在线生活方式，没有智能终端的生活已经变得不可想象，没有智能终端的个体就像遗失了另一个自我，人类再也无法回归过去的生活方式。这决定了在技术的研发和应用中，一种不冒险的审慎应该成为核心的道德义务。

审慎是技术时代的第一德性，因为人类的技术能力已经发展到能够从根基处改变人、自然和社会的存在方式。在现代技术出现之前，技术对自然和自身的干预和改造都是有限的和微乎其微的，人类的生活世界并未遭遇过今天的危险。尽管也许未来的世界中允许人、自然和社会以本质上区别于今天的方式存在，但是当下"人类必须存在下去"依然被思想家、政治家和部分技术精英当作绝对命令，这决定了我们对人类的存在负有绝对的责任。因此，技术上的能够并不等于应该，人类的存在在价值上优先于任何其他的考虑，既然技术已经拥有如此强大的力量，而且可以预见的是还会持续增强，那么，技术的发展必须接受伦理的考量和规训，使之服膺于人类的绝对责任。理智的有限性和技术的不确定性决定了人类无法完美地预测未来，但审慎的德性会要求每一个行为者尽可能在生活中避免小恶，因为大量微小的恶的叠加会造成大恶，审慎更要求行为者"大恶"和"极恶"绝不可为，因为人类可以生活在并非至善的社会中，却无法在一个全然崩坏的社会中存在下去。

二 节制的德性

节制是一种古老的德性，自古希腊始哲学家们就看到了人性中的内在张力，既有人性的崇高，又有动物性的欲求。通过经验观察就可以发现，追求快乐和逃避痛苦是自然人性的外在表征，而快乐和痛苦与动物性（非理性）的欲求密切相关。"欲望的满足→快乐""欲望的不满足→痛苦"是人的两个天然的公式。正如杰里米·边沁所言："自然把人类置于两位主公——快乐和痛苦——的主宰之下。只有它们才指示我们应当干什么，决定我们将要干什么。"[①] 既然快乐是所有人都要追求的一种美好的感受，自然就会成为人们恒常追求的目的，与人的活动密切相关。所以德性必然与快乐和痛苦相关。但这并不意味着人类应该尽可能多地追求快乐和尽可能多地逃避痛苦。在亚里士多德看来，"德性是与快乐和痛苦相关的、产生最好活动的品质，恶是与此相反的品质"[②]。并进一步

[①] ［英］杰里米·边沁：《道德与立法原理导论》，时殷弘译，商务印书馆2002年版，第1页。
[②] ［古希腊］亚里士多德：《尼各马可伦理学》，廖申白译注，中国社会科学出版社2019年版，第42页。

指出，"对快乐与痛苦运用得好就使一个人成为好人，运用得不好就使一个人成为坏人"①。而节制就是在快乐方面的适度，仅当一个人节制快乐并且以这样做为快乐，他就是一个具有节制德性的人。具有节制的德性的人才可能使他的活动完成得好或处在一个好的状态，从而可能通向好的生活。因此每个人都应该培养对该快乐的事情快乐的感情和对该痛苦的事情痛苦的感情。

在技术时代，容易引起人过度追求、陷溺其中的快乐主要有：身体感受性、财富和权力。人类借助技术能够在生活世界中持续地获取这些快乐的刺激，甚至可以说某种程度上这些快乐的丰富性和可及性更为彰显节制这一德性的必要性和重要性。人类无节制的行为从后果的角度来看不仅会伤害人的身体和精神，也会对社会和自然世界造成不可逆的损害，与"好生活"的道德理想背道而驰。在现代技术的当下，出现了人类历史上资产规模最大的公司组织，如脸书、亚马逊、谷歌、阿里、腾讯等，这些巨型公司组织之所以能够聚集如此巨量的财富，利用的就是人性面对快乐欲望时的脆弱性，购物、游戏、短视频、刷剧、社交等都让人们以最便捷最简单的方式获得及时的满足和快乐，平台利用各种技术手段黏住用户的注意力，不断刺激他们的消费欲望，利用遍布世界的网络将财富从每一个用户的账户里流向这些大公司的账户，然而无节制的后果则由整个世界来承受。人的身心健康、隐私、自主性、平等，社会的分离和自然的崩坏等都直接或间接与此相关。技术的成功、财富的集聚带来了权力欲望的生长，能力和权力欲共同生长，掌控和支配世界的欲望进一步要求聚集更多的财富，建立更先进的技术系统，意图将整个世界，包括人和物都纳入复杂的技术系统中。这意味着整个人类开始了一场未知的冒险。从上述论述中，我们可以看到来自古希腊哲人的德性思想有了新的内容，提出了新的要求。技术时代的个体要培养出节制的德性，为着好的生活应该对该快乐的事情快乐该痛苦的事情痛苦，不放纵自己陷溺于感受性的快乐。大型互联网公司组织应节制其对利润和权力的追逐，因为人类必须存在下去，而放纵的尽头是整体性的毁灭。

---

① ［古希腊］亚里士多德：《尼各马可伦理学》，廖申白译注，中国社会科学出版社2019年版，第43页。

因此在技术创造的可能性之中，人类应该有所为有所不为，在可与不可之间协商出一个共识性的边界。

在技术时代，节制的对象包括个体的快乐欲望、资本的增殖冲动、专家的技术研发冲动以及政府和大型组织的权力冲动，如果放任这些冲动和欲望，很有可能会将人类自身置于不可逆的危险之中。然而，这些冲动并没有一个固定的边界，这需要人类的智慧根据人—技术—自然的具体状况进行协商，找到一个适切的边界。

但是，即使人们在技术研发时怀着最善良的意图，秉持着为人类的福祉负责的目的，技术的不确定性依然可能给人类带来意料之外的后果。因为技术的应用方式和可能对人构成怎样的影响并不全部包含在技术的原初意图中。如超声波技术的设计意图是监测胎儿的健康状况，但在实际应用中出现了用来甄别婴儿性别的情况，从而导致了很多女性婴儿未能出生，甚至导致了某些地区的男女性别不均衡。如互联网的设计意图是用来自由传播和共享信息的空间，但在网络空间里却发生了网络暴力、人肉搜索、网络传销、暗网等非法或不道德的现象和行为。但并不意味着审慎和节制的德性就失去了价值，因为不能期待人类在道德上的努力给现实的风险和问题提供完美的解决方案，但人类必须依赖道德智慧尽可能去审慎而节制地行动，共同应对伴随着技术的发展而来的风险和问题。

三　公正与仁爱

在技术时代，一个负责任的个体除了要具备审慎和节制这两个重要的德性以外，还需要智慧、公正、仁爱等德性。智慧是理智德性，一个置身于现代技术构筑的社会—技术系统中的个体，智慧的德性将有助于他对自我和世界的认知、理解，并作出恰当合宜的选择和行动，有助于他在不确定的世界中确定人生的意义，能够过上自己的理性所珍爱的生活。一个具有公正德性的人在自我和他人之间的利益关系中能够做到中道和恰当，既关注自己的善，也关注他人的善，总是以一种合理的方式去分配利益和负担。现代技术的应用产生了新的不平等和不公正，这种系统性、复杂性的问题也许个体能做的有限，但是公正的德性有助于个体在参与制度设计和技术研发应用时将公正的道德要求嵌入其中，从而有益社会公正的实现。

公正是相互性的,仁爱则是在同理心的基础上对他者的同情和关爱的情感和品质。仁爱是儒家传统的德性,主要指"亲亲""仁民"和"爱物"三个层次,是以行为者为基点,由近及远、由内而外,从对家人的血缘亲情之爱推及对陌生人和世界万物的爱。仁爱是将他人和天地万物都纳入自身之内具有崇高性的道德理想,内含着"己所不欲,勿施于人"的"金规则"和"己欲立而立人,己欲达而达人"的忠恕之道。仁爱是一种单向度的不对称的德性,这对于在技术时代生成的新的弱势人群、对于自然和未来的世代都是很重要的德性,因为弱势人群与强势群体之间、人和自然之间、当代人与未来世代之间都是一种不对称的关系,仁爱的德性关怀这些关系中的弱势的一方,尊重他们的道德地位和道德权利,有利于建构人、自然、社会和未来世代之间良好的秩序和关系,而不是在技术的裹挟之下将一部分人、自然或未来当作发展的代价。

德性是使一个人活动得好并且处在好的状态的内在品质,是个体一种优秀的倾向性,这种倾向性能够体现在他一生中的所有事情和所有境遇中。德性是一个人稳定的、普遍的品质,也是一个人成其为自身的特质。无论是国家的治理者、科学技术专家、人文学者还是每一个普通人,德性都是抵御技术时代风险和问题,实现好生活的关键因素。然而,技术时代的道德责任是整体责任和共同责任,除了培育个体的审慎、节制、公正和仁爱的德性以外,还需要建构属于技术时代道德责任特有的理论范式和实践进路。

第二节　技术时代道德责任的理论范式

从前述论证不难看出,传统伦理学的理论不足以回应技术时代的道德责任问题,这一点汉斯·约纳斯在《责任原理》一书就详细阐释过。约纳斯概括了传统伦理学的特征:(1)所有改造非人世界的活动,也就是整个技术领域(医学除外)在伦理上都是中立的;(2)所有的传统伦理学都是以人类为中心的;(3)对传统伦理学来说,实体的"人"和他的基本状况被认为是经久不变的,人本身也不是技术改进的对象;(4)过去人类行为的有效范围小,预见、目标设置以及责任的时间跨度短,对环境的控制也有限。所以，一个人的行动如果具有良好意图，给予精心考虑和认真执行，则他可以不对该行为所产生的并非故意的后果负责。① 然而进入技术时代，技术的发展和演进已经超越了传统伦理学道德调节和规训的范围。由于人的技术能力的提升，首先是自然被添加进人类必须为之负责的领域。其次是邻近性和同时代性消失了，伦理学必须考虑超出时空边界的累积性的问题。最后，人类的预测能力落后于技术能力的事实要求人类在技术活动中要更为审慎，应确立相应的伦理原则去规范技术行为。

当人类的行为性质发生了变化，现代技术的发展模糊了道德责任的因果关系，一种技术风险的生成是技术本身和无数的行为者的活动共同招致的结果，而且时间跨度和空间跨度也远远超出了传统责任考虑的边界，甚至责任的主体和客体之间不能相遇，因此责任的追溯还原都变得困难甚至不可能。传统的建立在因果必然性联系基础上的道德责任模式已经失去了解决现代技术条件下责任问题的能力，需要人类的道德智慧重新寻求新的通向责任的伦理理论范式。

一 汉斯·约纳斯的"非交互性责任"

约纳斯是对现代技术视域中的责任伦理进行创新系统思考的先驱，他提出了一种以自然为基础的面向未来的非交互性责任原理，区别于传统的以人为中心的相互性责任的理论范式。约纳斯基于现代技术的累积性特征，提出了一种以父母和子女之间的关系为范型的责任理论范式。父母对子女有教养的义务，在孩子未成年期间，父母都负有对孩子的全部责任，这种教养的责任包括操心、养育和教育，父母对教养责任的践行是单向性的，责任承诺的理由不是因为父母生养了孩子，而是因为子女的脆弱、无助对他们的需要，这种脆弱无助赋予了孩子无条件的权利，使他们有权要求有行为能力的父母承担责任，不仅仅是出于血缘亲情之爱，也是因为子女对父母的依赖，他们必须为子女的幸福尽自己最大的努力。父母的这种责任也不仅着眼于当下，而且要指向未来，即他们不

---

① Hans Jonas, *The Imperative of Responsibility: In Search of an Ethics for the Technological Age*, Chicago: The University of Chicago Press, 1984, pp. 4–5.

仅要为所做的负责，而且更要为要做的负责。

约纳斯强调这种"非交互性责任"具有全体性、连续性和未来性三个特征。"全体性"是指这些责任包括它们的对象的全部存在，即它们从赤裸裸的生存到最高利益等方方面面。"连续性"是指责任的履行在时间中不得停止或中断，因为责任对象的生命无休止地持续着，不断产生新的需要。"未来性"是指对未来的关切自然包含在当下的责任中，责任总是越过当下指向未来，因为客体固有的未来性决定了责任的未来性。约纳斯的未来不仅指人类的未来，也包括自然的未来。一切有机体的未来，都在担忧之列。"向未来责任伦理学的过渡意味着：现代人巨大的技术行为能力使人担负起一种道德的教养义务。我们必须在道德上保护我们在技术上能够做到的一切和因此危及的一切：人类的自然（本性）和非人类的自然、当下的及未来的生命。"[①]

约纳斯在写作出版《责任原理》一书时，智能技术还未发展出来，他敏感于现代技术对人和自然的当下和未来的可能危害和风险，提出了面向未来的前瞻性责任，但在责任关系的构成上仍是基于因果关系的逻辑，他说："一个决定是负责任的，那么，此一决定就不仅应考虑行为的即时、直接后果，也应考虑行为的远程效应，行为的后果的后果的后果。"[②] 然而以智能技术、大数据技术等为代表的技术的最新发展和应用引发了行为主体的整体性以及行为后果的长远性和不确定性，人造物也显示出互动性、自主性和适应性而成为拟伦理体，以至于很难确定责任的主体，也很难预测行为的后果。所以，因果关系的责任思维模式就需要调整或者重新考虑。胡比希的"帐篷伦理"针对这一困境给出了一条新的理论进路。

二　胡比希的"帐篷伦理"

胡比希的"帐篷伦理"的理论进路源自亚里士多德的智慧伦理和笛

[①] [德] 英格博格·布劳耶尔等：《德国哲学家圆桌》，转引自张荣、李喜英《约纳斯的责任概念辨析》，《哲学动态》2005年第12期。

[②] Hans Jonas, "Das Prinzip Verantwortung", 转引自张海柱《新兴科技风险、责任伦理与国家监管——以人类基因编辑风险为例》，《人文杂志》2021年第8期。

卡尔的权宜道德。在他看来，亚里士多德认为，尽管人们对善的理解不同，但活动的目的都是使主体具有一定的可行能力，从而能够致力于创造幸福生活。胡比希用"遗产价值"和"选择价值"来诠释亚里士多德的智慧伦理。"遗产价值要求我们保持对已经存在并多年延续下来的社会关系和优良传统以充分的尊重……选择价值强调我们的行为不应使未来可供选择的道路越来越窄，应该避免单一性选择，保持和扩大选择能力和选择对象。"① 前者是为了保持主体的行为能力，后者是为了保持行为选择的可能性，二者相结合，可以用来作为审视技术活动的标准，并从事相应的技术活动。

笛卡尔认为我们已经没有共同的伦理学大厦，于是在亚里士多德智慧伦理的基础上，提出了"权宜道德"的方案。所谓权宜道德可以从三个方面进行解释，"一为'预测'，试图对未来可能发生的情况进行预测；二为'预防'，根据预测的结果，作好预防；三为'可修正性'，它是临时的或暂时的标准，一旦我们找到更好的解决方案，现有的规则办法都是可以修改更正的"②。并提出了权宜道德需要坚持的三个原则：尊重传统、坚持决策和"我们必须认识自己行为的极限"。

在智慧伦理和权宜道德的基础上，胡比希结合现代技术发展的特征，提出了"个体化处理""地区化处理""平行转移""追本溯源""禁止战略""推迟决策"和"妥协"七大可操作性的技术伦理战略。在具体实践中，胡比希强调，"我们遵循的唯一最高标准只能是：什么战略能够在最大程度上保证主体的行为能力，以及选择什么方法能在更大程度上保证传统价值的延续"③。胡比希将这些战略称为人类在走向未来的途中所建造的"伦理帐篷"，因为技术的复杂性和不确定性，因此"坚固的伦理大厦"已经不适用于解决在通向未来的旅程中遇到的问题，伦理帐篷的特点有：稳定、面向未来、可以灵活移动、可以随时修正错误、符合责任分担的原则和满足人们的需要，所以也是一种权宜道德。和约纳斯不同，它不预设任何绝对义务或价值。唯其如此，才能应对人—社会—技

---

① [德] C. 胡比希：《作为权宜道德的技术伦理》，王国豫译，《世界哲学》2005 年第 4 期。
② [德] C. 胡比希：《作为权宜道德的技术伦理》，王国豫译，《世界哲学》2005 年第 4 期。
③ [德] C. 胡比希：《作为权宜道德的技术伦理》，王国豫译，《世界哲学》2005 年第 4 期。

术相互缠绕构成的复杂性道德责任难题，这是一个向未来开放的道德责任进路。"帐篷伦理"的设想可以说颠覆了具有普遍性、客观性的伦理特质，一定程度上可以为现实的责任困境提供灵活的、行之有效的解决方案，而不必拘泥于特定的伦理法则。但是当智能性的技术人工物作为拟伦理体参与到人类的认知、决策和实践中，我们就需要更为创新性和包容性的伦理方案。

三　弗洛里迪的"无过失责任"

牛津大学互联网研究院的信息哲学和信息伦理学教授卢西亚诺·弗洛里迪提出了一种既不同于约纳斯的"非交互性责任"，也不同于胡比希的"帐篷伦理"的技术时代的道德责任解决方案——分布式责任，也被称为"无过失责任"。这个道德责任理论的进路能够作为回应技术时代出现了人、非人的机器以及人机结合体作为行动者所导致的道德责任的模糊复杂和难以回溯的难题。这是一种集体责任或者共享责任。和传统伦理学中的道德责任最大的区别就是将道德责任和意向性分离，分布式责任是一种与意向性无关的责任。弗洛里迪认为在技术时代，如果执着于意向性，那么道德责任问题将很难取得突破。

分布式责任道德行为的前提是分布式道德行为，所谓分布式道德行为是指"在分布式环境中，代理网络，包括一些人、一些人工体（譬如程序）和一些混合体（譬如基于一个软件平台相互协作的一群人）通过一些既非善也非恶（道德中立）的局部交互，可能会导致一些善或恶（负载道德责任）的行为。在以前的文章中，我们将这种现象定义为分布式道德行为（简称DMAs）。"[①] 弗洛里迪将分布式道德责任还原为共同生成这一后果的所有参与的行动者，无论他们是否有意造成了这一结果。弗洛里迪认为一些道德中立的行为确实会产生负有道德责任的后果，如果伦理表述始终聚焦在意向性上，那么就无法解决分布性责任的问题。

那么如何分配道德责任呢？弗洛里迪提出，"在不考虑意向性和有关

[①] Luciano Floridi, "Faultless Responsibility: on the Nature and Allocation of Moral Responsibility for Distributed Moral Actions", *Philosophical Transactions of the Royal Society A*, Vol. 374, Dec. 2016, p.2.

所涉及的代理和其行为的特征信息的前提下,归因道德责任意味着关注哪些代理从因果上(即对于引发)要对一个道德分布的行为 C 担负责任,而不是关注代理对于 C 是否公平地被赞赏或者被惩罚"①。他认为在分布式背景下,那个行为者做了什么或者怎么做的都不重要,重要的是由分布式道德行为造成的系统变化的结果是善还是恶。如果是恶的,那么整个网络作为道德责任的主体,将该道德责任后向传播给所有的代理人以改善结果。他用荷兰法律对骑车人的规定来帮助我们理解。

"荷兰公路交通法规允许最多两名自行车骑行者并排骑行,如果两人彼此不造成危害的话。如果第三个骑行人加入他们会发生什么呢?每一个二人行为,例如:'爱丽丝和鲍勃一起骑自行车'被认为是安全的,也就是说,用本文的话来说是道德中立的。但是,如果发生几个二人行为,可能会出现危险。包括超过两个人一起骑自行车的行为 C 在道德上是负面的。在没有 DMA 和 DMR 的情况下,可以假定只有第三人加入其他两个已经一起骑行的队伍中才负责任,也就是说,只有最左的一个人负责任(荷兰是靠右骑行)。但事实并非如此。1948 年,荷兰最高法院裁定,他们每个人都要承担全部责任,因为他们每个人都很容易可以纠正这种情况(HR1948 年 3 月 9 日,NJ1948,370)。这种责任的后向传播意味着所有的骑行人都要注意一起骑自行车的人不要超过两人,对于后来加入的人而言,是不应加入一对骑行人队伍,对于已经并排骑行的两人而言,也要阻止第三个骑行人加入。"②

按照传统的伦理理论来理解,这样的规定对于爱丽丝和鲍勃似乎是不公平的,因为他们并没有要造成危险和违反规定的意向也要承担道德责任。但不得不说这样的责任分配机制能有效快速地改善结果。当然弗洛里迪也意识到可能的反对意见和可操作性的问题,但他认为"在一个人机和网络互动的复杂性和长期影响呈指数级增长的世界,我们需要升

---

① Luciano Floridi, "Faultless Responsibility: on the Nature and Allocation of Moral Responsibility for Distributed Moral Actions", *Philosophical Transactions of the Royal Society A*, Vol. 374, Dec. 2016, p. 6.

② Luciano Floridi, "Faultless Responsibility: on the Nature and Allocation of Moral Responsibility for Distributed Moral Actions", *Philosophical Transactions of the Royal Society A*, Vol. 374, Dec. 2016, p. 9.

级我们的道德理论来将日益普遍的高度分布式场景纳入其中予以考虑。"[①]确实,技术时代的道德责任问题是一个挑战性的道德难题,弗洛里迪的"分布式责任"不失为人类走出这一伦理困境提供了一种道德智慧。

无论是约纳斯的"非交互性责任"、胡比希的"帐篷伦理"和权宜道德还是弗洛里迪"无过失责任"的理论进路,都是哲学家们面对现代技术的挑战所做的负责任的思考和智慧应对。虽然每一个理论进路既是一个可能的出路,也都具有有限性,但这至少表明人类对于自身生存境遇的清醒觉知和永不言弃的高贵精神。

第三节 技术时代道德责任的终极关怀

技术文明的发展给人类提出了责任难题,传统伦理规定的追溯责任、道义责任和身份责任都无法充分回应技术时代的集体责任和共同责任难题。现代责任理论突破了责任的相互性、主体意向性和直接因果性三个传统责任要求的内在要素,是责任理论研究的重大创新和进展。如果我们还是执着于相互性、意向性和因果性这三个责任的构成要素,那么在技术时代的责任问题上将无所作为。当然这种突破在具体实施过程中可能会带来一些不公正,如要求人们付出代价为自然和未来的世代负责,如要求人们为并非自己意向的事情负责等等。但这些个体所承受的不公正的责任分配是为了人类整体责任和共同责任的实现,这些责任的终极关怀是指向人—技术—自然—未来的"共生"与"善好"。"共生"与"善好"的终极目的是进入技术时代的人类文明所追求的最高理想,也许人类生活世界的现实决定了这是技术时代的技术乌托邦,但可以作为人类共同行动所趋向的目标,虽不能至,心向往之。这个道德理想将引领和规训人类的技术活动和伦理思考,将人类从责任困境中带出,实现身心的栖居。

[①] Luciano Floridi, "Faultless Responsibility: on the Nature and Allocation of Moral Responsibility for Distributed Moral Actions", *Philosophical Transactions of the Royal Society A*, Vol. 374, Dec. 2016, p. 11.

一 "共生"

"共生"的道德理想是技术时代人类道德责任的首要目的。所谓"共生"就是所有的事物在时空中都有自己恰当的位置，自身保持着良好的存在状态，并且与周围的他者和谐共处。和谐的关系同时保持着内在的张力和矛盾，以保障共生的系统是一个充满了活力的系统，也是一个不断生长进步的健康系统。技术时代的"共生"最重要的是人技的共生，另外还有与人技共生密切相关的人与自然的共生以及当代人与未来人的代际共生。

人技共生是当代最大的难题，也是极具争议的问题。智能技术和以往人类历史上的农耕技术、动力机械技术最大的区别就在于它的实现正在逐渐逼近人之为人的本质。在人类历史上人类的形象经历了四次跌落：哥白尼的"日心说"指出人类不是世界的中心；达尔文的"生物进化论"证明人类不是上帝创造的高贵的生物，而是与其他的生物有共同的祖先和起源；弗洛伊德的"精神分析法"意识到人类心灵并非完全受理性驱使，而是深受潜意识和欲望的影响；"图灵测试"则挑战了人类在智能和认知方面的独特地位，表明人工智能有可能达到与人类类似的智能水平。伴随着人类对自身和世界认知以及创新能力的不断提升，人类经历了敬畏—自信—谦逊的心路历程。身处智能时代的当下，人的主体性遭遇技术的挑战，智能体、人机共生体等新的拟人类存在形态涌现出来，人不得不重新考虑人的定义和本质，人类再一次来到一个十字路口，如何与技术共生成为时代对人类的拷问。生物保守主义、超人类主义和后人类主义是三种典型的观点。生物保守主义者认为自然所给予我们的是足够好的礼物，包括我们的生命、身体和大脑，而随便修改自然之所与是缺乏理由的冒险行为。技术对自然的改造应该有一个边界，即一个合理性的度。所以在技术发展和应用中应秉持审慎和节制。超人类主义认为这些技术可以帮助人类克服生物局限，实现更高的智能、更强的体能和更长的寿命。在人技关系上认为人类能不断进化以维持控制权和主动权，技术永远在掌控之中。这种构想还是从人类中心主义的视角来理解和看待世界。后人类主义对人类的存在持有一种开放的观点，认为技术可能导致人类的根本性变革，甚至可能产生非人类的智能生命。这三种观点包含着人与技术关系是三种态度。生物保守主义要求人的优先性，要求节制技术的发展，超人类主义乐观地认为借助技术的发展，人类可以获得更好的生存，后人类主义则不再执着于人作为唯一的智能体。

不可否认，人工智能技术的不断发展更新正在一步步逼近人类智能，如大语言模型 ChatGPT 的横空出世再一次刷新了人类对机器的认知，如 ChatGPT-4 的版本 SAT 考试可以获得超过 1400 分（总分1600），GRE 考试可以获得 332 分（总分 340），在编程、写作等方面都有出色的表现，而且能做到文生图和文生视频等。尽管它在学术思考和分析中还存在程式化、简单化的问题，但在可以预见的将来，它持续的更新迭代也许会带来更大的突破。智能是人区别于其他存在物最重要的本质和能力，人工智能在智能上持续进步带来了人类自身有史以来最大的忧虑。如何与智能技术共生共存就成为技术时代在当下最现实的课题。

个体的选择可以是理性的，但个体的理性选择可能会导致集体选择的非理性。技术发展的总体进程实际上不受制于任何人或任何组织的意志和决定，是全人类集体选择的结果。这决定了无论人类对技术持有怎样的观点，技术自身都会不断地进化和发展。在这样的大前提下，与其用人类的智慧和力量去抵抗技术的发展，还不如学会与技术共生共进。就是在不预设人的客观本质和固定形象的前提下，人与技术作为共生主体出场，也就是人借助技术生成新的主体性。人的主体性其实从来都是在历史中与各种因素相结合共同生成的，也随着历史的变迁而不断演进和变化，并不存在固定不变的抽象本质，人的抽象本质也是规定性的，而非客观性的。"人技共生"的观点介于超/后人类主义和生物保守主义之间，在技术允许的情况下，尽量秉持不伤害的底线伦理原则，保持人的完整性、人类智能的主导性。一旦技术的发展超越了边界，人类最可能的也是最恰当的选择或许就是与技术一起进入新的存在形态。

人技共生的立场也决定了如何实现人与自然的共生和当代人与后代人的共生。当人实现了与技术的和解，我们对待人和自然共生以及当代人和未来人共生的视角也会相应地进行调整。自然在人类文明中经历从第一自然到第二自然和第三自然的过程，第二自然是人类在第一自然的基础上进行改造和创造而建构的人化自然，第三自然纯粹是人类借助技术创建的虚拟自然，如社交媒体平台、元宇宙空间等。这样的虚拟空间也许将是未来人类无法拒绝的趋势。无论人技共生呈现怎样的样态，只要人类的生命有机体还继续存在，那么从人的角度依然需要一个健康、完整、平衡和美丽的自然，这是生命存在对于自然的期许，也是自然本身的"期许"，因此，遵循生态原则，尽可能认知、理解和保护自然，保持自然生态的可持续性依然是人与自然共生的基本要求，无论我们是持有生态中心主义还是人类中心主义的观点，尽管人类个体可能会有更多的时间生活在虚拟空间中，但是物理空间的自然的可持续性依然是我们的道德责任，以确保人与自然的和谐共生。

当代人与未来人的共生从表面上看也许是个伪命题，因为他们是永不相遇的两代人，当代人在场时，未来人还未出场。未来人在场时，当代人已经离开。但是永不相遇的两代人，即使不在同一时空中共存，但彼此间却有着密不可分的联系，特别是当人类的技术能力已经超越了时空边界的当下，当代人的选择与未来人的存在休戚相关。虽然因为技术的日新月异，人类已经无法预测未来人的生存所需要的资源，也无法预测他们的存在状态。但我们可以肯定的是他们不希望生活在一个被污染和被破坏的自然世界里，不希望作为生产、生活来源的自然资源枯竭殆尽，也不希望被设计和被决定的生命……没有人有资格拿人类整体去冒险，也没有人有资格拿未来人的命运去冒险，与未来人的共生要求当代人根据自身的需求去预测推理未来人的需求，哪怕留给未来人的资源最终变得冗余无用，未来的不确定性不能成为当代人任性的借口，审慎、节制、公正和关怀的德性不仅对于当代人有益，在处理代际关系上也是适用的。共同的星球空间、共同技术文明之链、共同的文化传承和形而上学的信念是永不相遇的当代人和未来人的共享的物质和精神资源，构成了历史维度的人类命运共同体。因此，未来人在当代享有一定的道德地位，配享现代人的关怀和尊重。

二 "善好"

"善好"是比"共生"更高层级的道德理想，也是"共生"所应追求的终极目标。二者相结合就是身处技术时代的人类共同理想。"善好"（goodness）是指一种理想的存在状态，它既可以是个体性的，也可以是整体性的。个体性的善好包括个体的人、人工体、混合体的善好状态，整体性的善好包括子系统（如技术系统、大型组织、社会共同体等）和大系统（作为整体的人—技术—自然）的善好。人类的生活经验告诉我们，并不存在一种所有世代和所有人都认同的善好，人们关于善好的观念与自己的生活经历、价值观、情感态度以及自己所处的文化、传统、信仰等密切相关，善好的标准在不同的个体之间、不同的文化之间都有不同的表述，但共同之处在于他们都是人们的理性所珍视的理想的存在状态。

在古希腊，亚里士多德也意识到了善好观念的多元性，即使在雅典城邦这个很小的地域空间内也是如此，不用说以上帝视角去审视整个地球不同区域的人群和他们在各自的社会历史发展中对善好理解的多元性。正如伦理学批评文化相对主义的结论时所指出的那样，作为人类的道德判断实践的事实描述，也许文化相对主义确实揭示了道德判断的复杂性和伦理实践的多样性。但是，正因为它仅仅是立足于一种现象学层面上的描述，它就不可能为道德相对主义提供一个确实可靠的基础。在那个层面下，也许仍然有一些共同的东西。这意味着尽管不同地域、文化和历史下人们表现善好的文化形式有很大的分歧，但在分歧的背后人类仍然有一些可以通约的道德信念。同样，在技术时代，人们关于善好的理解只会更为丰富和多元，然而在差异性的道德观念的背后，我们依然可以找到可通约性的基础。

技术时代的"善好"可以定义为每一个个体都能够处于一种恰当合宜的状态，同时彼此共同构成的整体表现为相对的稳定性、有秩序和保持着良好交互等状态，由各个子系统构成的人—技术—自然的大系统既充满张力和活力，向未来保持着开放性，也呈现出内在的和谐和可持续性，每一个构成要素都能够找到存在的位置，整个系统既相对稳定又生生不息。大秩序的善好可能包含着子系统或个体的破坏或消失的痛苦和代价，这是世界的本质使然。但这并非意味着对于人类的发展要采取一种家长主义的方式。每一个个体或子系统都值得尊重和关怀，人类只有在充分尊重它们的前提下作出的选择才是恰当的和合理的。

基于我们关于人类过往历史和现实境遇的体验和研究就可以知道，

作为人类道德责任终极关怀的"共生"和"善好"代表了人类对当下和未来的美好愿望,是人类给自己的生活世界构建的一个新的乌托邦。尽管如此,它依然闪耀着意义的"光芒"。"共生"和"善好"就像来自哲学思想的"一束光","点亮"人类通向未来的旅程。

结　语

技术创新发展是世界各国创新发展战略的核心，但并非任何技术创新都是对人类有益的。尽管人的主体性始终在生成和演进中，没有固定的抽象的主体性规定。但是，现代技术自我确证，自我推动的形式动力学特性可能会使得技术基于自身的推动力而背离我们，奔向灾难。本书就是基于技术的可能风险和问题进行的哲学伦理学思考，探索一种负责任创新的可能性和规定性。

显而易见的是，现代技术的发展应用对人类的影响是全面的、系统的、深入的和持续的，技术的触角延伸到了人类生活世界的每一个角落，也第一次将人类自身成为技术的对象去实施基因改造和人类增强。技术在不同文化和传统中的普遍适用性使它具有一定的超越性，可以超越地域、文化和国界的限制，叠加资本增殖的动力，而成为现代世界里最强大的力量，远远超过了传统的政治、经济、文化甚至宗教的影响力。因此，技术的风险就是全球性的风险，是整个人类的共同风险，人类的命运有史以来第一次和技术的发展相互纠缠在一起。

技术哲学家埃吕尔和兰登·温纳敏锐地发现了技术的自主性。埃吕尔说：

"技术已成为自主的；它已经塑造了一个技术无孔不入的世界，这个世界遵从技术自身的规律，并且抛弃了所有的传统。"[①]

[①] ［美］兰登·温纳：《自主性技术：作为政治思想主题的失控技术》，杨海燕译，北京大学出版社2014年版，第12页。

"技术本身已成为一种实体，它自给自足，有其自身的特殊规律和自我决定性。"①

"技术在追寻自己的道路时越来越不受人类的影响。这意味着人类对于技术创造的参与越来越不具有主动性，而通过已有因素的自动结合，技术创造成了一件命中注定之事。"②

温纳也在书中提出了自己关于技术自主性的观点，他指出：

"指引技术系统地朝着被清醒地意识到、经过有意识的选择、广泛共享的目标发展，就变成了一件越来越没有把握的事情。"③

"技术秩序及其主要的子系统就不受限制地具有一种自身特性，来决定它们的自身目标。"④

"你有时很难对人和机器的大规模联合体中发生的事情加以褒扬和责难。通过观察你发现，无人能够愿意说：'我做了这件事。我知道我在做什么。我愿意承担后果。'"⑤

温纳不仅看到了技术的自主性、复杂性和人类在知识上的有限性，而且敏感地意识到这一切使得道德责任成了一个问题，在他们的理论中，技术的自主性与人类自主性之间此消彼长的互竞关系是个问题，技术的复杂性导致的人类在认知上的困难是另一个问题，与此相关的责任难题更是一个问题。他们仍然身处以动力机械技术为主的工业文明时代，智能技术进一步加强而不是削弱了技术的自主性，随着技术的持续发展，

---

① [美] 兰登·温纳：《自主性技术：作为政治思想主题的失控技术》，杨海燕译，北京大学出版社 2014 年版，第 40 页。
② [美] 兰登·温纳：《自主性技术：作为政治思想主题的失控技术》，杨海燕译，北京大学出版社 2014 年版，第 49 页。
③ [美] 兰登·温纳：《自主性技术：作为政治思想主题的失控技术》，杨海燕译，北京大学出版社 2014 年版，第 252—253 页。
④ [美] 兰登·温纳：《自主性技术：作为政治思想主题的失控技术》，杨海燕译，北京大学出版社 2014 年版，第 253 页。
⑤ [美] 兰登·温纳：《自主性技术：作为政治思想主题的失控技术》，杨海燕译，北京大学出版社 2014 年版，第 257 页。

人对技术体系的理解和控制更为弱化。但这些都不能成为人类放弃自己道德责任的理由。确实，人类对于作为整体性的技术系统的认知和控制在削弱，但对于特定的技术行为及其后果，某一特定技术人工物的应用的影响等还是可以进行预测和控制的。人类对于"克隆人"研究的禁止，对于贺建奎的"基因编辑婴儿"行为的共同谴责的态度都说明了这一点。

技术处在持续的创新过程中，其背后的动力既来自技术本身的发展逻辑，也来自人类对于未知的渴望和追求，还有资本的逐利冲动和不同国家之间的竞争和博弈。持续的技术创新带给人类很多惊讶、惊喜和赞叹，也带来了很多福祉、便利和自由，人们接受和拥抱着技术带来的变化。但是，技术专家、政府、科技公司、人文学者等都应自觉意识到随着新技术的研发和应用而来的风险和问题。在世界范围内，各国政府尝试着使用法律规制的方法，技术专家认为技术的问题只能由技术来解决，人文学者希望为技术的发展和应用设置伦理边界和伦理原则。也许每一种方法都可以部分地解决问题，但是每一种方法也都遭到了批评。《未来简史》的作者尤瓦尔·赫拉利认为法律规制是无效的，《技术与文明》的作者刘易斯·芒福德则说，"如果认为所有由技术所造成的问题都应当在技术领域的范围之内寻找答案，那么这种想法就大错特错了"[1]。技术专家和法律专家也许会一起嘲弄来自哲学伦理学的思考和努力。

芒福德有一个绝妙的比喻，他说："在交响乐中，乐器只能部分地决定演奏的风格和观众的反应。我们还应该把作曲家、演奏者和观众全盘考虑进来。"[2] 在技术时代，也许任何一种单一的因素或力量都不足以抵御技术的风险和问题，但人类能够尽其所能整合所有的力量和智慧，为人类开创迈向"共生"和"善好"的理想之路，这是时代赋予人类的责任。对技术责任的承诺和践行展示了人类高贵不屈的品质和精神，哪怕最终是完全的失败。

---

[1] [美] 刘易斯·芒福德：《技术与文明》，程允明、王克仁、李华山译，中国建筑工业出版社2009年版，第383页。

[2] [美] 刘易斯·芒福德：《技术与文明》，程允明、王克仁、李华山译，中国建筑工业出版社2009年版，第383页。

参考文献

中文专著

陈昌曙：《技术哲学引论》，科学出版社2012年版。
程东峰：《责任伦理导论》，人民出版社2010年版。
成素梅等：《人工智能的哲学问题》，上海人民出版社2020年版。
杜严勇：《人工智能伦理引论》，上海交通大学出版社2020年版。
费孝通：《乡土中国》，生活·读书·新知三联书店1985年版。
段伟文：《信息文明的伦理基础》，上海人民出版社2020年版。
甘绍平：《自由伦理学》，贵州大学出版社2020年版。
甘绍平：《应用伦理学前沿问题研究》，江西人民出版社2002年版。
蒋庆：《政治儒学：当代儒学的转向、特质与发展》，生活·读书·新知三联书店2003年版。
李谧：《风险社会的伦理责任》，中国社会科学出版社2015年版。
田秀云、白臣：《当代社会责任伦理》，人民出版社2008年版。
王国豫、刘则渊主编：《高科技的哲学与伦理学问题》，科学出版社2012年版。
文成伟：《古希腊技术哲学思想研究》，人民出版社2017年版。
吴国盛编：《技术哲学经典读本》，上海交通大学出版社2008年版。
吴国盛：《技术哲学讲演录》，中国人民大学出版社2016年版。
吴军：《智能时代：大数据与智能革命重新定义未来》，中信出版社2016年版。
许纪霖主编：《公共性与公民观》，江苏人民出版社2006年版。
张笑宇：《技术与文明：我们的时代和未来》，广西师范大学出版社2021

年版。

中文译著

［英］齐尔格特·鲍曼：《通过社会学去思考》，高华等译，社会科学文献出版社 2002 年版。

［德］白舍客：《基督宗教伦理学》（第一卷），静也译，华东师范大学出版社 2010 年版。

［英］杰里米·边沁：《道德与立法原理导论》，时殷弘译，商务印书馆 2002 年版。

［法］笛卡尔：《第一哲学沉思集》，庞景仁译，商务印书馆 1986 年版。

［美］雅克·蒂洛、［美］思·克拉斯曼：《伦理学与生活》，程立显、刘建等译，世界图书出版公司 2008 年版。

［英］卢恰诺·弗洛里迪：《信息伦理学》，薛平译，上海译文出版社 2018 年版。

［德］海德格尔：《演讲与论文集》，孙周兴译，商务印书馆 2018 年版。

［英］卢恰诺·弗洛里迪主编：《计算与信息哲学导论》，刘钢主译，商务印书馆 2010 年版。

［德］阿明·格伦瓦尔德主编：《技术伦理学手册》，吴宁译，社会科学文献出版社 2017 年版。

［以］尤瓦尔·赫拉利：《今日简史：人类命运大议题》，林俊宏译，中信出版社 2018 年版。

［以］尤瓦尔·赫拉利：《未来简史：从智人到神人》，林俊宏译，中信出版社 2017 年版。

［美］约翰·C. 黑文斯：《失控的未来》，仝琳译，中信出版社 2017 年版。

［加］威尔·金里卡：《当代政治哲学》，刘莘译，上海三联书店 2004 年版。

［德］康德：《纯粹理性批判》，邓晓芒译，人民出版社 2017 年版。

［德］康德：《实践理性批判》，韩水法译，商务印书馆 1999 年版。

［美］利奥波德：《沙乡年鉴》，舒新译，北京理工大学出版社 2015 年版。

［美］帕特里克·林、［美］凯斯·阿布尼、［美］乔治·A. 贝基：《机

器人伦理学》，薛少华、佴婷译，人民邮电出版社 2021 年版。

［美］约翰·罗尔斯：《政治自由主义》，万俊人译，译林出版社 2000 年版。

［美］约翰·罗尔斯：《正义论》，何怀宏、何包钢、廖申白译，中国社会科学出版社 2001 年版。

［英］洛克：《人类理解论》，关文运译，商务印书馆 1959 年版。

［美］霍尔姆斯·罗尔斯顿Ⅲ：《哲学走向荒野》，刘耳、叶平译，吉林人民出版社 2000 年版。

［美］霍尔姆斯·罗尔斯顿：《环境伦理学》，杨通进译，中国社会科学出版社 2000 年版。

［美］刘易斯·芒福德：《技术与文明》，程允明、王克仁、李华山译，中国建筑工业出版社 2009 年版。

［美］卡尔·米切姆：《技术哲学概论》，殷登祥、曹南燕等译，天津科学技术出版社 1999 年版。

［美］玛莎·纳斯鲍姆：《正义的前沿》，朱慧玲、谢惠媛、陈文娟译，中国人民大学出版社 2016 年版。

［美］玛莎·纳斯鲍姆：《寻求有尊严的生活》，田雷译，中国人民大学出版社 2016 年版。

［美］托马斯·内格尔：《人的问题》，万以译，上海译文出版社 2000 年版。

［英］德里克·帕菲特：《理与人》，王新生译，上海译文出版社 2005 年版。

［英］杰米·萨斯坎德：《算法的力量》，李大白译，北京日报出版社 2022 年版。

［美］迈克尔·桑德尔：《民主的不满》，曾继茂译，江苏人民出版社 2008 年版。

［美］迈克尔·桑德尔：《反对完美》，黄慧慧译，中信出版社 2013 年版。

［美］罗伯特·索克拉夫斯基：《现象学导论》，张建华、高秉江译，上海文化出版社 2021 年版。

［美］唐·伊德：《技术哲学导论》，骆月明、欧阳光明译，上海大学出版社 2017 年版。

[美] 爱德华·特纳：《技术的报复：墨菲法则和事与愿违》，徐俊培、钟季康、姚时宗译，上海科技教育出版社 2012 年版。

[英] 维克托·迈尔-舍恩伯格、[英] 肯尼斯·库克耶：《大数据时代：生活、工作与思维的大变革》，盛杨燕、周涛译，浙江人民出版社 2013 年版。

[英] 维克托·迈尔-舍恩伯格：《删除：大数据取舍之道》，袁杰译，浙江人民出版社 2013 年版。

[美] 阿马蒂亚·森：《以自由看待发展》，任赜、于真译，中国人民大学出版社 2002 年版。

[美] 亨利·戴维·梭罗：《瓦尔登湖》，徐迟译，人民文学出版社 2018 年版。

[美] 保罗·沃伦·泰勒：《尊重自然》，雷毅、李小重、高山译，首都师范大学出版社 2010 年版。

[英] 伯纳德·威廉斯：《道德运气》，徐向东译，上海译文出版社 2007 年版。

[美] 兰登·温纳：《自主性技术：作为政治思想主题的失控技术》，杨海燕译，北京大学出版社 2014 年版。

[美] 米歇尔·沃尔德罗普：《复杂》，陈玲译，生活·读书·新知三联书店 1997 年版。

[英] 休谟：《人性论》，关文运译，商务印书馆 1980 年版。

[古希腊] 亚里士多德：《尼各马可伦理学》，廖申白译注，商务印书馆 2003 年版。

[德] 汉斯·约纳斯：《技术、医学与伦理学：责任原理的实践》，张荣译，上海译文出版社 2008 年版。

中文期刊

成素梅：《智能革命引发的伦理挑战与风险》，《道德与文明》2022 年第 5 期。

丁晓东：《什么是数据权利？——从欧洲〈一般数据保护条例〉看数据隐私的保护》，《华东政法大学学报》2018 年第 4 期。

段伟文：《深度智能化时代算法认知的伦理与政治审视》，《中国人民大学学报》2022 年第 3 期。

段伟文：《人工智能时代的价值审度与伦理调适》，《中国人民大学学报》2017 年第 6 期。

段伟文：《大数据知识发现的本体论追问》，《哲学研究》2015 年第 11 期。

段伟文：《科技伦理：从理论框架到实践建构》，《天津社会科学》2008 年第 4 期。

方秋明：《为什么要对大自然和遥远的后代负责——汉斯·约纳斯的目的论解释》，《科学技术与辩证法》2007 年第 6 期。

方秋明：《为什么要对大自然和遥远的后代负责——汉斯·约纳斯的价值论解释》，《科学技术与辩证法》2009 年第 3 期。

高秉江：《西方哲学史上人格同一性的三种形态》，《江苏社会科学》2005 年第 4 期。

甘绍平：《意志自由的塑造》，《哲学动态》2014 年第 7 期。

李伦、黄关：《数据主义与人本主义数据伦理》，《伦理学研究》2019 年第 2 期。

李慧敏、王忠：《日本对个人数据权属的处理方式及其启示》，《科技与法律》2019 年第 4 期。

李志祥：《隐私数字化的道德风险与伦理规制》，《江苏社会科学》2022 年第 4 期。

刘擎：《共享视角的瓦解与后真相政治的困境》，《探索与争鸣》2017 年第 4 期。

吕耀怀、罗雅婷：《大数据时代个人信息收集与处理的隐私问题及其伦理维度》，《哲学动态》2017 年第 2 期。

孟令宇：《从算法偏见到算法歧视：算法歧视的责任问题探究》，《东北大学学报》2022 年第 1 期。

邱仁宗、黄雯、翟晓梅：《大数据技术的伦理问题》，《科学与社会》2014 年第 1 期。

宋春艳、李伦：《人工智能体的自主性与责任承担》，《自然辩证法通讯》2019 年第 11 期。

孙亚君：《从大地伦理到生态中心论——整体主义环境伦理学进路》，《环境与可持续发展》2016 年第 2 期。

王国豫、胡比希、刘则渊：《社会 - 技术系统框架下的技术伦理学——论罗波尔的功利主义技术伦理观》，《哲学研究》2007 年第 6 期。

汪民安：《手机：身体与社会》，《文艺研究》2009 年第 7 期。

王球：《人格同一性问题的还原论进路》，《世界哲学》2007 年第 6 期。

王治东、曹思：《资本逻辑视阈下的技术与正义》，《马克思主义与现实》2015 年第 2 期。

魏屹东、武胜国：《自由意志问题的"语境同一论"解答》，《学术月刊》2018 年第 11 期。

唐文明：《论道德运气》，《北京大学学报》（哲学社会科学版）2010 年第 3 期。

田海平、刘程：《大数据时代隐私伦理的论域拓展及基本问题——以大数据健康革命为例进行的探究》，《伦理学研究》2018 年第 3 期。

向玉乔：《美国的超验主义伦理思想》，《道德与文明》2006 年第 5 期。

肖冬梅、陈晰：《硬规则时代的数据自由与隐私边界》，《湘潭大学学报》（哲学社会科学版）2019 年第 3 期。

徐向东：《自我决定与道德责任》，《哲学研究》2010 年第 6 期。

徐向东、陈玮：《道德运气与能动性的界限》，《哲学分析》2022 年第 3 期。

徐向东：《意志自由论、运气与能动性》，《天津社会科学》2023 年第 6 期。

薛孚、陈红兵：《大数据隐私伦理问题探究》，《自然辩证法研究》2015 年第 2 期。

杨建国：《大数据时代隐私保护伦理困境的形成机理及其治理》，《江苏社会科学》2021 年第 1 期。

张成岗：《"现代技术范式"的生态学转向》，《清华大学学报》（哲学社会科学版）2003 年第 4 期。

张海柱：《新兴科技风险、责任伦理与国家监管——以人类基因编辑风险为例》，《人文杂志》2021 年第 8 期。

张荣、李喜英：《约纳斯的责任概念辨析》，《哲学动态》2005 年第 12 期。

张轶瑶、田海平：《大数据时代信息隐私面临的伦理挑战》，《自然辩证法研究》2017 年第 6 期。

赵汀阳：《人工智能"革命"的"近忧"和"远虑"》，《哲学动态》2018 年第 4 期。

［英］卢西亚诺·弗洛里迪：《无过失责任：论分布式道德行为的道德责任之本质与分配》，陈鹏译，《洛阳师范学院学报》2018 年第 4 期。

［德］C. 胡比希：《作为权宜道德的技术伦理》，王国豫译，《世界哲学》2005 年第 4 期。

［美］J. B. 科利考特、雷毅：《罗尔斯顿论内在价值：一种解构》，《世界哲学》1999 年第 2 期。

［比］普特：《共和主义自由观对自由主义自由观》，《二十一世纪评论》1999 年第 8 期。

［荷］维贝克：《道德调节》，闫宏秀译，《洛阳师范学院学报》2015 年第 3 期。

［美］肖莎娜·祖博夫：《监控资本主义与集体行动的挑战》，杨清译，《国外社会科学前沿》2023 年第 5 期。

会议论文

［日］Sangkyu Shi：《人类增强与生物政治学》，第 24 届世界哲学大会论文，北京，2018 年 8 月。

外文专著

Hans Jonas, *The Imperative of Responsibility: In Search of an Ethics for the Technological Age*, Chicago: The University of Chicago Press, 1984.

Jacques Ellul, *The Technological Society*, trans. John Wilkinson, New York: Alfred & Knopf, 1964.

Luciano Floridi, ed., *The Cambridge Handbook of Information and Computer Ethics*, New York: Cambridge University Press, 2010.

Mark Coeckelbergh, *AI Ethics*, Cambridge: the MIT Press, 2020.

Martin Heidegger, *Discourse on Thinking*, trans. John M. Anderson and E. Hans Freund, New York: Harper & Row, 1966.

Michael Buckland, *Information and Society*, Cambridge: the MIT Press, 2017.

Nick Couldry and Ulises A. Mejias, *The Costs of Connection: How Data is Colonizing Human Life and Appropriating it for Capitalism*, Stanford: Stanford University Press, 2019.

外文期刊

B. C. Stahl and D. Wright, "Ethics and Privacy in AI and Big Data: Implementing Responsible Research and Innovation", *IEEE Security & Privacy*, Vol. 16, No. 3, May/June 2018.

J. O'Neill, "The Varieties of Intrinsic Value", *The Monist*, Vol. 75, No. 2, Apr. 1992.

Luciano Floridi, "Faultless Responsibility: on the Nature and Allocation of Moral Responsibility for Distributed Moral Actions", *Philosophical Transactions of the Royal Society A*, Vol. 374, Dec. 2016.

L. Xu, C. Jiang, J. Wang, J. Yuan and Y. Ren, "Information Security in Big Data: Privacy and Data Mining", *IEEE Access*, Vol. 2, 2014.

Nick Couldry and Ulises A. Mejias, "Data colonialism: Rethinking Big Data's Relation to the Contemporary Subject", *Television & New Media*, Vol. 20, No. 4, May 2019.

R. Gavison, "Privacy and the Limits of Law", *The Yale Law Journal*, Vol. 89, No. 3, Jan. 1980.

R. Mühlhoff, "Predictive Privacy: Towards an Applied Ethics of Data Analytics", *Ethics and Information Technology*, Vol. 23, No. 4, July 2021.

S. D. Warren and L. D. Brandeis, "The Right to Privacy", *Harvard Law Review*, Vol. 4, No. 5, Dec. 1890.

Y. Sun, J. Zhang, Y. Xiong and G. Zhu, "Data Security and Privacy in Cloud Computing", *International Journal of Distributed Sensor Networks*, Vol. 10, No. 7, July 2014.

后　记

我对技术责任问题的关注和研究首先源于对现代技术快速发展和迭代更新的具身体验，其次阅读汉斯·约纳斯的《责任原理》一书激发了我研究技术时代责任伦理的兴趣。现代技术的影响力突破了时间和空间的边界，具有自主性、复杂性、逆生态性和多元主体性等特征，传统道德责任理论要求的人格同一性、意向性和因果性这三个哲学前提都程度不同地受到了挑战。在现代技术条件下，谁应该为技术风险负责？无意向性的道德责任是可能的吗？整体性责任或共同性责任应该如何分配？技术发展的伦理边界是什么？带着对这些问题的思考，我申请了2017年的国家社会科学基金项目"技术时代的道德责任问题研究"，并幸运地获得了项目资助。此后的几年，我的阅读、研究、思考和写作基本都是围绕这个主题展开。2018年10月苏州大学哲学系与中国社科院应用伦理研究中心共同主办了以"科技前沿的伦理挑战"为主题的第11次全国应用伦理学研讨会，来自全国各高校和研究机构的专家学者提交的论文、发言和讨论都给我的研究以很好的启发，新的问题、概念、视角大大拓宽了我的学术视野，也让我坚定了以技术伦理为研究方向的信心。

现在回想这本书的写作过程，那是一段把整个身心都沉浸在一个论题之中的宁静时光，每天很有规律地作息，几乎屏蔽了所有不相干的琐事，只有我和文字之间的交互与对话，所思所想、所言所行都聚焦在"技术责任"这个核心概念上。如果觉得累了，我就用音乐和运动来放松。在智能设备和网络信息无处不在、无时不有的当下，要长时间静下心来做一件事是理性和欲望之间的持续博弈，也是一个规训和提升自我的过程。

这本书的完成与我的老师、朋友、同事和学生们的鼓励和支持是分不开的。我要感谢中国社科院应用伦理研究中心的前辈和老师们的关心和支持，感谢李兰芬老师和董群老师一直以来对我的鼓励和鞭策。感谢邢冬梅老师，和她之间经常性的学术讨论让我受益匪浅。感谢中国社会科学出版社的程春雨编辑为本书出版所付出的辛勤工作，感谢苏州大学江苏省哲学重点学科对出版经费的资助。感谢于树贵老师、彭华老师、陈慧珍老师在我压力很大甚至想要放弃的时候给了我信心和勇气。还要特别感谢我的朋友许春燕老师在我写作期间每日的问候、督促和激励。感谢我的学生黄家诚、熊雪琰、周展对我的支持和协助，最后还要感谢家人的理解和支持。上述一切，都是超出了"责任"的分外行为，对此我深表谢意。

田广兰

2024 年 7 月 26 日于苏州金鸡湖畔